高等学校教材

地形图学原理

Principles of Topography Map

向传璧 李传华 主编

唐相龙 向明 段焕娥 赵艳梅 等 参编

测绘出版社

·北京·

内容提要

本书从地形图测图原理、测图方法和地形图应用的 3 个基本问题全面系统地论述了地形图学的基础理论。

本书可作为高等院校测绘学和地学各专业地形图课程的教材,或地图学、测量学课程的补充教材和教学参考书,也可作为测绘学和地理学及其他学科的教师、经济建设和国防军事有关部门科技人员在应用地形图时的参考。

图书在版编目(CIP)数据

地形图学原理 / 向传璧,李传华主编. — 北京 : 测绘出版社,2021.11
高等学校教材
ISBN 978-7-5030-4397-0

Ⅰ. ①地… Ⅱ. ①向… ②李… Ⅲ. ①地形图—测绘—高等学校—教材 Ⅳ. ①P217

中国版本图书馆 CIP 数据核字(2021)第 223035 号

责任编辑　李　莹　　封面设计　李　伟　　责任印制　陈姝颖

出版发行	测绘出版社	电　话	010—68580735(发行部) 010—68531363(编辑部)
地　址	北京市西城区三里河路 50 号	网　址	www.chinasmp.com
邮政编码	100045	经　销	新华书店
电子信箱	smp@sinomaps.com	印　刷	北京建筑工业印刷厂
成品规格	184mm×260mm	字　数	267 千字
印　张	11	印　次	2021 年 11 月第 1 次印刷
版　次	2021 年 11 月第 1 版	定　价	35.00 元
印　数	0001—1000		

书　号　ISBN 978-7-5030-4397-0

前　言

现代地形图是精确详尽存储和传输地形信息的工具，其信息量非常丰富，可为研究合理利用地理环境提供可靠地理依据和研究利器。在各个国家地形图都是最基本、最重要的地图资料，都已在各自国家内部系列化、标准化，并在世界范围内趋向统一。现代地形图与地图大家族中其他类地图一样具有三大性质：①地图基础的数学性；②地图内容的地理性；③地图表现形式的艺术性。由于现代地形图在系列化、标准化方面的加强，现代地形图还具有三大特点：①统一性；②详尽性；③精确性。不但其地理信息非常丰富，而且应用范围相当广泛。无论经济建设、国防军事、科学研究都须臾不可离，早有工程师、军事家的"眼睛"和国家建设的"尖兵"之称。可以说每项工程建设，每个课题研究，都始于区域地形图测绘和对已有地形图的应用。利用地形图开展实地调查，通过对地形图的阅读、分析和解释，获取区域地形信息，形成用图者对区域地理环境的科学认识，推断出新的结论，然后运用此种认识和结论去指导建设实践、科学实践，进而又推动制图实践和用图水平提高，促成又好又快地制图和充分有效地用图。因此，加强研究地形图理论、地形图测绘和地形图应用具有重要的理论和实践意义。但现在有关地形图的系统论述不多，尤其缺少普及地形图知识的读物。为此，我们在《地形图应用学》的基础上，增删修改著成《地形图学原理》一书，以期抛砖引玉。

本书包括 3 篇 9 章。绪论介绍测绘学及其分支学科体系，以及地图、地形图的概念与地形图学研究的对象和任务，是全书的导论；第一篇包括第 1、2、3 章，阐述地形图结构原理；第二篇包括第 4、5、6 章，简论地形测量新概念、地面数字化测图；第三篇包括第 7、8、9 章，简述地形图应用的基本问题。本书比较全面系统地论述了地形图学的基本原理和基本方法，紧密结合我国地形图实际，具体论述了地形图的基础理论，以及从地面到地形图的测图原理、测图方法和地形图应用的 3 个基本问题。为便于理解，书中附有必要的插图。本书可作为高等院校地学有关专业地形图学课程的教材和地图学、测量学课程的补充教材，也可作为地理学及其他地学学科的教师、经济建设和国防军事等有关部门的科技人员在应用地形图时的参考。

本书有以下几个特点：①联系我国测绘实践，全面系统地论述了地形图结构、地形图制作、地形图地面测图和地形图应用的基本原理和基本方法；②依据地图特点将其分为地形图、区域地理图和专题地图 3 个图类，对比分析地形图和区域地理图的特点，认定地形图在地图大家族中位居母图地位——国家的基本地图；③提出地形图学是地图学的分支学科，认为该学科是测量学与地图学的接合部，是测绘学与地理学的交叉学科；④注重教学实践，文辞力求言简意赅，文从字顺，图文并茂，便于自学。

本书由向传璧、李传华主编，唐相龙、向明、段焕娥、赵艳梅等参编。书中插图由向天宇编制。由于编者专业水平和实践经验有限，不妥之处恳请读者不吝赐教。

目　录

第三篇 地形图基本应用

绪　论

0.1　测绘学及其分支学科体系

测量与地图，合称测绘。测量学与地图学相互联系，相辅相成，构成一个有机的整体，总称为测绘学。我国的测绘工作有悠久的历史，测绘理论和实践均有卓越的成就。测量学与地图学紧密联系，相互影响，相辅相成，又各自独立，自成体系。

0.1.1　测量学的分支学科体系

测量学可分为大地测量学、摄影测量学、工程测量学和海洋测量学四大主要分支学科。

大地测量学包括地面大地测量学和卫星大地测量学。地面大地测量是在地面上建立大地测量控制网，包括天文大地网、水准网和重力网。天文大地网是用天文定位测量、三角测量和导线测量建立起来的，用于测定网中各点的水平位置；水准网是用水准测量建立起来的，用于测定网中各点的高程；重力网是用重力测量建立起来的，用于测定网中各点的重力值，以便于天文大地网和水准网中数据的归算和推算地球形状和重力场。卫星大地测量是利用天然卫星(月球)或人造卫星测定地面点位置和地球重力场，不仅能提高大地测量精度和速度，而且具有跨越海洋和其他障碍来获取全球数据的能力。

摄影测量学是研究利用摄影技术获得被测物体的图像信息，从几何和物理方面进行分析处理，对所摄对象的本质提供各种资料的一门学科。19世纪中叶，摄影技术一经问世，便应用于测量，摄影测量也就诞生了。摄影测量从模拟摄影测量开始，经过解析摄影测量阶段，已经进入数字摄影测量阶段，实现了摄影测量从人工操作到半自动化、自动化处理的过渡。按处理对象的不同，摄影测量可分为地面摄影测量、航天(卫星)摄影测量、航空摄影测量、近景摄影测量和显微摄影测量等。20世纪80年代以来，摄影测量广泛应用于地形图测绘、资源调查、灾害监测、城市规划、地理信息系统基础数据获取和数字化城市建设等领域。

工程测量学是资源勘测、区域性规划和工程建设等各个阶段的测绘工作。工程测量贯穿于工程建设的全过程，按工程建设的进程阶段可分为：规划、勘测设计阶段的工程控制测量和工程地形测量，施工阶段的施工放样测量，设备安装测量，运营管理阶段的变形观测和维修养护测量等。按工程或部门性质又可分为：农业测量、林业测量、水利测量、矿山测量、铁路测量、公路测量、建筑测量、城市(镇)测量等。

海洋测量学是测量学发展的一个重要分支，包括海洋大地测量、水深测量、海岸地形测量、海洋重力测量和海洋工程测量等。海洋测量还可按区域划分为沿岸测量、近海测量和远海测量。

0.1.2　地图学的分支学科体系

现代地图学，已从制图工艺技术发展成为具有自己特色的独立学科体系。

地图学最初是由地图投影、地图编制、地图制印 3 个分支学科组成，而后发展成为地图概论、地图投影、地图编制、地图整饰、地图制印、地图分析与应用 6 个分支学科。这是传统地图学科体系。

我国地图学家分析了国际地图学的各种观点，根据当代地图学发展特点和趋势，结合我国实际，提出现代地图学的学科体系由理论地图学（地图学理论基础）、地图制图学（地图成图方法与技术）、应用地图学（地图应用原理与方法）3 个主要分支学科构成。

理论地图学研究：①古代的地图早期理论，如西晋裴秀的“制图六体”、古希腊学者埃拉托色尼（Eratosthenes）和托勒密（Claudius Ptolemaeus）的地图学理论和方法；②近代地图的基础理论，如地图比例尺、正射投影、地图投影、制图综合、地图符号系统；③现代地图的新兴理论，如地图信息论、地图信息传输论、地图模式论、地图感受论等。

地图制图学包括普通地理图制图学、地形图制图学、专题地图制图学、遥感资料制图学、计算机制图学、地图制印学等。

应用地图学，是在地图应用实践基础工作上发展起来的一门新兴的地图学分支学科，有自己特定的研究范畴和研究对象。从地图信息传递论观点看，整个地图信息传递过程可分为地图制作和地图应用两部分，应用地图学的研究范畴就是地图信息传递过程中的地图应用部分；从系统的观点看，就是以地图应用系统为研究对象，着重研究地图功能、地图评价方法、地图应用研究法、地图应用效果、地图应用领域、地图信息系统等。

依据地图内容特性，地图学又可划分为地形图学、地理图学、专题地图学 3 个分支学科。其中地形图学是测量学与地图学的接合部，是测绘学与地理学的交叉学科。依据地图产品的形式，地图学还可以划分为以下分支学科：线划地图学、遥感影像地图学、数字地图学、电子地图学、多媒体电子地图学等。

0.2 地图、地形图与地形图学

0.2.1 地图的定义

国际地图学协会（International Cartographic Association，ICA）地图定义工作组提出的现代地图的定义是：地图是现实世界的表现和抽象，以视觉的、数字的或接触的方式表现地理信息的工具。这个地图定义较为简明，且符合地图学的发展现状。

地图是人类在社会实践中创造的认识地理环境的工具，也是人类认识地理环境的研究成果。随着社会的发展，地图的概念、内容、功用、制图方法都在变化，所以地图的定义也须有继承、有发展，与时俱进。依据现代地图学的发展现状，可以认为：地图是地理环境（简称地面）的特殊表象（数学法则、制图综合、地图符号等），是以视觉的、数字的或其他形式在地图平面上显示和传输地理信息的工具。

0.2.2 地形图的定义

地形图是按照国家测绘或者编绘规范和地形图图式的规定，构建地形图的数学基础，对测区地面的自然和人文地理事物（地貌、地物，合称地形）实施制图综合，将综合的成果（地形信息），以图式符号表现在地图平面上的正射投影线划地形图或影像地形图，或以数字形式记录地形信息并存储在计算机中的数字地形图，或在计算机屏幕上可视的屏幕地形图。地形图是精准详细地存储和传输地形信息（基础地理信息）的工具，可为研究合理（可持续）利用地理环境提供可靠地理依据。

地形图在各个国家都是最基本、最重要的地图资料，都已在各自国家内部系列化、标准化，并在世界范围内趋向统一。目前我国的地形图包括 1∶100 万～1∶25 万、1∶10 万～1∶2.5 万、1∶1 万～1∶5 000 和 1∶2 000～1∶500（工程用地形图）11 种比例尺地形图，是现代地图家族中最基本、最重要、最庞大的一个独特的地图类别。

0.2.3　地形图的特点

地形图与其他地图一样具有三大性质：①地图基础的数学性；②地图内容的地理性；③地图表现形式的艺术性。这是地图的共性。

由于地形图系列化、标准化的加强，所以它非但不同于专题图，亦且区别于普通地理图。与地理图比较，地形图还具有如下三大特点：

1. 统一性

地形图具有统一的数学基础（如统一的比例尺系列、地图投影、控制系统、分幅编号等）和统一的综合标准表示方法与符号系统。我国根据经济建设、国防军事、科学研究等方面的共性要求，规定了我国地形图的比例尺系列。而地理图的比例尺则没有统一的规定，它是根据制图区域的位置大小、形状、地图用途、使用方式和纸张规格等因素决定的，比例尺的灵活性很大（各种比例尺都有）。地形图采用统一规定的地图投影，根据地形图对地图投影的要求，我国1∶100 万地形图现采用等角圆锥投影，其他各种比例尺地形图一律采用高斯-克吕格投影。而地理图的投影需根据制图区域的地理位置、形状、大小、地图用途和制图资料等因素来选用，因此，地理图采用的地图投影是多种多样的。地形图具有统一的分幅编号体系，其图廓线既是限定图幅范围的界线，又是相邻图幅拼接的公共图廓线。而地理图则不同，它是以完整的制图区域作为图幅范围，即把完整的制图区域绘在一张纸上，或绘在多张图纸上后拼成全图，一般用矩形图廓限定图幅范围，图廓线是地图的终止线，而不像地形图那样是接图的公共图廓线。

地形图地理内容的制图综合、表示方法与符号系统，以及图上注记和图廓整饰等，均以国家规范和地形图图式为准，符号的构成要素（即符号图形、尺寸、结构和颜色），以及注记的字体、字大和注记的配置等都有统一的规定，同比例尺各图幅内相同要素符号的构成是一致的。地理图则不然，其内容的制图综合、表示方法和符号因图而异，各图是根据制图区域的地理特征、地图用途和各自的具体要求单独设计的，各图的制图综合、表示方法与符号具有相对的独立性。例如：科学参考用图，信息量丰富，符号精细，色调素雅；教学用图则内容简明，符号粗大，色彩鲜艳。同一要素在表示方法上各图虽大体一致，但也不尽相同，如铁路虽然用线状符号法表示，但有的图用黑色单线，有的图用红色单线，而有的图则采用黑白相间的竹节线符号表示。

2. 详尽性

制图综合所要解决的一个基本矛盾是：浩瀚地面与有限图面之间的矛盾，这个矛盾在地图制图过程中具体表现在两个方面：①地图地理内容的详尽性与地图图面的清晰性之间的矛盾；②地图地理要素的几何精确性与地图内容的地理规律性之间的矛盾。这两方面的矛盾都与地图比例尺直接有关，比例尺越大，矛盾就越小，反之则越大。地形图比例尺较大，其地理内容的详尽性与图面清晰性的矛盾较小，所以，地形图能从微观的角度按照规范和地形图图式的规定详细而全面地反映地理事物的分布和数量、质量特征。而地理图则强调从宏观角度反映制图区域的基本地理特征，其地理内容根据地图用途，既可舍弃六大基本要素中的某个要素，也可增加基本要素外的其他地理事物，在内容选择上具有一定的灵活性，各要素的显示特征亦可根据需要作适当的调整，即使是大比例尺地理图的地理内容亦比同比例尺地形图简括。

3. 精确性

地形图强调要素的几何精度（包括点位、长度、角度、面积、高程和轮廓形状的精度），注重表示具有控制意义和方位意义的地物。由于地形图的比例尺较大，地图投影的变形小，并有精密的平面和高程控制，故能按规范规定将测区地面上的地理事物（地形）依比例尺精确表示在地图平面上，地图内容具有较高的几何精度。而地理图是着重反映制图区域的地理规律性（如各要素分布的地理特点，要素的典型特征及各要素间的地理相关关系），地理要素的几何精度则较同比例尺地形图低，随着比例尺的缩小，地理要素的几何精确性也就相应降低。

0.2.4 地形图的分类

1. 按地形图比例尺分类

按地形图比例尺大小，依其在制图综合、成图方法和用途上的特点可分为以下 3 类：

1）大比例尺地形图

比例尺大于和等于 1∶1 万的地形图，即 1∶500～1∶2 000 和 1∶5 000～1∶1 万比例尺地形图属于大比例尺地形图（又称地形平面图）。它是用实测方法成图，其地理内容的综合程度较小，详尽而精确地表达了地面的地形信息。

2）中比例尺地形图

比例尺小于 1∶1 万大于等于 1∶10 万的地形图，即 1∶2.5 万～1∶10 万比例尺地形图属于中比例尺地形图（简称地形图）。它是用航测或编绘的方法成图，其地理内容不及大比例尺地形图详尽，地理要素的几何精确性亦相应降低，但较小比例尺地形图详尽精确。

3）小比例尺地形图

比例尺小于 1∶10 万的地形图，即 1∶25 万～1∶100 万比例尺地形图属于小比例尺地形图（也叫一览地形图）。它是以较大比例尺地形图为基本资料，经过制图综合编制而成的，其地理内容的综合程度较高，内容的详尽性与精确性均不及大、中比例尺地形图，但其宏观性、一览性较强。

2. 按地形图产品形式（图型）分类

按图型可分为线划地形图、遥感影像地形图、数字地形图、电子地形图、多媒体电子地形图。

0.2.5 地形图学的对象和任务

地形图学研究的对象是地形图。地形图学的基本任务是研究地形图理论、地形图测绘和地形图应用。

地形图既是地理环境信息的载体，又是认识地理环境的利器。地形图是国家的基本地图资料，其内容详尽、精确，信息量非常丰富，可为认识区域地理环境、研究地理环境可持续发展提供可靠的基础地理信息。因此加强地形图学的研究，对经济建设、国防军事、科学研究均具有重要的理论和实践意义。

第一篇　地形图结构原理

地形图从其结构来看，是由一系列相互联系和相互制约的要素，按一定的组织结构构成的。在这一系列的要素中，有一类要素系根据特殊的数学法则构成，是将测区地面（地理环境）的地理事物测绘到地图平面上的基础，这类要素称为数学要素。地形图的数学要素有：地形图比例尺、地形图分幅编号与图廓、地形图正射投影、地形图地图投影、坐标网、控制网等数学要素，是构成地形图的基础。

另一类要素系建立在地形图的数学基础之上，以地形图符号表示在地图平面上的各种地理事物，这类要素叫作地理要素。地形图的地理要素主要包括：水系，地貌，土质，植被，居民地，道路网，境界，以及其他自然、经济、文化地物等。地理要素是构成地形图的地理内容。

除上述两大类基本要素外，地形图上还有一类要素对地形图的数学要素和地理要素起着补充说明的作用，我们称之为辅助要素。地形图的辅助要素包括地形图注记、文字和数字说明资料、量图图解等。地形图就是由这三大类要素构成的基础地理信息系统。用图者可从地形图上获得制图区域的精确详细的地理环境信息。

第1章 地形图的数学要素

1.1 地图比例尺

1.1.1 地图比例尺的定义

研究地理，唯有借助地图方能一目了然地观察到地理事物的空间分布及其相互关系，而用地图来表象地面（地理环境），又势必依比例尺缩小，所以地图比例尺又称为缩尺，即地图比例尺是缩小比。但是，如果仅将地图比例尺理解为实地长度缩小为图上长度的缩小比率，简单地将比例尺理解为“地图上线段的长度与实际上（地面上）相应线段的长度之比”，或者说“比例尺＝图上距离∶实地距离”，那就欠妥了。因为这样的定义，并没有完整反映地面起伏和地图投影变形对地图比例尺的影响。

1. 地面起伏对比例尺的影响

由于地面高低不平，则地面上的所有点不可能位于同一水平面上，所以在地图上也就不可能表示出地面上各地理物体之间的实际距离。也就是说，要在二维图面上如实地反映三维地面起伏，那是办不到的，因而出现了三维地面与二维图面之间的矛盾。解决这种矛盾的方法是采用正射投影。但伴随这一矛盾的解决，又出现了投影元素（长度、角度和面积）在数量方面的变化。如图 1-1 所示，A、B、C、D 表示自然地面，a、b、c、d 是相应地面沿铅垂方向 OA、OB、OC、OD 在大地水准面上的投影，投影面上的线段 ab、bc、cd 是相应地面线段 AB、BC、CD 的水平投影。显然，用垂直投影法把地面线段投影到水准面上后，因地面的不同起伏，产生了不同程度的缩减。起伏越大，缩减越大；起伏越小，缩减越小；起伏为零，缩减为零。在图 1-1 中，BC 转换为 bc 时就缩减很多，而 AB 转换为 ab 则缩减很少。地图上所描绘的地面，正是地面水平投影的缩形，而不是实际地面本身的直接缩小。因此，地图的比例尺应是地图上线段的长度与实地上相应线段的水平投影长度（水平长度）之比。因而应用比例尺在地图上量得的线段长度，不是相应地面线段的实际长度，而是它的水平长度。若要获得地面上线段的实际长度，则应在所量得的水平距离上加入其坡度改正值（在平坦的地方，线段的水平投影长度与实际长度相差很小，不必改正）。

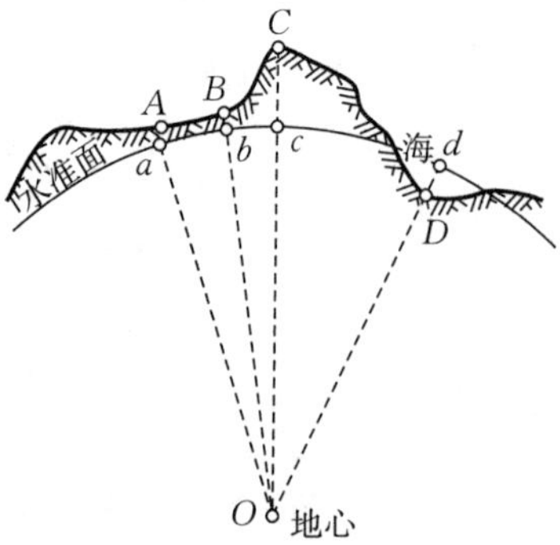

图 1-1

上述比例尺的定义，对于大比例尺地图来说是可以的，但对于小比例尺地图，这个定义就不完善了，因为它没有将地图投影变形的影响考虑在内。

2. 地图投影变形对比例尺的影响

应用地图投影的方法虽然解决了地球球面与地图平面之间的矛盾，但伴随着球面的展平又产生了投影变形（长度、面积和角度变形）这一新的矛盾。为什么会发生投影变形呢？因为要把一个不能展平的曲面转化为平面而完全无误是不可能的，若能如此，那就否定了“球面是不可展面”这一数学中的定理。所以，无论采用什么投影方法将椭球面或球面转换为地图平面，变形都是不可避免的，而且地图投影不同，变形的性质、大小和变形增长的方向也不一样。地图上必然存在这样或那样的变形，但也有无变形的点或线，这些没有变形的点、线叫作标准点、标准线。离开标准点、标准线越远的地方，则变形越大。在标准点、标准线上的比例尺叫作主比例尺，或称标准比例尺、普通比例尺。主比例尺是计算地图投影时将地球（椭球体或球体）缩小的比率，在地图上注明的那个比例尺就是主比例尺。地图上标准点、标准线以外的其余部分上的比例尺，不是大于主比例尺，便是小于主比例尺，称为局部比例尺。局部比例尺一般随点位和方向不同而变化。

因此，顾及地面起伏和地图投影变形的影响，地图比例尺就是地图上某点沿某方向一微分线段的长度 $\mathrm{d}l$ 与投影原面上相应微分线段的长度 $\mathrm{d}L$ 之比。设地图比例尺以 $\frac{1}{M}$ 表示，则

$$\frac{1}{M}=\frac{\mathrm{d}l}{\mathrm{d}L} \tag{1-1}$$

这个定义对各种不同比例尺的地图或地图的不同地点和方向都是适用的。

任何地图都存在主比例尺和局部比例尺，但从实用上看由于大比例尺地图的地图投影变形很小，因此，在大比例尺地图上，可以认为主比例尺和局部比例尺是一致的。地形图是大比例尺地图，所以，地形图比例尺就是图上线段长度与实地相应线段的水平长度之比。若用公式来表示即为

$$\text{比例尺}=\frac{\text{图上长度}}{\text{实地相应水平长度}}$$

设地形图比例尺为 $\frac{1}{M}$，图上长度为 l，实地相应水平长度为 L，则比例尺的一般关系式为

$$\frac{1}{M}=\frac{l}{L} \tag{1-2}$$

即

$$L=l\cdot M \tag{1-3}$$

这里要指出，根据比例尺的定义，比例尺是水平长度的缩小关系，而不是指面积。地图上面积的比是比例尺的平方。

$$\because \quad \frac{1}{M}=\frac{l}{L}$$

$$\therefore \quad \frac{l^2}{L^2}=\frac{1}{M^2}$$

上式左端就是面积比例尺，它是长度比例尺的平方。例如在 1∶500 比例尺的地形图上，

图上的一个单位长度，是实地水平长度的 1/500，而图上的一个单位面积却是相应实地面积的 $\left(\frac{1}{500}\right)^2$。

1.1.2 比例尺的表现形式

1. 数字比例尺

比例尺用比或分数形式表现出来，叫作数字比例尺。数字比例尺的分子或比的前项恒为 1，表示图上一个单位长度；分母或比的后项为 10 的倍数，表示实地水平长度的缩小程度。例如 1∶100 000 或 1/100 000 就是数字比例尺(图 1-2)，表示图上长度是实地水平长度的十万分之一，也就是图上一个单位长度，等于实地 10 万个单位长度，即图上距离是实地水平距离的 0.000 01 倍。

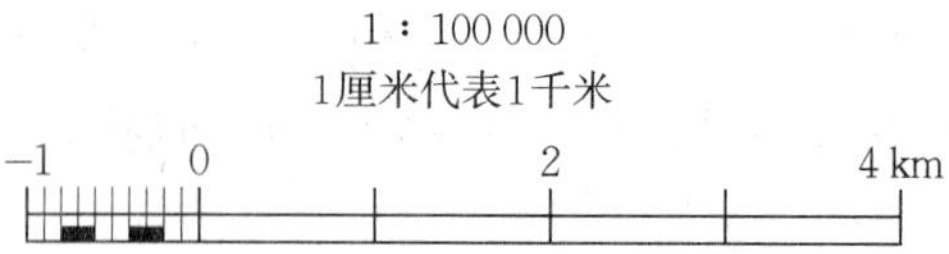

图 1-2

数字比例尺是一个不因长度单位而变更的无量纲数。

2. 文字比例尺

用文字来说明地图的比率，叫作文字比例尺或说明比例尺。它的形式有两种：一是在地图上注出“一万分之一”“十万分之一”“百万分之一”等；二是明确规定长度单位，用文字说明图上一个单位长度相当于多长的实地水平距离，如数字比例尺 1∶100 000 用此种形式的文字比例尺表示即为“1 厘米代表 1 千米”(图 1-2)。

我国古地图上注有“每六寸折地一里”“一寸折地十里”或“一寸折地百里”等，也是文字比例尺的一种形式。

3. 直线比例尺

比例尺用图解直尺式线段表示时，叫作直线比例尺(图 1-2)。直线比例尺是地图上常用的一种比例尺形式，按数字比例尺的原理绘制而成，由尺身与尺头两部分构成。由“0”向右为尺身，分为相等的若干个大分划，每一分划叫作比例尺的基本单位，其长度以依比例尺方便换算为实地距离后的整数为宜，地形图比例尺基本单位的长度有 1 cm、2 cm 或 2.5 cm 等。由“0”向左细分为 n 等分的一个(或两个)基本单位为尺头，通常 $n=10$ 或 5，量距时可直接量出基本单位的 $1/n$。直线比例尺的各等分点上按地图的数字比例尺分别注以相应的数字，等分点上的数字表示由该等分点到 0 点的相应实地水平长度。直线比例尺是供量取图上两点间的实地水平距离用的，其全长没有固定的规定，依用图要求和图幅大小而定。

地形图的比例尺通常如图 1-2 那样，用上述 3 种形式或两种形式结合表现于图上。

1.1.3 比例尺的大小和作用

1. 比例尺的大小

比例尺的大小是由其比值或分数值来衡量的，比值或分数值大的比例尺大，比值或分数值小的比例尺小。例如 1∶10 000＝0.000 1，1∶100 000＝0.000 01，可知比例尺 1∶1 万大于

1：10 万。由于比例尺的分子或比的前项恒为 1，因此，比例尺的大小可由比的后项或分母看出来。比的后项或分母大的，比例尺就较小；比的后项或分母小的，比例尺就较大。例如：1：1 万>1：5 万，1：10 万>1：100 万。

地图的比例尺不同，实地的水平投影长度和面积相应于地图上的长度和面积就不一样。例如，实地 1 km 的长度，在 1：10 万图上是 1 cm，在 1：100 万图上则是 0.1 cm；实地 1 km^2 的面积，在 1：10 万图上为 1 cm^2，在 1：100 万图上则为 0.01 cm^2。可见比例尺的分母小的（即比值大的）比例尺大，分母大的（即比值小的）比例尺小。

2. 比例尺的作用

地图比例尺的作用，可归纳为以下 3 个方面：

1）比例尺的改变引起图面与地面对应面积的变化

图 1-3 所示为地面上 1 km^2 在 1：5 万～1：100 万比例尺地图上的相应面积。由图 1-3 可以清楚地看出，当实地面积一定时，地图比例尺决定地面对应图上面积的大小。比例尺的大小不同，实地面积所对应的图上面积大小亦不相同。比例尺大，对应的图上面积大；比例尺小，对应的图上面积小。比例尺改变引起了地面所对应的图上面积大小的变化。反之，当地图幅面大小一定时，地图比例尺限定了图幅所包括的实地面积的大小。比例尺大小不同，图幅所包括的实地面积大小也不一样。比例尺大，图面所对应的实地面积小；比例尺小，图面对应的实地面积大。比例尺改变引起了图面所对应的地面范围的变化。

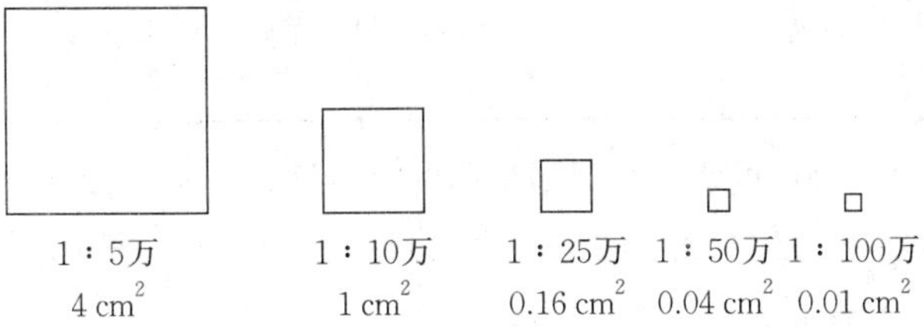

图 1-3

2）比例尺的变化导致地图制图综合的差异

地图比例尺是影响制图综合的主要因素，也是引起制图综合的根本原因。由于地图比例尺的大小决定了地面在图面上对应面积的大小，因而也就限定了地图上所能表示要素的总容量，制约着地图的制图综合。如图 1-3 所示，实地 1 km^2 的一块面积，在 1：5 万图上为 4 cm^2，在 1：10 万图上为 1 cm^2，在 1：100 万图上为 1 mm^2。显然，在比例尺大小不同的地图上用同等综合程度（或同样综合指标）来反映空间信息是不可能的。这样，就导致了比例尺大小不同的地图在制图综合方面的差异。比例尺大，地图容量就大，地理事物的综合程度则低；比例尺小，地图容量就小，地理事物的综合程度则高。因此，地图比例尺大小变化，地图内容的详尽性和图解精度（制图综合误差）也随之变异。比例尺大，内容详尽，图解精度高；比例尺小，内容简括，图解精度低。

3）比例尺的大小关乎图上量测的精度

地图不能像航摄像片那样不加取舍地反映地面，它要顾及人眼能看清楚的限度，要求在各种比例尺图上都能清晰地反映地理事物。实验证明，正常视力人眼的鉴别力（肉眼能分辨的图上最短距离）是 0.1 mm。因此，相当于图上 0.1 mm 的实地水平长度，就是地图上所能表示出来的最精密的限度，称为比例尺的最大精度。表 1-1 所列是我国的国家基本地形图比例尺的最大精度。

表 1-1　比例尺的最大精度

比例尺	1∶5 000	1∶1 万	1∶2.5 万	1∶5 万	1∶10 万	1∶25 万	1∶50 万	1∶100 万
最大精度/m	0.5	1	2.5	5	10	25	50	100

由表 1-1 可知，在比例尺大小不同的地图上，比例尺的最大精度是不一样的。假定在各种比例尺不同的地图上，某点的点位误差均为 0.1 mm，它在实地上的误差则随比例尺的大小而不同。比例尺越大，误差就越小；比例尺越小，误差就越大。也就是说，地图的比例尺越大，图上量测的精度就越高；地图的比例尺越小，图上量测的精度就越低。

1.1.4　地形图的比例尺系列

各国的现代地形图比例尺都有各自的统一标准和一定的系列。我国国家基本地形图的比例尺系列如表 1-2 所示。

表 1-2　我国国家基本地形图的比例尺系列

比例尺系列	1∶5 000	1∶1 万	1∶2.5 万	1∶5 万	1∶10 万	1∶25 万	1∶50 万	1∶100 万
地图称号	五千分之一	万分之一	二万五千分之一	五万分之一	十万分之一	二十五万分之一	五十万分之一	百万分之一
图上 1 cm 相当于实地水平长度	50 m	100 m	250 m	500 m	1 km	2.5 km	5 km	10 km

此外，比例尺大于 1∶5 000 的大比例尺地形图的比例尺系列为 1∶2 000、1∶1 000 和 1∶500。

这种比例尺系列的优点是，相邻两种比例尺的转换系数（由一种比例尺换算为另一种比例尺的系数）为 2.0 或 2.5，换算简单，使用方便。

世界各国地形图的比例尺系列不尽相同，但现已出现统一的趋势。例如，以前欧洲一些国家采用 1∶2 万和 1∶4 万比例尺，现已改用 1∶2.5 万和 1∶5 万比例尺；过去采用英制比例尺的国家，逐步改用米制比例尺，只有斯里兰卡仍用旧的比例尺；美国至今仍采用 1∶2.4 万、1∶6.25 万或 1∶6.336 万比例尺系列，但也已决定采用 1∶2.5 万和 1∶5 万比例尺系列。

1.2　地形图的分幅编号与图廓

要将广阔地面测编（测图与编图）成有限图面的地形图，必须将地面划分成块分别测绘或编绘到图纸上，这种分块叫作分幅。地面面积广阔，地形图图幅数多，每幅图需要有一定的标号，标号的制度称为编号。地形图的分幅和编号的方法很多，各个国家甚至同一国家在不同历史时期或不同部门所采用的分幅和编号方法也不尽相同。例如我国 1949 年以前测绘的 1∶5 万地形图就曾用 36 cm×46 cm 的矩形分幅，地形图的编号曾用过行列式法、经纬度法等多种。为了科学地反映各种比例尺地形图图幅之间的隶属关系和同一种比例尺地形图之间的拼接关系，保证地形图测绘不重复无遗漏，便于地形图的管理和使用，1949 年以后，我国地形图的分幅与编号统一采用两种方法：①梯形分幅编号法；②正方形和矩形分幅编号法。现在，1∶100 万～1∶5 000 地形图按 GB/T 13989—2012《国家基本比例尺地形图分幅和编号》国家标准分幅和编号。该标准对老编号方法作了重大改革，兹简述如下。

梯形分幅编号法以国际百万分之一地图的分幅和编号为基础，故又称为国际分幅编号法。国际百万分之一地图的名称是这样得来的，在 1891 年至 1928 年间，国际地理、地图会议多次讨论通过了编制统一标准（同一的地图投影、分幅编号、一致的地理内容、表示方法和相同的图廓整饰等）的国际分幅图的协议，号召各国组织起来按协议规定编制其本国领土范围内的分幅地图，并确定国际图的比例尺为 1∶100 万，因而以后获得了国际百万分之一地图的名称。

1.2.1　1∶100 万地图的分幅编号

如图 1-4 所示，国际百万分之一地图的分幅，是从 180°经线起，自西向东按经差 6°用经线（图中放射直线）将全球分成 60 个夹角 6°的纵行，顺次以阿拉伯数字 1，2，3，…，60 表示；由赤道分向两极，按纬差 4°用纬圈（图中的同心圆，圆心表示北极）将南北半球各分成 22 个间隔 4°的横列，依次用大写拉丁字母 A，B，C，…，V 表示，以两极为中心到 88°纬圈的球冠用 Z 表示。经线和纬线交织起来将地面分成经差 6°、纬差 4°的梯形，每块球面梯形就是一幅 1∶100 万地图的范围。图幅的编号是由其所在行与列的序号组成，“列”号在前，“行”号在后，列、行号之间置以连接号。这样的分幅编号，完全确定了每一梯形图幅所占的地面位置。如兰州市所在的那幅 1∶100 万地形图，其列号为 J，行号为 48，则其编号为“J-48”。

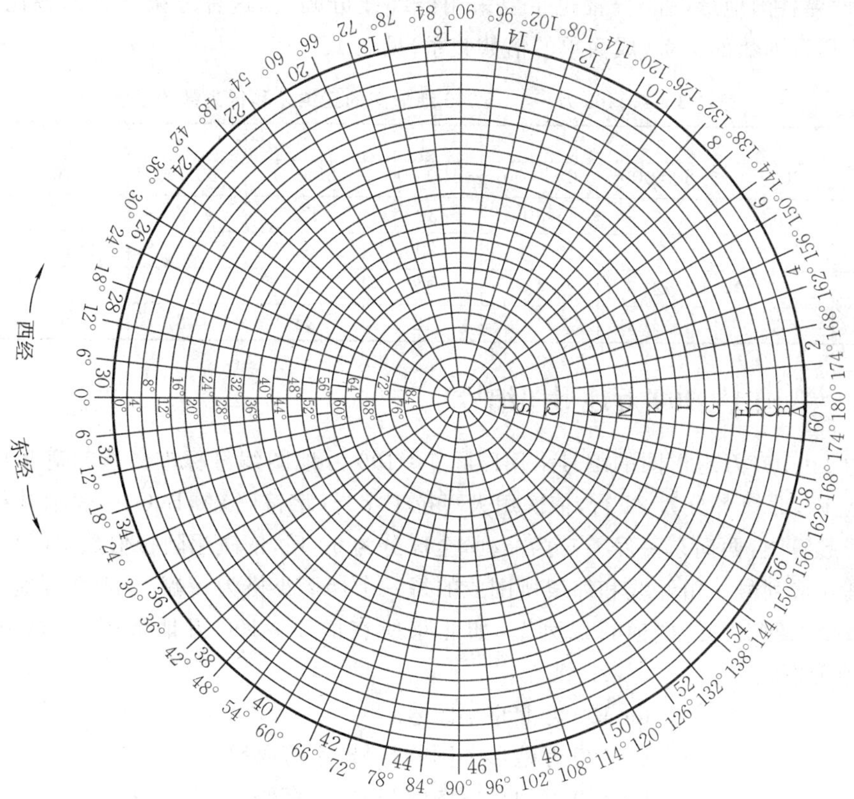

图 1-4

由于经线向两极收敛，在纬度 60°以上，图幅所包括的实地面积大大缩小，故对纬度 60°以上的图幅划分又作了特殊规定。在纬度 60°～76°范围内，每幅 1∶100 万图幅的范围为纬差

4°、经差12°(同纬度带的2幅合为1个图幅);在纬度76°～88°范围内,每幅1∶100万图幅的范围为纬差4°、经差24°(同纬度带的4幅合成1个图幅)。它们的编号是将其列号写在前面,所跨各行的行号依次写在后面。如在东经84°～108°,北纬80°～84°的一幅百万分之一地图的编号为"U-45、46、47、48"。

南北半球纵行相同而横列对应的图幅编号是一样的,为了区别编号相同的图幅是在南半球还是在北半球,又规定在图号前加"N"表示北半球的图幅,加"S"表示南半球的图幅。因为我国领土位于北半球(世界的大部分陆地也在北半球),所以我国(及其他北半球国家)地形图图号前的字母N常常省略,但南半球的图幅编号前必须加"S"字样。如"J-48"表示北半球的图幅,"SJ-48"表示南半球的图幅。

为了容易识别,在地形图上又在图号的上方加注该幅图内最重要的地名。例如兰州图幅即为兰州、J-48。

1.2.2 我国1∶100万～1∶5 000地形图分幅

我国基本比例尺地形图是在过去几十年的实践中逐步形成的。长期的老分幅方案,使得在航测内外业、地形图编绘、地形图储藏与管理等方面,有了相应的设备和技术规定,如果改变此种分幅方案,则会带来不必要的麻烦和经济损失。因此,地形图的分幅仍采用过去的经纬线分幅方法(世界各国地形图的分幅也主要采用经纬线分幅)。这种分幅方案的各比例尺地形图的经纬差和行列数的关系(成简单的倍数关系)见表1-3。

表1-3 1∶100万～1∶5 000地形图的经纬差和行列数关系

比例尺		$\frac{1}{1\ 000\ 000}$	$\frac{1}{500\ 000}$	$\frac{1}{250\ 000}$	$\frac{1}{100\ 000}$	$\frac{1}{50\ 000}$	$\frac{1}{25\ 000}$	$\frac{1}{10\ 000}$	$\frac{1}{5\ 000}$
图幅	经差	6°	3°	1°30′	30′	15′	7′30″	3′45″	1′52.5″
范围	纬差	4°	2°	1°	20′	10′	5′	2′30″	1′15″
行列数	行数	1	2	4	12	24	48	96	192
量关系	列数	1	2	4	12	24	48	96	192

1.2.3 我国1∶100万地形图编号

我国的1∶100万地形图的编号采用国际1∶100万地图编号标准。从赤道起算,每纬差4°为一行,至南、北纬各分为22行,依次用大写拉丁字母(字符码)A,B,C,…表示其相应行号;从180°经线起算,自西向东每经差6°为一列,全球分为60列,依次用阿拉伯数字(数字码)1,2,3,…表示其相应列号。由经线和纬线所围成的每一个梯形小格为一幅1∶100万地形图,其编号形式按数学行列定义为"横行纵列"。如北京所在的1∶100万地形图(全国共有64幅1∶100万地形图)。

1∶100万北京幅图号

1∶100万地形图图幅行号(字符码)J

1∶100万地形图图幅列号(数字码)50

我国过去1∶100万地形图编号中,按汉字行列概念把横行称为横列,把纵列称为纵行,编号形式为"横列纵行"。虽然现在与过去的行、列定义相反,但编号形式是一致的,故与国际1∶100万地图的编号没有矛盾。

1.2.4 我国 1∶50 万～1∶5 000 地形图编号

我国 1∶50 万～1∶5 000 地形图的编号均以 1∶100 万地形图编号为基础，采用行列编号方法（图 1-5）。即将 1∶100 万地形图按所含各比例尺地形图的经差和纬差划分成相应的行列数，横行从上到下、纵行从左到右按顺序分别用 3 位阿拉伯数字（数字码）表示，不足 3 位者前面补零，取行号在前、列号在后的排列形式标记各图幅的行列号；各比例尺地形图分别采用不同的字符作为各该比例尺的代码（表 1-4）；1∶50 万～1∶5 000 地形图的图号均由其所在 1∶100 万地形图的图号、比例尺代码和各图幅的行列号共 5 部分十位码组成，如图 1-6 所示。

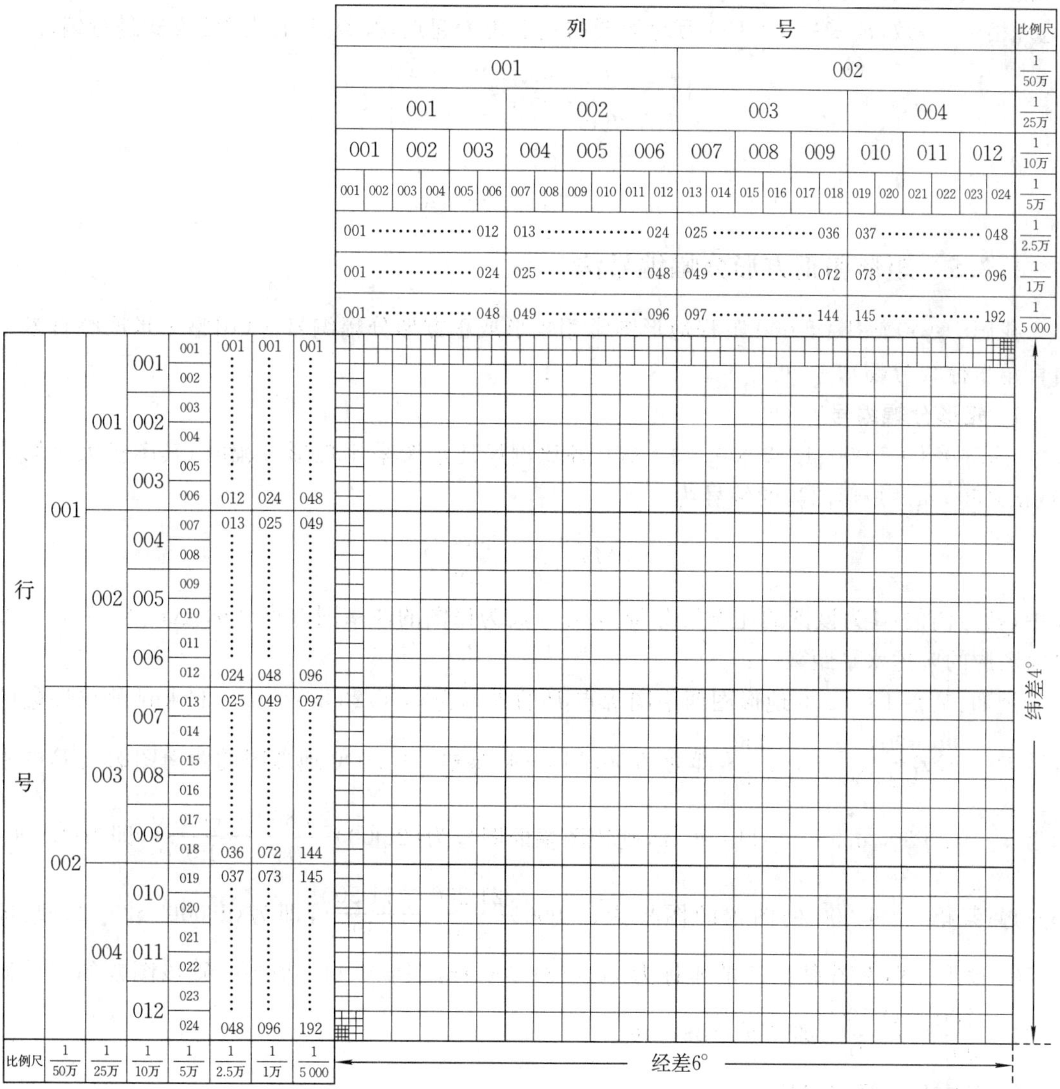

图 1-5

表 1-4 我国各比例尺地形图字符代码表

比例尺	1∶50 万	1∶25 万	1∶10 万	1∶5 万	1∶2.5 万	1∶1 万	1∶5 000
代码	B	C	D	E	F	G	H

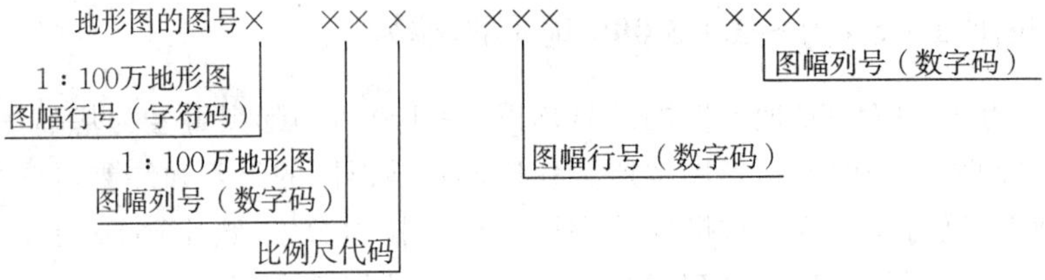

图 1-6

关于 1：50 万～1：5 000 地形图行、列号的起点，设计者曾想选择每幅 1：100 万地形图的左下角为起点以与 1：100 万地形图编号的行列起点相应，但考虑到要与相应国家标准“地理格网”一致，故采用 1：100 万地形图的左上角为起点，按数学行列式的方式进行编号

$$\begin{vmatrix} a_{11} & a_{12} & a_{13} & \cdots & a_{1n} \\ a_{21} & a_{22} & a_{23} & \cdots & a_{2n} \\ \vdots & \vdots & \vdots & \ddots & \vdots \\ a_{n1} & a_{n2} & a_{n3} & \cdots & a_{nn} \end{vmatrix}$$

1.2.5 矩形和正方形分幅编号法

我国 1：500～1：5 000 工程地形图常用矩形或正方形分幅编号法(用整千米或整百米平面直角坐标线分幅)。

1. 矩形分幅编号

1：500、1：1 000、1：2 000、1：5 000 各比例尺地形图采用矩形分幅时，其图幅大小均为 40 cm×50 cm。矩形图幅的编号为

$$(M)\ \frac{x_{\mathrm{ws}}}{\Delta x}-\frac{y_{\mathrm{ws}}}{\Delta y}$$

式中，括号内的 M 为该图的比例尺分母；x_{ws}、y_{ws} 为该图的西南图廓点坐标；Δx、Δy 为 x、y 方向内图廓的实地水平距离。

例如：某幅 1：5 000 地形图西南图廓点 P 的坐标为 $x_P=20$ km、$y_P=10$ km，则该图幅的编号为$(5\,000)\dfrac{20\,000}{2\,000}-\dfrac{10\,000}{2\,500}$，即为(5 000)10－4；某幅 1：2 000 地形图的西南图廓点 P 的坐标为 $x_P=20\,800$ m、$y_P=11\,000$ m，则该图幅的图号为$(2\,000)\dfrac{20\,800}{800}-\dfrac{11\,000}{1\,000}$，即为(2 000) 26－11；某幅 1：1 000 的图幅的图号为$(1\,000)\dfrac{21\,200}{400}-\dfrac{11\,500}{500}$，即为(1 000)52－23；某幅 1：500 地形图西南图廓点 P 的坐标为 $x_P=21\,200$ km、$y_P=11\,500$ km，则该图幅的图号为$(500)\dfrac{21\,200}{200}-\dfrac{11\,500}{250}$，即(500)106－46。

2. 正方形分幅与编号

1：500～1：5 000 比例尺地形图按正方形分幅时，其图幅大小与分幅规定见表 1-5。

正方形分幅图幅的编号方法很多，常用的方法是：以 1：5 000 地形图为基础，1：5 000 图的图号由图幅的西南图廓点之纵横坐标(以千米为单位)组成。其余 3 种比例尺地形图的编号是在图幅所在的那幅较小一级比例尺图的图号后加一个罗马数字 Ⅰ、Ⅱ、Ⅲ 或 Ⅳ 而成

(图 1-7)。例如,某幅 1∶5 000 地形图的西南图廓点 P 的坐标为 $x_P=20$ km、$y_P=30$ km,则 1∶5 000 图的编号与图中绘有晕线的各种比例尺地形图的编号为

1∶5 000 比例尺图的图号为 20—30

1∶2 000 比例尺图的图号为 20—30—Ⅲ

1∶1 000 比例尺图的图号为 20—30—Ⅱ—Ⅰ

1∶500 比例尺图的图号为 20—30—Ⅰ—Ⅰ—Ⅰ

图号末尾的罗马数字为本图幅的序号,表示该图在较小一级比例尺图中的位置。

表 1-5　正方形分幅图幅大小与分幅方法

比例尺	图幅大小		在一幅前列比例尺图中所包含的图幅数		实地每平方千米图幅数
	内图廓尺寸	相当实地面积/km²			
1∶5 000	40 cm×40 cm	4	1		1/4
1∶2 000	50 cm×50 cm	1	1	4	1
1∶1 000	50 cm×50 cm	0.25	1	4	4
1∶500	50 cm×50 cm	0.062 5	—	4	16

小面积地区的工程设计施工用大比例尺地形图的分幅编号,可根据用图单位的要求和作业方便,灵活采用适当方法。例如采用数字顺序编号法(流水编号法)、行列编号法或工程代号与阿拉伯数字结合编号。图 1-8 所示为数字顺序编号法,图中闭合曲线表示测区范围,正方形分幅的图幅编号,自左至右、自上而下用阿拉伯数字 1,2,3,…顺序表示。

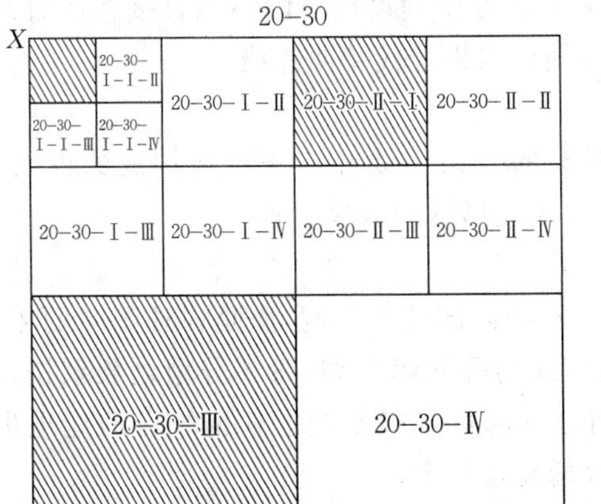

图 1-7

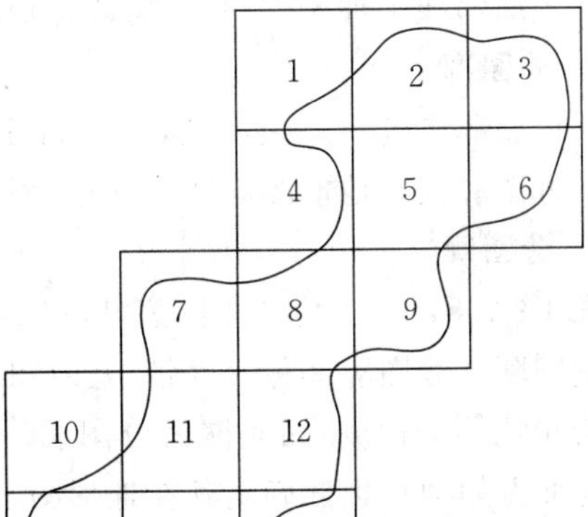

图 1-8

1.2.6　地形图的图廓

由地形图分幅线围成的边称为地形图内图廓,因此地形图的内图廓有梯形和正方形(或矩形)两种。正方形(或矩形)图廓包括内图廓和外图廓。梯形图廓除内、外图廓外,在大于和等于 1∶10 万地形图上还有分图廓(图 1-9)。各种图廓的意义如下。

1. 内图廓

地形图的内图廓(简称内廓)不仅是限定图幅范围的界限,而且是相邻地形图拼接的公共

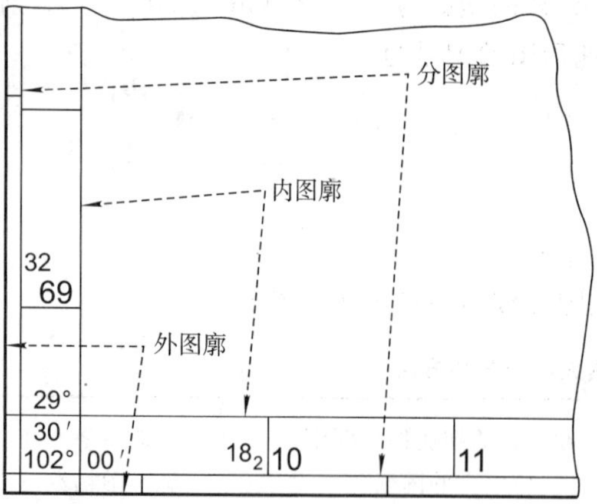

图 1-9

接图线。内廓的 4 个角隅点称为图廓点。正方形(或矩形)内图廓由纵横坐标线组成,南北图廓为横坐标线,东西图廓为纵坐标线。纵横坐标线的交点就是图廓点,其坐标(x, y)以千米为单位注记在图廓点外侧纵横坐标线的延长线上,横坐标值 y 的整数部分注记在纵坐标线延长线的左侧,小数部分注记于右侧;纵坐标值 x 注记在横坐标线延长线的上方。

梯形内图廓是由经纬线组成的,南北图廓各是纬线的一部分,东西图廓各是经线的一部分。图廓经纬线的交点即图廓点,其地理坐标注记在图廓点外侧的内廓延长线上。纬度的度数注记在纬线延长线的上方,分秒注记在下方;经度的度数注记在经线延长线的左侧,分秒注记于右侧。在高斯投影带中只有中央经线和赤道投影成直线,其余经纬线均投影为曲线。但经线的曲率很小,故不论何种比例尺地形图的东西图廓线均描绘为直线;而纬线近于同轴圆圆弧,不能一概绘成直线,因此,在制图作业中将纬线分成若干小段,每段分别以直线连接起来,即以折线代替曲线。那么多长的曲线允许当作直线来描绘呢?根据当前制图作业的精度要求,曲线线段的矢长(曲线与其对应弦间的最大距离)小于 0.1 mm 时,可用直线代替曲线。据此,实际作业中规定,大于等于 1∶5 万比例尺地形图,其南北图廓绘成直线(在纬度 40°以上,1∶5 万比例尺地形图有些勉强);1∶10 万~1∶50 万比例尺地形图不能直接连成直线,而是在南北图廓纬线上加密中间点,每段连成直线,最后以折线代替曲纬线。

2. 外图廓

在内图廓之外一定距离处,由平行于内图廓的 4 条细线和 4 条粗线构成的框线就是外图廓。外图廓仅对地形图起装饰作用,而不是组成地形图的数学要素。

3. 分图廓

在 1∶2.5 万~1∶10 万国家基本地形图上不绘内部的经纬网,而是在外图廓的粗细线间绘一分图廓。分图廓又称分度带,是内图廓经纬线的等间隔分划,每一分划之长系按经、纬差各 1′为单位等分而成,因此称为分图廓。利用分图廓可以确定图上任何一点的地理坐标,或根据地面点的地理坐标确定其在地形图上的数理地理位置。

1.3 地形图的正射投影

1.3.1 正射投影的概念

为了解决地面三维曲面与图面二维平面的矛盾,地形图测绘采用了正射投影(垂直投影)。所谓正射投影,就是将自然地面上远近高低各不相同的点线和图形,用铅垂线投影到大地水准面或水平面上来确定其位置的一种数学方法。在正射投影中,大地水准面或水平面称为投影面,自然地面称为投影原面。投影面上的点、线和图形叫作投影原面上相应点、线和图形的正射投影(也称水平投影)。面积很小的测区,可以将大地水准面视为平面。图 1-10 中上图为自然地面，图中 A、B、C、D、E 是实际地面上远近高低不同的一系列点，构成一个空间多边形 $ABCDE$；下图中 P 是一个平面，从上图的 A、B、C、D、E 各点向平面 P 作铅垂线，这些垂线在 P 平面上的垂足 A'，B'，… 及其构成的线段 $A'B'$，$B'C'$，…，角度 $\angle A'B'C'$，$\angle B'C'D'$，… 和多边形 $A'B'C'D'E'$ 就是自然地面上相应点、线、角和多边形的正射投影，或称水平投影。采用正射投影获得了地面物体（地物、地貌）在水平面上的位置，按测图比例尺便可将地面的地物、地貌测绘成地形图。

1.3.2　测定点与点间关系的法则

正射投影解决了地面三维曲面与图面二维平面的矛盾，但旧的矛盾解决了，新的矛盾又出现了，即出现了投影元素：长度、角度、面积、形状等在数量上的变化。从图 1-10 中可以看出，地面多边形 $ABCDE$ 与其正射投影 $A'B'C'D'E'$ 并不相似，更不相等；平面上多边形的各边长都小于至多等于空间多边形的相应边长；平面上多边形的各角是相应空间角度两倾斜边的二面角的平面角。地形图上所表示的地物、地貌（合称地形），正是实地地形的正射投影的缩形，而不是实地地形本身的直接缩小，图上各点是实地上相应点在水平面上的正射投影位置，按测图比例尺测绘到图面上的。由此可知，测绘工作中测定点与点间关系有 3 条必须遵循的法则：

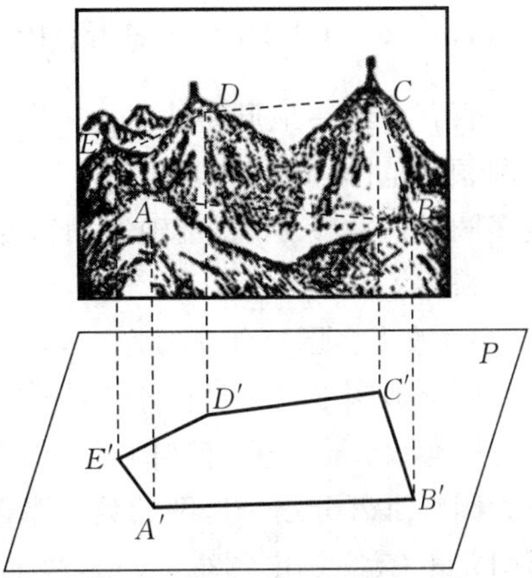

图 1-10

（1）测定地面上两点间的距离，是指水平距离，若实测了倾斜距离，则应进行倾斜改正换算为水平距离。

（2）测定空间两条具有公共顶点的射线间的夹角，是指包含两条射线的两个竖直平面的二面角在水平面上的投影，即二面角的平面角，测量学上称为水平角。

（3）测定地面上各点间的高差，是指各点沿铅垂线方向到起算水准面的垂直距离高程之差，测量学上称为高差。

上述 3 条法则是地形测绘和一切测绘工作依据的最基本的原理，是构成地形图必须的基本的数学要素。

1.4　地形图的地图投影

1.4.1　地图投影的概念

大地水准面是平均海水面扩展穿过陆地，且处处与铅垂线正交的封闭曲面。范围广大的水准面不能当作平面看待，这时尚须用数学方法将其转化为平面。但大地水准面是一个不规则的物理曲面，不能在其上实施运算，因此需要在以大地水准面为准的正射投影上，即地面的各项三角测量成果上，加入若干归化的改正，将其归化到一个与大地水准面十分接近的参考椭球面上，即用一个确定的参考椭球面来代表地球的形状，这个代表地球的参考椭球面就叫地球椭球面。地球椭球面是一个纯粹的数学表面，这样就可以根据一定的投影条件，运用特殊的数学方法，建立起地球椭球面与地图平面之间点与点的一一对应的关系式(投影公式)。依据投影公式，就可按一定的比例尺，将地球球面上经纬网交点的地理坐标转换为相应平面上对应点的平面直角坐标(或平面极坐标)，从而在地图平面上展绘出经纬网。这种建立地球球面与地图平面之间点与点的一一对应关系的数学方法，在地图学上称为地图投影。

根据地形图对地图投影的要求，我国 1∶100 万地形图现采用等角圆锥投影，其他各种比例尺地形图一律采用高斯-克吕格投影。

1.4.2 1∶100 万地形图的地图投影

百万分之一地形图是一种国际性地图，各国在同一历史时期采用一致的标准来编制出版本国领土范围内的 1∶100 万地形图。就采用的地图投影而言，国际上采用了这样两种：①改良多圆锥任意投影；②正轴等角圆锥投影。我国在相应时期内编制出版的百万分之一地形图也采用了这两种投影。

1. 改良多圆锥任意投影

国际地图专门委员会于 1909 年和 1913 年先后在英国伦敦和法国巴黎召开国际百万分之一地图会议，会上通过的《国际百万分之一地图编绘细则》建议各国采用改良多圆锥任意投影作为国际百万分之一地图的数学基础。自此以后到 1962 年以前世界各国编制百万分之一地形图差不多都采用了这种投影，故此投影又名国际百万分之一地图投影，简称国际投影。我国 1956—1958 年编制的 1∶100 万地形图就是用的这种投影。改良多圆锥任意投影是多圆锥投影中的一种，它是利用普通多圆锥投影的原理实施于多面体投影(所谓多面体投影，就是按百万分之一地形图的分幅，用经纬线将球面分成许多球面梯形，每块球面梯形用同一投影方法独立进行投影)，再运用如下一些具体规定加以改良而成的任意性质的投影，故名为改良多圆锥任意投影。

这种投影的具体规定(应满足的条件)如下：

(1)在纬度 0°～60°范围内，按纬差 4°、经差 6°分幅；在纬度 60°～76°范围内，按纬差 4°、经差 12°分幅；在纬度 76°～88°范围内，按纬差 4°、经差 24°分幅；每幅图用改良多圆锥任意投影单独进行投影。纬度 88°～90°为一幅图，采用极球面投影(等角方位投影)。

(2)所有经线投影后呈直线。各纬线投影后为同轴圆圆弧，圆心位于图幅中央经线的延长线上，半径 $\rho = N\cot\varphi$。经纬网的密度为 1°×1°。

(3)南北边纬线投影后无长度变形。在经差 6°的分幅中，离中央经线经差±2°的经线无长度变形；在经差 12°和 24°的分幅中，分别为离中央经线经差±4°和±8 的经线无长度变形。

为何规定这样的条件呢？规定在不同纬度地区按不同经差分幅，是为了保持图幅的大小基本一致；使所有经线投影成直线，为的是便于左右相邻图幅的接图；使离中央经线经差±2°、±4°或±8°的经线无长度变形，目的是使整个图幅的变形小些，分布均匀些；而使南北边纬线无长度变形，为的是便于上下相邻图幅的拼接。

国际百万分之一地图投影就是根据这些规定条件，导出投影坐标公式而建立起来的。

这种投影是一种任意性质的投影，故长度、面积、角度均有变形，变形的分布也比较复杂，但各变形值都很微小。就长度变形来说，此投影在图幅的南北边纬线上无长度变形，其他纬线都因经线由曲变直而比实地缩短，故其余纬线均有负向变形，最大变形在中间纬线上，令这条纬线的长度比为 n_0，长度变形为 v_0，以一幅百万分之一图而言，有

$$n_0 = 1 - 0.0006 \tag{1-4}$$

而长度变形就是长度比与 1 之差，故

$$v_0 = -0.0006 = -0.06\%$$

本投影的经线如图 1-11 所示，在中央经线两侧有两条经线无长度变形，其余经线有放长也有缩短。由无变形经线向边缘经线放长，变形为正；由无变形经线向中央经线缩短，变形为负。最大变形在中央经线上。令中央经线的长度比为 m_0，长度变形为 v_0，其式为

$$m_0 = 1 - 0.000609\cos^2\varphi \tag{1-5}$$

式中，φ 为图幅的平均纬度。可见，赤道上图幅中央经线的变形最大。

当 $\varphi = 0°$ 时，$\cos\varphi = 1$，故有

$$m_0 = 1 - 0.000609$$

于是赤道上图幅中央经线的长度变形最大，其值为

$$v_0 = m_0 - 1 = -0.000609 = 0.061\%$$

即在全球百万分之一分幅地图中，中央经线最大长度变形不超过－0.061%。

本投影的面积变形可近似地表达为

$$v_p \approx 2v \tag{1-6}$$

式中，v 为一点上沿经线或纬线的长度变形。

关于角度变形，全图中都存在，最大值在中间纬线上。各图幅的角度变形随纬度而变化，纬度越低变形越大，但这种投影的赤道图幅的角度变形在中间纬线上仍不超过 5′，在中纬度的图幅一般不超过 3′。

由此可知，这种投影虽然存在各种变形，但无论哪一幅地图的投影变形都是很小的。

用改良多圆锥任意投影作为数学基础的国际百万分之一地形图，虽然上下左右相邻图幅可以拼接，但因每幅地图是单独进行投影的，故当 4 幅相邻图幅拼接在一起时会产生一裂隙而拼接不拢。如图 1-12 所示，相邻 4 幅图在一公共图廓点上进行拼接时产生了裂隙角 ε，其大小为

$$\varepsilon' = 25.15'\cos\varphi \tag{1-7}$$

式中，φ 为接图的公共图廓点的纬度。式(1-7)如以裂隙距 $\bar{\varepsilon}(=A_1A_2)$ 表示则为

$$\bar{\varepsilon} = 3.25\cos\varphi(\text{mm}) \tag{1-8}$$

由式(1-7)和式(1-8)可知，纬度低的图幅接图时，裂隙较大，但即使是赤道上的图幅裂隙角最大不超过 25.15′，裂隙距最长不超过 3.25 mm。由于裂隙不大，故对地图使用无甚影响。

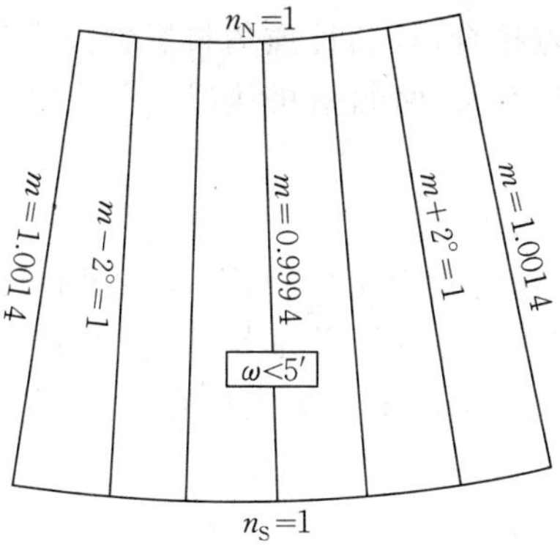

图 1-11

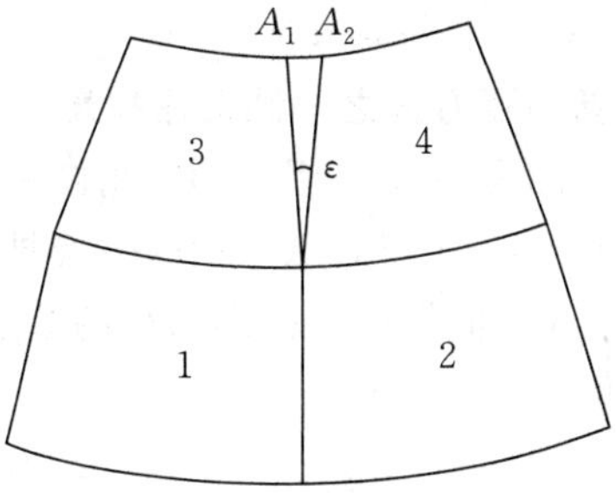

图 1-12

国际百万分之一地形图采用改良多圆锥投影，由于它不具有等角条件，现已被等角圆锥投影所取代。

2. **百万分之一正轴等角圆锥投影**

为使世界百万分之一地形图与世界百万分之一航空图在数学基础上更好地协调一致，联合国于1962年在原西德波恩召开世界百万分之一国际地图技术会议，建议用正轴等角圆锥投影代替改良多圆锥投影作为国际百万分之一地形图的数学基础。目前，许多国家编制出版的百万分之一地形图已改用这种投影。

同前述一样，全球百万分之一地形图也采用两种投影：由赤道分别至北纬84°和南纬80°之间，采用正轴等角圆锥投影；极区附近，即由北纬84°至北极和南纬80°至南极，采用等角方位投影。

地图的分幅亦略有变动，具体规定是：纬度0°～60°仍按纬差4°、经差6°分幅，纬度60°～76°按纬差4°、经差12°分幅；但在纬度76°～88°范围内另有规定，即纬度76°～84°，按纬差4°、经差24°分幅，纬度84°～88°，按纬差4°、经差36°分幅；纬度88°～90°仍为一幅图。

百万分之一正轴等角圆锥投影与改良多圆锥投影有相似之处，它也是对每幅图单独进行投影。但此投影每幅图内有两条标准纬线，并规定标准纬线的纬度为

$$\left.\begin{aligned}\varphi_1 &= \varphi_S + 40' \\ \varphi_2 &= \varphi_N - 40'\end{aligned}\right\} \tag{1-9}$$

式中，φ_S、φ_N 为图幅南、北边纬线的纬度。投影后纬线为同心圆弧，经线为垂直于纬线的放射状直线。

因投影区域的纬差仅为4°，故投影变形极微，而且不同位置的相邻图幅的变形值也接近相等，其变形规律是：全图无角度变形，在标准纬线上无任何变形，其余部分上存在长度与面积变形，变形自标准纬线向内、向外增大，两条标准纬线之间为负（投影后缩小），在标准纬线之外为正（投影后增大），等变形线与纬线一致。长度变形在图幅中纬线上为－0.027%，边纬处为＋0.037%（北面）及＋0.034%（南面），沿经纬线长度变形是一致的（即 $m=n$ ），面积变形约为长度变形的2倍，其最大值为0.06%。

由于百万分之一正轴等角圆锥投影的经线是放射状直线，每一图幅与东西相邻图幅完全可以拼接，但相同经度的上下邻图幅，因为纬度不同，有着不同的投影常数，致使同名纬线的投影半径稍有差异，所以在上下邻图幅接图时，虽纬线弧段的弦长接近相等，但两条纬线却不能重合而产生裂隙。裂隙值的大小可以用弧段的矢长计算而求得，如图1-13中，$e_1 - e_2$ 即为其裂隙值。

裂隙的大小随纬度而变化，最大值产生在低纬度图幅，约为0.6 mm，中纬度图幅一般为0.3～0.4 mm。如果以4幅图在一个公共图廓点接合，等角性质的投影裂隙是由于球面角超而产生，其裂隙值的大小与改良多圆锥投影相差不大，两幅图拼接时，$\varepsilon' = 12.56'\cos\varphi$；4幅图拼接时，$\varepsilon' = 25.12'\cos\varphi$。

3. **我国新编百万分之一地形图投影**

我国于1978年开始采用正轴等角圆锥投影作为新编1∶100万地形图的数学基础，其分幅规定与国际上1962年后所采用的分幅规定相同。各带投影的南、北边纬与中纬变形长度与面积绝对值相等。但投影的标准纬线的纬度位置与国际上的规定稍有不同，本投影的两条标准纬线的纬度为

$$\left.\begin{aligned}\varphi_1 &\approx \varphi_S + 30' \\ \varphi_2 &\approx \varphi_N - 30'\end{aligned}\right\} \tag{1-10}$$

投影后的经线为直线，纬线为同心圆弧。

这种投影的等变形线与纬线一致而与经差无关，不同带图幅的变形值接近相等。长度与面积变形的变化规律是：在标准纬线上无变形，在两条标准纬线之间为负，在两条标准纬线之外为正。每幅图上长度与面积变形的具体数值(%)如图 1-14 所示。

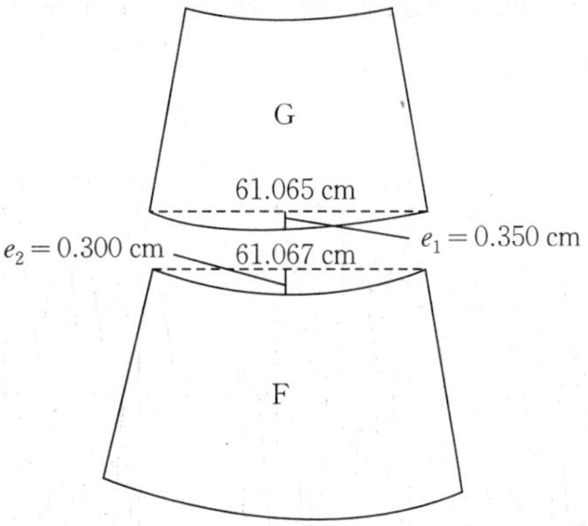

图 1-13

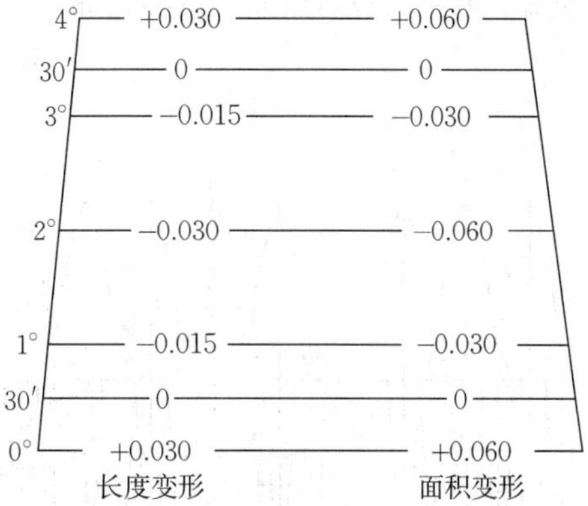

图 1-14

两相邻纬带的图幅拼接时产生的裂隙角的大小与上述百万分之一正轴等角圆锥投影完全相同。

1.4.3　高斯-克吕格投影

此投影是由德国数学家高斯(Gauss)于 1822 年拟创，而由德国大地测量学家克吕格(Krüger)于 1912 年将其计算公式扩充完备，并提出分带的办法，故名高斯-克吕格投影。高斯-克吕格投影是等角横切椭圆柱投影，按投影的变形性质来说属于等角(即投影后的角度与椭球面上的对应角度相等)投影，从投影面的几何形状及其与地轴和地球面相对位置关系来讲，属于横切椭圆柱投影(即投影面是椭圆柱面，椭圆柱面又是横放并与地球椭球面上的某一条经线相切)。我国于 1953 年决定用此投影作为 1∶1 万、1∶2.5 万、1∶5 万、1∶10 万、1∶25 万、1∶50 万比例尺地形图的专用投影。原苏联、蒙古、朝鲜等国也采用它作为地形图的数学基础。美国、加拿大、英国、德国、法国、意大利、葡萄牙、保加利亚等国家也有局部地区采用高斯-克吕格投影作为大比例尺地图的数学基础。

高斯-克吕格投影是等角投影，因此这种投影除没有角度变形外，在长度与面积方面必然要产生变形。为了将投影误差限制在容许的范围内，在应用此投影时按一定经差用经线分带，带的宽度有经差 6°、3°、1.5°等，每带单独进行投影。我国 1∶2.5 万～1∶50 万比例尺地形图按经差 6°分带，1∶1 万比例尺地形图按经差 3°分带。全球用经线分成 60 个 6°带或 120 个 3°带，前者称为 6°投影带，后者称为 3°投影带，每带中央的一条经线叫作中央经线或称中央子午线(图 1-15)。各带的带号分别以阿拉伯数字 1，2，3，…，60 和 1，2，3，…，120 编号。6°带的起算从本初子午线(0°经线)起，自西向东 0°～6°为第一带，6°～12°为第二带，类推下去到了我国境内最西为 13 带，最东为 23 带，全国共 11 个 6°带。中央经线的经度如图 1-14 所示，设 n 为 6°投影带的带号，L_0 为 6°带的中央经线的经度，则由图 1-15 上半部可知

$$L_0=6n-3 \tag{1-11}$$

或

$$n=(L_0+3)/6 \quad (1\text{-}12)$$

为了使 6°带的中央经线与边界经线均为 3°带的中央经线(使 3°带的中央经线的经度为整度数),3°带不是从 0°经线而是从东经 1°30′起算,自西向东 1°30′～4°30′为第一带,4°30′～7°30′为第二带,类推下去到了我国境内最西为 25 带,最东为 45 带,全国共 21 个 3°带。其中央经线的经度如图 1-15 所示,设 n 为 3°带的带号,L'_0 为 3°的中央经线,则由图 1-15 下半部可知

$$L'_0=3n' \quad (1\text{-}13)$$

$$n'=L'_0/3 \quad (1\text{-}14)$$

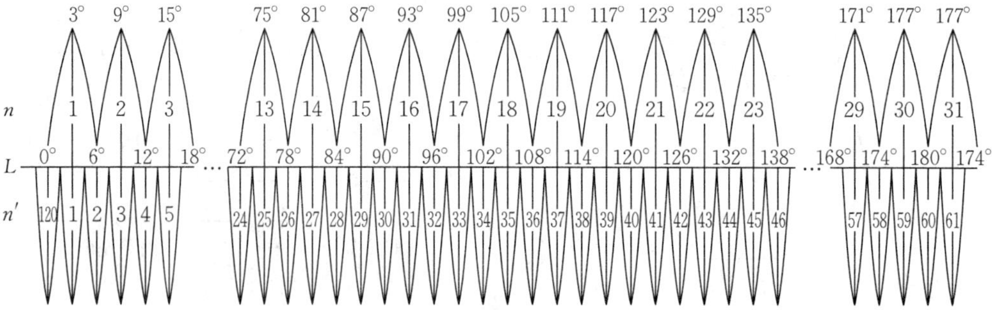

图 1-15

图 1-15 表示了 6°带与 3°带的分带关系和带的中央经线与带号的关系。由图可知,3°投影带是在 6°投影带的基础上划分的,3°带的奇数带中央经线与 6°带的中央经线重合,3°带的偶数带中央经线同 6°带的分界经线重合。这里顺便讲一下按经线分带,以及分为 6°或 3°带的原因。按经线分带是为了保持各带投影具有对称性和一致性,只要算出一个带的投影用表,其余各带均能适用。采用 6°带或 3°带是根据适合地形图比例尺的精度要求而决定的,如 6°带对于比例尺 1∶2.5 万和 1∶5 万地形图的精度是良好的,完全适合这两种比例尺地形图的要求,如带宽加宽则对这两种比例尺地形图的精度要求就不够了。对于比例尺更大的 1∶1 万和 1∶5 000 的地形图,由于其要求的精度更高,则采用 3°分带。分带愈窄精度愈高,但投影带分得太窄会增加带与带间接图的困难,且不便于应用各种比例尺的地形图。高斯-克吕格投影带与国际百万分之一地形图有固定联系。每一个 6°带的边界经线与国际百万分之一地形图的东西图廓线重合,带的中央经线与图幅的中央经线重合,但带与纵行的起算子午线不同,所以梯形分幅的纵列号码与带的号码相差 30。因此,由国际图幅纵列的号码即知该图幅所在投影带的带号数,反之亦然。设 N 为纵列号,则带号 n 与 N 的关系式为

$$n=N\pm 30 \quad (1\text{-}15)$$

式中,$N>30$ 则减 30,$N<30$ 则加 30。

以上介绍了高斯-克吕格投影的分带规定,现在再来说明投影带在平面上的投影。高斯-克吕格投影是用复变函数按投影计算公式将球面经纬网转化为平面经纬网,从而解决球面与平面之间的矛盾。严格地说,高斯-克吕格投影不能用几何透视法来建立,但这种投影很接近横切圆柱投影,故可从几何上来论述。为了节省篇幅和便于理解,从几何方面加以说明。如图 1-16 左图所示,假设以一个椭圆柱面套在地球椭球体面上,并与某一带的中央经线相切,椭圆柱的轴线 EE_1 通过地心而与地轴垂直(即椭圆柱横放),然后按高斯-克吕格投影所规定的条件(即投影后无角度变形;中央经线和赤道投影后为互相垂直的直线,且为投影的对称轴,中央经线投影后保持长度不变),把 6°或 3°投影带投影到椭圆柱面上,若制图区域的实地宽度超

过投影带宽度，则再将地球椭球体依地轴在椭圆柱内旋转 6°或 3°，使另一邻带的中央经线与椭圆柱面相切，亦在上述条件下投影到椭圆柱面上，直到整个制图区域都同样投影到椭圆柱面上以后，将椭圆柱沿其母线 AA_1 和 BB_1 截开展成平面，即得如图 1-15 和图 1-16 右图那样的 6°带或 3°带高斯-克吕格投影。

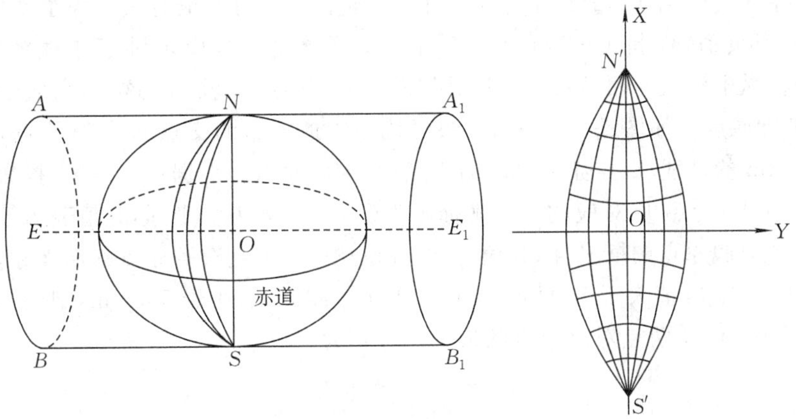

图 1-16

如图 1-16 右图所示，投影后的经纬线形状和投影的变形分布如下：

(1)中央经线投影后为直线，其上没有任何变形；其余经线投影后成为凹向中央经线并对称于中央经线的曲线，且向两极收敛，其长度向两侧逐渐放长，长度比均大于 1。

(2)赤道投影后为与中央经线垂直的直线，其长度略有放大，其余纬线投影后为凸向赤道并对称于赤道的曲线(近于同轴圆弧的曲线)，与经线垂直。

(3)在同一条纬线上，离中央经线愈远变形愈大，最大值位于投影带的边缘。

(4)在同一条经线上，纬度愈低变形愈大，最大值位于赤道上。

(5)面积比为长度比的平方，等变形线呈平行于中央经线的直线，变形由中央经线向两侧增大。

就 6°带而论，全带的最大变形在赤道与边界经线的交点上，其长度变形为 0.14%，面积变形为 0.27%。可见高斯-克吕格投影的投影误差是微小的，在变形最大的地方，一幅 1∶10 万地形图东西图廓之长，比中央经线附近同比例尺图东西图廓之长约增大 0.3 mm。我国的领土大部位于中纬度地带，因此，在长度与面积方面的变形比上述数值还要小，甚至小到没有超过制图与量图的误差。所以从理论上说，采用高斯-克吕格投影的地形图，在长度与面积方面都有变形，而在使用地形图时是可以忽略投影误差的。

1.5　高斯平面直角坐标与图上坐标网

1.5.1　高斯平面直角坐标系

所谓高斯平面直角坐标，就是按高斯-克吕格投影所建立的平面直角坐标。关于这种坐标的起算点，计算和表达方法等一系列的规定，就构成高斯平面直角坐标系。前已述及，高斯-克吕格投影带投影到平面上以后，带的中央子午线和赤道的投影为互相垂直的直线。以中央子午线的投影为纵轴(轴子午线)，用 X 表示；以赤道的投影为横轴，用 Y 表示，以二轴的交点为坐标的原点，用 O 表示，即构成高斯平面直角坐标系。可见这种坐标系同全球的大地坐标发生联系，故可形成国家的统一平面直角坐标系。因测绘工作中方位角是从子午线的北端顺时针方向计算的，为便于应用数学公式，故高斯平面直角坐标与数学上的平面直角坐标有别，二者纵横坐标轴的符号互换，象限的排列次序相反（图 1-17）。坐标的起算：横坐标 Y 以纵轴为 0 起算，在纵轴以东为正，以西为负；纵坐标 X 以横轴为 0 起算，在横轴以北为正，以南为负。我国的领土全部位于北半球，故纵坐标全为正值，横坐标值则有正有负。为了使用坐标方便，避免横坐标出现负值，保持 6°带与对应 3°带坐标系的统一，规定轴子午线的横坐标值为 500 km，等于将纵坐标值向西平移 500 km（如图 1-18 中的 X' 轴）。这样，高斯坐标系就出现了真假两个坐标原点。如图 1-18 所示，中央经线与赤道投影的交点 O 是真原点，自中央经线向西平移 500 km 的轴线 X 与赤道投影的交点 O' 为假原点。根据这一规定，投影平面上一点（如图中的 A 点或 B 点）所对应的直角坐标则为（x，y）。x 为纵坐标，其值表示某点至赤道的距离，y' 为某点对假原点的横坐标，其值为 500 km$\pm y$（y 为点对真原点的横坐标，即一点到轴子午线的距离）。若 y' 值大于 500 km，该点在轴子午线以东；小于 500 km，则位于轴子午线以西。例如，设图中 A、B 两点对真原点的横坐标分别为

$$y_A = 245\,863.7 \text{ m}$$
$$y_B = -168\,474.8 \text{ m}$$

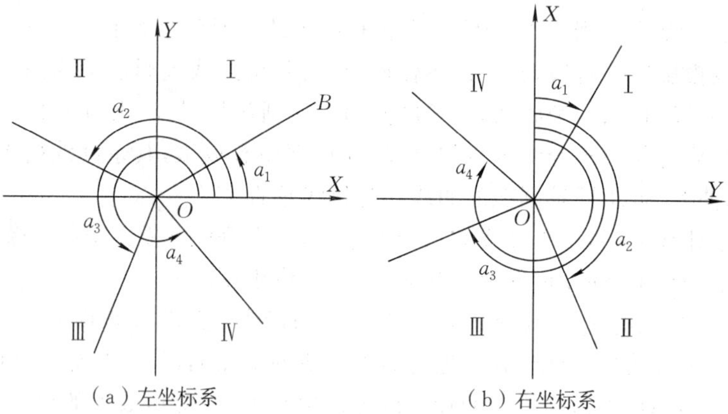

图 1-17

则 A、B 两点对假原点的横坐标分别为

$$y'_A = 500\,000 \text{ m} + 245\,863.7 \text{ m} = 745\,863.7 \text{ m}$$
$$y'_B = 500\,000 \text{ m} - 168\,474.8 \text{ m} = 331\,525.2 \text{ m}$$

即 A 点位于轴子午线以东，B 点在轴子午线以西。又因高斯-克吕格投影各带都有一个完全相同而又各自独立的坐标系，所以同一对坐标（x，y'）在每一带都有一个点与之对应。为了能表明坐标是属哪一投影带，或从点的坐标判别该点所在的投影带，又规定在横坐标数字前冠以投影带的带号，这样的坐标称为通用坐标。例如，在 20 带内的 A 点的通用坐标为

$$y'_{A通} = 20\,745\,863.7 \text{ m}$$

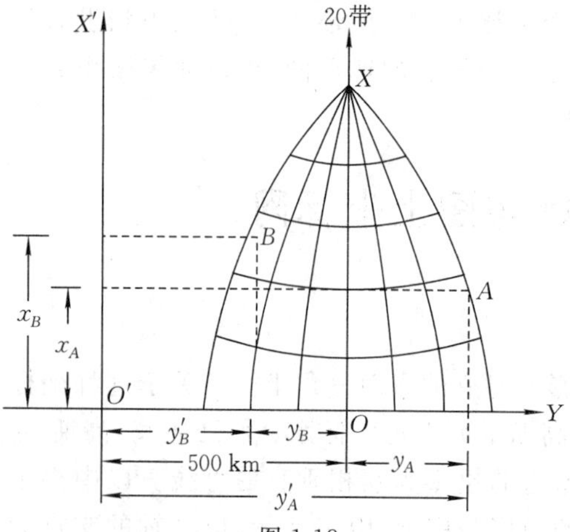

图 1-18

反之，若已知图中 B 点的通用坐标 $y'_{B通}=20\ 331\ 525.2$ m，其中左端的 20 即为带号，表明该点位于第 20 带内。为何说 20 就是带号呢？因为当纬度为 0°时，经差 3°所对应的最大横向长度约等于 334 km，因此，在一个投影带内，最大的 y' 值为 500 km＋334 km＜1 000 km，最小的 y' 值为 500 km－334 km＞100 km，y' 值始终保留了三位千米数（六位米数），故三位千米数（或六位米数）前面的数字，就是投影带的带号。

1.5.2　地形图上的方里网与经纬网

为了便于在地形图上迅速而准确地指示目标，测定位置、方向、距离和面积，我国在等于和大于 1∶10 万地形图内，只绘方里网，不绘经纬网；在 1∶25 万比例尺地形图内，既绘方里网，又绘经纬网；在 1∶50 万和 1∶100 万地形图内，不绘方里网，只绘经纬网。

经纬网用于确定点的地理坐标。在 1∶25 万比例尺地形图图幅内经纬网格按经差 15′、纬差 10′组成：经线为直线，纬线为折线，经纬网交点为折点，图内用正十字线交点表示折点位置，不连绘内部经纬线只绘内廓经纬线，并将内廓经纬线按经、纬差 1′予以等分。在 1∶50 万地形图图幅内经纬网格的划分为经差 30′、纬差 20′；经线为直线，纬线为折线（经纬网交点为折点），其内部经、纬按经纬差 10′等分，内图廓经纬线按经、纬差 5′加以等分。在 1∶100 万地形图图幅内，经纬网格为经、纬差 1°，经线为直线，纬线为同心圆弧，内图廓经纬线和内部经纬线分别按 5′、10′加以等分。

在等于和大于 1∶25 万的各种比例尺地形图内均绘有方里网。方里网是由平行于纵轴 X 和横轴 Y 的等间隔的直线构成的方格网，这些平行直线叫作坐标线，它们至坐标轴的距离均为整千米数，故称为方里网。不同比例尺地形图上的坐标线之间的间隔是不相同的，我国各种比例尺地形图坐标线的间隔见表 1-6。

表 1-6　坐标线的间隔

比例尺	坐标网间隔		坐标网格的面积	
	图上长度/cm	实地长度/km	图上面积/cm^2	实地面积/km^2
1∶100 万 1∶50 万	只绘经纬网，不绘方里网			
1∶25 万	4	10	16	100
1∶10 万	2	2	4	4
1∶5 万	2	1	4	1
1∶2.5 万	4	1	16	1
1∶1 万	10	1	16	1
1∶5 000	10	0.5	100	0.25
1∶2 000	10	0.2	100	0.04
1∶1 000	10	0.1	100	0.01
1∶500	10	0.05	100	0.002 5

坐标线的坐标值以千米为单位注记在内、外廓之间相应坐标线的延长线上，如图 1-19 所示。纵线上的注记表示该线上各点的横坐标（y）值，横线上的注记表示该线上各点的纵坐标（x）值。靠近图廓点和整千（百）千米的坐标线上注出完全的坐标值，其余各线只注出缩写值（即个位和十位千米数）。坐标线是平行于坐标轴的直线，而图廓线则由经纬线构成（梯形图廓），它们不与坐标轴平行，所以地形图上的坐标线与其图廓线构成一个大小不同的交角。

纵坐标线与东西图廓线（经线）构成的角度，就是坐标偏角，即子午线收敛角。图幅离开轴子午线愈远，子午线收敛角就愈大。只有在轴子午线附近的图幅，纵坐标线与东西图廓线才是基本一致的（图 1-20）。

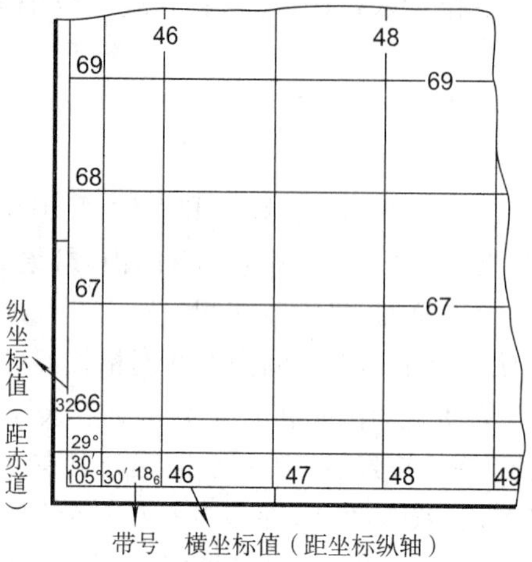

图 1-19

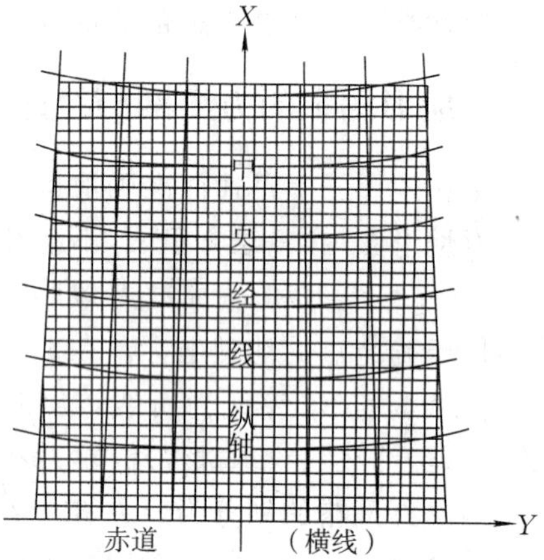

图 1-20

1.5.3 方里网的重叠

由于高斯投影带的经线向中央经线弯曲，每带各有独立的坐标系，致使邻带相邻图幅接图时，就形成如图 1-21 所示那样，坐标线成折线相交，各图内点的坐标也从各带的原点起算，这就给邻带相邻图幅利用坐标网进行图上量算（如量算距离和方位角等）带来了不便。为了消除这种不便，只有使相邻图幅的坐标统一起来。因此就规定每个投影带的东西边缘一定经差范围内的图幅加绘邻带坐标网，这样，边缘图幅除有本带的坐标网外，还有邻带延伸过来的坐标网，这就是所谓坐标网的重叠。我国现在采用的重叠规定是：每个投影带西边边缘经差 30′范围内的 1∶10 万、1∶5 万、1∶2.5 万图幅和经差 7.5′内的 1∶1 万图幅，东边边缘经差 15′内的 1∶5 万图幅和经差 7.5′内的 1∶2.5 万图幅，均加绘邻带 3-32 网。图 1-22 所示为每带要加绘邻带坐标网的各比例尺地形图图幅。邻带坐标网用短线绘在外图廓线上，西边边缘图幅绘西邻带坐标网短线，东边边缘图幅绘东邻带坐标网短线，并注记相应的千米数。使用地图时，可以某一带坐标为准，将其坐标值相同的短线连成直线，就构成了邻带统一的坐标网。图 1-23 所示是以 19 带为准的统一坐标网。

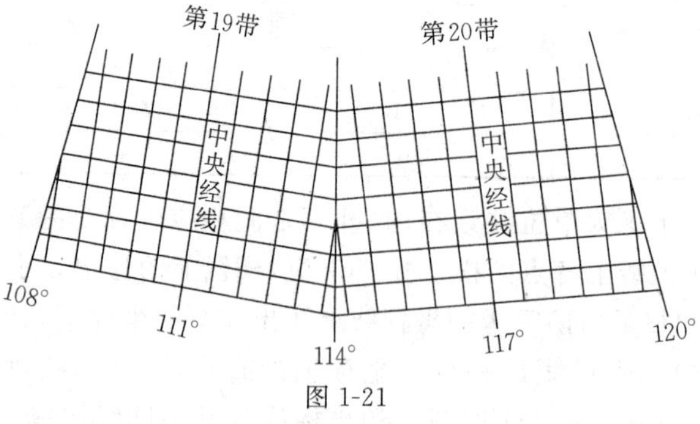

图 1-21

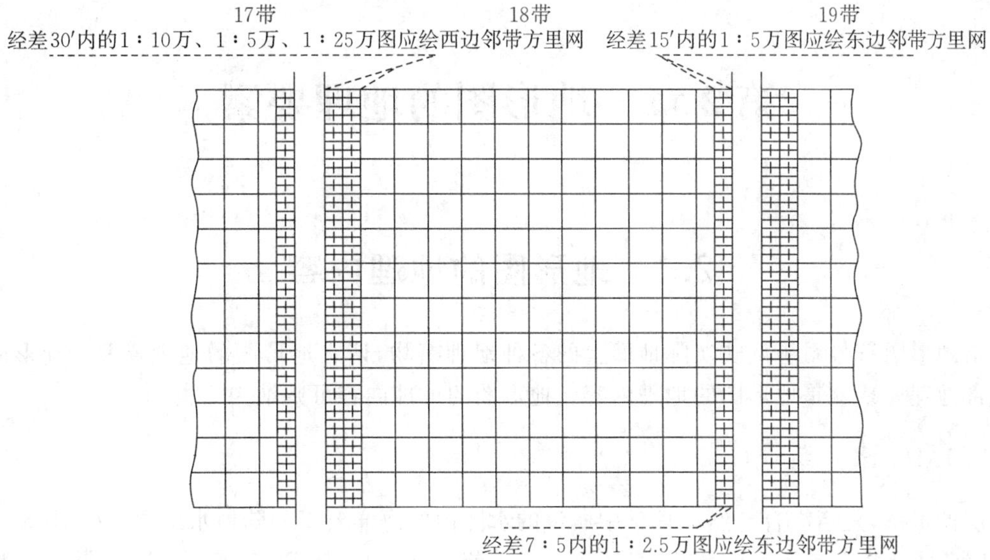

图 1-22

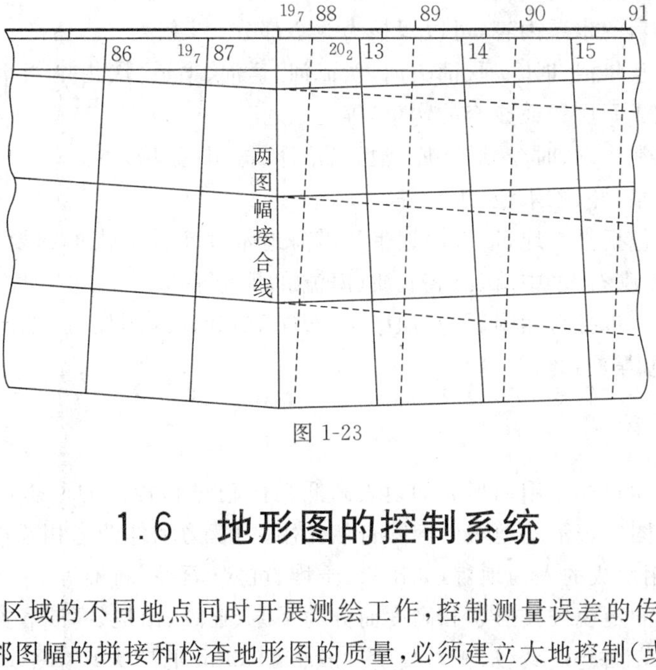

图 1-23

1.6　地形图的控制系统

为了能在广大区域的不同地点同时开展测绘工作,控制测量误差的传递积累、提高地形图的精度、保证相邻图幅的拼接和检查地形图的质量,必须建立大地控制(或工程控制)与图根控制系统(详见第二篇第 4 章)。

大地控制和图根控制为测绘地形图的数学基础,是组成地形图的重要数学要素之一。它不仅在测图过程中,而且在用图时都有重要意义。因此,大地点和高级图根点,不但要在地面上建造测量标志予以固定,而且要在地形图上用专门符号表示出来。

第2章 地形图的地理要素

2.1 地形图的地理内容

借地形图符号系统反映实际地面上的各种地理事物，谓之地形图的地理要素。地形图上的全部地理要素就是地形图的地理内容。地形图的地理内容可归纳为7类。

2.1.1 水 系

所谓水系，是指综合自然地理学中所说的水圈内的海洋要素和陆地水系中的湖沼、地表流水（江河、溪流等）、地下水的露头（泉），以及人工修建的水库、塘堰、运河、渠道、水井等各种天然和人工水体及其附属物的总称。

地形图上所表示的水系内容，可以概括为5个部分：

河渠——包括常年河、时令河、消失河、伏流河、运河、渠道、坎儿井、干沟（在雨后的短暂时期内有积水的未挖成而搁置或废弃的沟渠）等。

湖沼——包括常年湖、时令湖、水库、池塘、沼泽、盐田（盐场）等。

水源——包括泉、井、贮水池、水窖等。

海洋要素——包括沿岸地带、潮浸地带和沿海地带3个部分内的诸要素，如海岸线、干出滩、岛屿、海底地貌、礁石、水中滩、海底底质、海流和潮流等。

水系附属物——包括自然附属物（如瀑布、石滩等）和建筑附属物（如水坝、水闸、码头、船只停泊场、助航标志等）两类。

2.1.2 地 貌

由内外营力长期相互作用而形成的地表高低起伏趋势和各样的形态称为地貌，在地理学中也叫地形。地形图上表示的地貌内容除自然作用（内营力和外营力相互作用）形成的自然地貌外，还有人工作用形成的人为地貌，如田坎、土堆、坑穴、石垄、石堆等。

自然作用形成的地貌按其形态和高度而分为平原、丘陵、山地、高原和盆地5种类型。

平原——陆地表面起伏微缓，相对高度一般小于50 m的广大坦荡平地，称为平原。我国平原面积约占全国面积的12%，其分布很广，大多是河流、湖泊冲积而成的，少数为流水侵蚀形成。大平原主要集中在大兴安岭—太行山—雪峰山—线以东地区，即我国地势的第三阶梯内，成为依山面海、南北纵长的平原地带。北起黑龙江与乌苏里江汇流处的三江湖积冲积平原，南至杭州湾南岸的冲积平原，南北跨度约2 400 km，东西宽40～400 km不等。这条相互连接的平原带，被东西走向的山岭穿插分割成几大块，由北而南依次为东北平原、华北平原和长江中下游平原。此外，还有许多面积不大的平原散布各地，如潮汕平原、珠江三角洲平原、成都平原、汾渭平原、河套平原等。这些平原有的在沿海，有的在内陆，有的是高原、山地断层陷落再由流水冲积形成。东部三大平原及沿海平原的海拔一般在200 m以下。一些较小的内陆平原，海拔高度超过 200 m 甚至 1 000 m，这些海拔较高而面积较小的内陆平原称为高平原。

山地——山所盘踞的地面称为山地。山，就是陆地表面高度较大、坡度较陡的隆起地貌。山有山顶、山坡和山麓。它以较小的山顶面积区别于高原，而以较大的相对高度区别于丘陵。但习惯上把丘陵也称为山，把山地、丘陵的分布区，连同比较崎岖的高原，统称为山区。一般来说，山地都是呈线状延伸的，有脉络可寻，由许多条岭谷相间的山体组成，具有一定的走向，这就是山脉。若干条相邻的山脉在成因上有联系，并沿一定的走向分布着，总称为山系(例如天山山系、喜马拉雅山系和横断山脉组成的巨大弧形山系)。我国的山脉走向主要为东西向和东北—西南向。这些山脉大多位于我国大高原、大盆地、大平原的边缘。从地势(地表高低起伏的趋势状态)特征看，我国的山地可分为低山、中山、高山和极高山。极高山，绝对高度大于 5 000 m，相对高度大于 1 000 m。高山，绝对高度为 3 500～5 000 m，相对高度：深切割的大于 1 000 m、中等切割的为 500～1 000 m、浅切割的 100～500 m。中山，绝对高度为 1 000～3 500 m，相对高度：深切割的大于 1 000 m、中等切割的为 500～1000 m、浅切割的为 100～500 m。低山，绝对高度为 500～1 000 m，相对高度中等切割的为 500～1 000 m、浅切割的为 100～500 m。我国是个多山的国家，山地面积约占全国面积的 33%。

高原——绝对高度大而相对高度小的广大完整的高地，称为高原。其海拔一般在 1 000 m 以上，比邻近较低的地面高出 500 m 以上。高原是上升隆起的相对平坦面，由侵蚀或堆积作用形成。我国高原面积广阔，约占全国面积的 26%，著名的大高原有青藏高原、内蒙古高原、黄土高原和云贵高原。这四大高原海拔均在 1 000 m 以上，其面貌各有特点。青藏高原位于我国的第一阶梯，海拔多在 4 000 m 以上，是我国最大、世界最高的大高原，其边缘有许多条大山脉环绕(如喜马拉雅山、昆仑山、祁连山、横断山等山脉)，内部的一些大山脉(如冈底斯山、唐古拉山、巴颜喀拉山等)将高原分割成许多盆地和宽谷。在 5 000 m 以上的高山上，往往雪山连绵，冰川广布。其余三大高原均在我国地势的第二阶梯上，其中内蒙古高原是我国第二高原，海拔在 1 000 m 左右，原面上除了阴山、贺兰山等几条山脉外，很多地方是波状起伏的原野。内蒙古高原向南就是黄土高原，其海拔在 1 000～2 000 m，地面覆盖着疏松的黄土层，是世界上黄土分布最广阔、最深厚的地区，这里发育着典型的黄土沟间地貌(主要是塬、梁、峁、坪)、黄土谷坡地貌(如崩塌、滑坡)和黄土潜蚀地貌。高原上沟谷纵横，谷壁陡峭，地表支离破碎。黄土高原南面的云贵高原地势西高东低，平均海拔从 2 000 m 下降到 1 000 m，原面起伏较大，崎岖不平，是个多山的高原，高原上有许多山间盆地。

盆地——周围有山岭环绕而中央低凹的盆形地貌，叫盆地。我国有许多大大小小的盆地，面积约占全国面积的 19%，其中大的盆地有东部的四川盆地与西部的塔里木盆地、准噶尔盆地和柴达木盆地。柴达木盆地位于我国地势的第一阶梯上，其余三大盆地均在我国地势的第二阶梯内。这些盆地周围都有褶皱和断层上升的高山，而中央为稳固的地块构成。盆底与盆周的相对高度(比高)一般大于 500 m。西部的三大盆地盛行着沉积活动，内部一般比较平坦，有大片沙漠和众多绿洲分布；东部的四川盆地，内部已被河流分割侵蚀成为许多方山丘陵，海拔多在 500 m 左右，只有面积较大的成都平原，开阔平缓，像把扇子斜铺在盆地底部。

上述地貌可按其成因而分为构造地貌、重力地貌、流水地貌、岩溶地貌、冰川地貌、风沙地貌等。

构造地貌——是地球内部物质运动的产物，即主要由岩石圈构造运动所造成的地表形态都称为构造地貌。火山地貌和熔岩流地貌就属构造地貌的一类。火山地貌是指由于火山活动而造成的各种地貌形态，如锥形地貌、盾形地貌、火山口、火山濑等。岩浆沿裂隙或火山口溢出地面形成熔岩流，熔岩固结便形成熔岩垄岗或熔岩台地等熔岩地貌。

重力地貌——坡地上的风化碎屑或不稳定的岩体、土体由于重力作用所形成的各种地貌，称为重力地貌，如崩塌、滑坡等。崩塌在地形图图式中叫崩崖，它是陡峻斜坡上巨大的岩体、土体或碎屑层，在重力作用下发生崩落、翻转和滚落，在坡脚形成倒石堆或岩屑堆的地貌现象。斜坡上大量土体、岩体或其他碎屑堆积物沿一定的滑动面作整体下滑的现象称滑坡，由斜坡向下滑动的那部分岩土体称滑坡体，滑坡体与坡上未动土石体之间的半圆形围椅状陡崖称为滑坡壁。

流水地貌——凡由地表流水作用(包括侵蚀、搬运和堆积)塑造的各种地貌，统称为流水地貌。冲沟、泥石流、洪积扇、江心洲、河漫滩、河流阶地等均属流水地貌。

岩溶地貌——岩溶，原称喀斯特(Karst)。1966 年我国岩溶学术会议上决定将喀斯特一词改为岩溶。目前两词并用，以喀斯特为主。凡是以地下水为主、地表水为辅，以化学过程为主、机械过程为辅，对可溶性岩石的破坏和改造作用均叫岩溶作用。由岩溶作用造成的地表形态和地下形态，称为岩溶地貌。地形图规范、地形图图式中所提及的溶蚀高原、溶蚀山地、溶蚀丘陵、溶蚀平原，以及散布其中的溶洞、溶蚀漏斗、峰丛、峰林等即属岩溶地貌。

风沙地貌——风对地表松散碎屑物的侵蚀、搬运和堆积过程所形成的地貌，称为风沙地貌。地形图规范及图式所说的沙地(平沙地、多小丘沙地、波状与新月形沙丘地、多垄沙地、窝状沙地)，沙砾地、戈壁滩、风蚀残丘、干燥剥蚀山地等均属风沙地貌。

冰川地貌——在高纬度及高山雪线以上堆积有大量粒雪的地区叫作粒雪原，粒雪经过成冰作用形成冰川冰。冰川冰沿着斜坡方向或在冰层自身压力下做缓慢的流动和滑动，这种运动的巨大塑性冰体称为冰川。冰川是塑造地表形态的巨大外力之一，在冰川流经地区由于受冰川的侵蚀、搬运和堆积作用，一旦冰川消失或退缩，便形成一系列独特的冰川地貌，如冰斗、刃脊、角峰、槽谷、峡湾、羊背石等冰蚀地貌，以及各种冰渍地貌和冰水堆积地貌。

根据生产需要，也可按地面坡度对地貌进行分类，在测绘生产中依坡度将地貌分为以下四类：

平地——大部分地面的坡度在 2°以下的地区；

丘陵地——大部分地面的坡度为 2°～6°的地区；

山地——大部分地面的坡度为 6°～25°的地区；

高山地——大部分地面坡度在 25°以上的地区。

此外，按地貌与附近地面的相对位置关系，还可以分为高于附近的正向地貌，及低于附近地面的负向地貌。

2.1.3 植 被

被覆在地球表面上的自然植物和栽培植物，总称为植被。地形图上表示的植被可归纳为自然植被与人工植被两大类。自然植被又区分为乔木、灌木和草本类植被。乔木类——有单一主干的多年生木本植物，如森林、幼林、苗圃、竹林等；灌木类——无明显主干的多年生木本植物，如灌木林、灌丛；草本类——一年生的草本植物，如芦苇地、草地、半荒植物地等。人工植被可区分表示为经济林、经济作物地、菜地、水稻田和旱地等(在小于等于 1：25 万地形图上不表示耕地)。

2.1.4　居民地

居民地是居民点用地的总称。地形图上表示的居民地依其性质和规模而分为城市、集镇、村庄三类(前二类为城镇式,第三类是农村式)。按其建筑物的形式可分为普通式居民地和特殊式居民地两类。前者是由各种房屋建筑物组成的居民地,是居民地的主体;后者是由窑洞或蒙古包等组成的集居地,是带有地区性的居民地。按其行政意义又分为如下等级:首都;省、自治区、直辖市人民政府驻地;自治州、地级市人民政府驻地,地区行政公署、盟行政公署驻地;县、县级市、自治县、旗、自治旗及相当于县级的人民政府驻地;镇和乡人民政府驻地;其他居民地,包括国营农、林、牧场,工矿企业,学校,科研单位,疗养区,村庄,独立房,放牧点等。

2.1.5　交通线

交通线按通行方式分为陆上交通线(道路)、水上交通线(包括海、河、湖航线)和空中交通线(航空线)三类。航空线和水上交通线都因无精确固定位置,因此除在1∶50万、1∶100万地形图上表示港口间固定航线外,在地形图上只表示与其有关的附属物体,如飞机场、港口、码头和助航标志等。

地形图上主要表示道路,包括铁路、公路、其他道路、道路附属物。

铁路可分为高铁、动车、普通铁路、单线铁路、复线铁路、窄轨铁路、电气化铁路和建筑中铁路。公路区分为高速公路、普通公路、简易公路、建筑中高速公路和建筑中普通公路。其他道路区分为大车路、乡村路、小路和特殊路。道路附属物区分为隧道、桥梁、涵洞、路堤、路堑、里程碑、车站等。

2.1.6　境　界

国家间和国家内部各级行政区的行政疆界线与其他特殊界线称为境界。境界是地形图必须具备的内容。按照我国的行政区划,在小于等于1∶2.5万地形图上,区分为以下各级境界:国界、未定国界;省、自治区、直辖市界;自治州地级市、盟、地区界;县、自治县、旗、自治旗、县级市(区)界;特种地区界;自然保护区界。在大于等于1∶1万地形图上除表示上述境界线外,还要区分表示乡界和国营农、林、牧场界。

2.1.7　其他要素

除了上述六大基本要素外,地形图上还要详细地表示出其他地物,如管线(管道、电力线等),垣栅(如城墙、围墙、栏栅、篱笆、铁丝网等),以及具有控制意义的各种测量标志和具有方位意义的各种独立地物(如各种自然地物、科学与文物地物、工业地物和农业地物)等内容。

各级比例尺地形图的地理内容基本一致,但不尽相同。比例尺越大,内容越详细;比例尺越小,内容越简略。

2.2　地形图符号的基本原理

地理事物千姿百态、复杂多样,为了提高地形图的精确性、详尽性、清晰性和使用效果,不能将这些众多的地理事物“依样画葫芦”地描绘在图纸上。现代世界各国的地形图,基本上都是采用一定颜色的点、线和由点线组成的图形配合注记来反映地理事物,这些专门设计的一定颜色的点线文字就是所谓的地形图符号。地形图符号是地形图的语言，是地形图内容的具体表现形式。所以，无论测图、编图还是应用地形图，都必须掌握地形图符号的基本原理和用符号表示地面物体的基本原则。

2.2.1 符号法表示地理事物的基本原理

科技的发展是由实践决定的，地形图内容的表现形式——“符号”的采用与发展也是这样。在 18 世纪中叶以前，地图上显示地理事物，如山川、森林、房屋、道路等，广泛采用一种以透视原理为基础的写景画法，使地图犹如图画，从我国或其他国家的古代地图都可以看到这种情形(图 2-1 是清代《凤阳府舆图》的一部分)。以透视原理为基础的写景法在古地图上之所以被广泛采用，一方面是由于当时人们实践的局限性，另一方面用这种方法表示地图内容可以满足当时用图的需要。因为那时只需根据地图了解区域的一般地理情况，还未特别强调地图的精度。自 18 世纪中叶以后，由于生产的发展和战争的频繁与战区的扩大，对地图内容的详尽性和精确性提出了更高的要求，地图的精度被提到了首位。显然，写景法解决不了这个问题，于是以透视原理为基础的“写景法”便逐渐转向以水平投影为基础的“符号法”。符号法是根据垂直投影的原理，以地面物体的水平投影(正射投影)为基础，用符号来显示地形图的地理内容的地图表示方法，即将物体的水平投影轮廓(水平轮廓)按地形图的比例尺缩绘在图纸上，再根据物体的性质用规定的相应符号区别表示。地形图上用符号法描绘出来的物体，好像是从空中鸟瞰地面，不过它已不是物体的本来形象(图 2-2 中 a 图)而是采用相应的符号(图 2-2 中 b 图)。

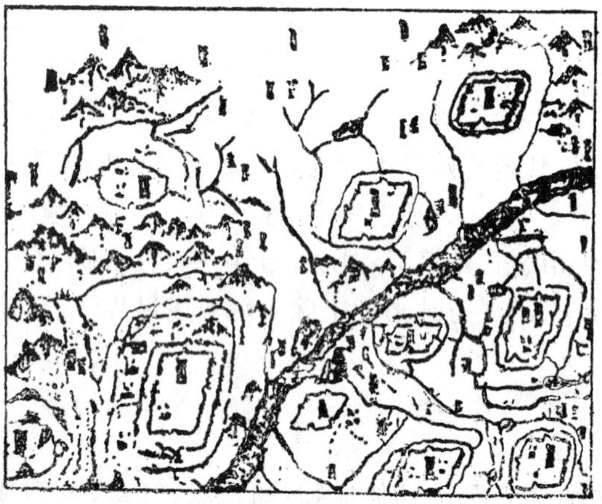

图 2-1

图 2-2

比较图 2-1 和图 2-2 可知，符号法达不到写景法那样的艺术效果和直观性。但用符号来表示地理内容，不仅能提高地图的容量，而且能准确表示出地面物体的位置，反映出各种地理事物的质量和数量特征及其相互关系，从而能在地形图上比较精确地进行各种量算工作。符号法不但能大大提高地形图的详尽性和精确性，而且只要设计出科学性和艺术性结合较好的符号，同样可以提高地图的表现力。所以，依垂直投影原理，以水平投影为基础的符号法就在现代地形图上广泛采用了。

表示地图内容的写景法被符号法代替，这是地图内容表示方法的一大改革和进步，它是人们在长期实践中不断提高认识而逐渐发展起来的。随着社会的进步，人们的实践活动必将促进“符号法”的进一步更新，使地形图内容的表示手段和表示方法向着更先进的水平发展。

2.2.2　符号法表示地理事物的基本原则

地理事物种类繁多、形状各异，所占面积大小也各不相同。对于一些面积较大的物体（如森林、湖泊、城市等），在图上按比例显示其水平轮廓较容易，而对于面积较小（如独立树、井、泉等）或形状狭长的物体（如道路、管线、垣栅等）在图上按比例显示其水平轮廓就比较困难，有时甚至是不可能的。由于实际的需要，现代地形图不仅要表示那些面积较大的物体，而且要表示那些狭长的和面积较小的物体。那么，如何在地形图上用符号表示那些大小不同、形状各异的物体呢？这要视物体水平面积的大小及其反映在图上的特点而定。

地面上的各种物体虽然千态万状、大小不同，但其水平投影轮廓依比例尺缩绘到图上后不外乎 3 种情况：①能保持水平轮廓长宽的面积较大的物体；②保持水平轮廓极为困难或只能呈现一个点的面积较小的物体；③只能保持水平轮廓长度的狭长物体。根据上述情况，就可确立一定的表示原则来设计表示地理事物的符号。

1. 大面积物体的标示原则

图上能保持水平轮廓的面积较大的物体，将其水平轮廓依比例尺缩绘到图纸上。轮廓线用实线（如湖泊、居民地）、虚线（如时令潮、建筑中的水库等）或点线（如森林、苗圃、经济林、经济作物地、耕地等）符号表示；轮廓线内，根据物体的性质配置某种相应符号，以说明物体的类别（图 2-3）。

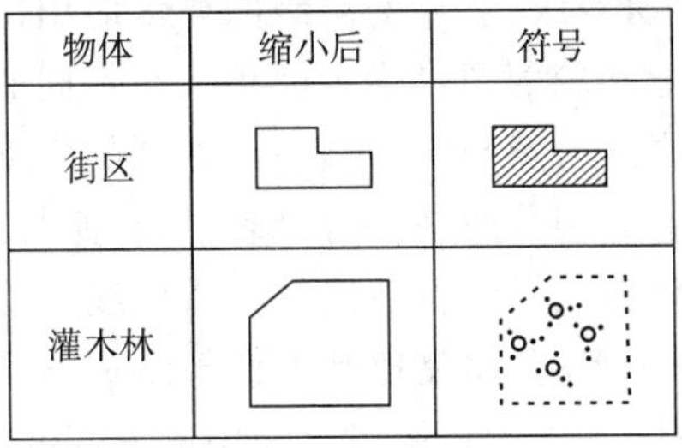

图 2-3

2. 小面积物体的表示原则

图上保持水平轮廓极为困难或只呈现一个点的面积较小的物体，如三角点、气象站、独立树、宝塔、储粮库、放牧点等，只将位置测绘到图纸上，然后用相应符号表示（图 2-4）。

3. 狭长物体的表示原则

图上只能保持水平长度的狭长物体，如道路、河渠、管线、垣栅等，其宽度一般不能依比例描绘出来，对这类物体只将其长度依比例尺测绘到图纸上，然后根据其在图上的位置和长度，用规定的相应符号表示（图 2-5）。

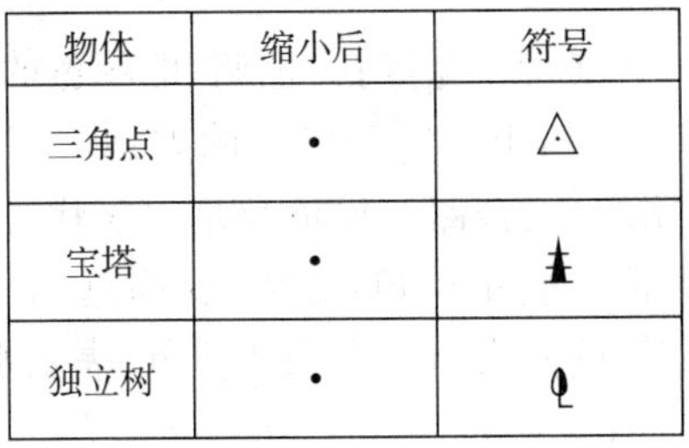

图 2-4

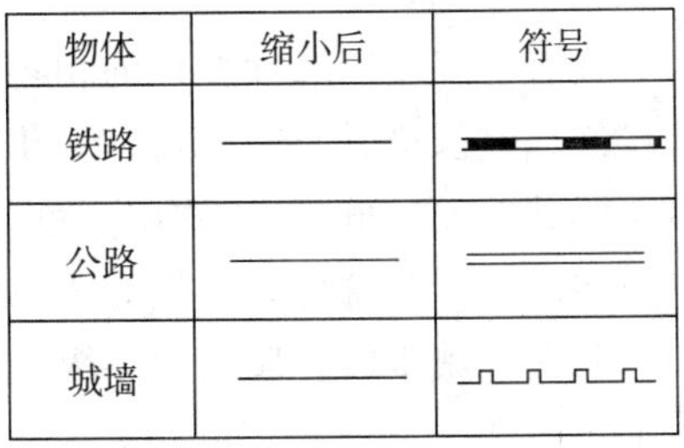

图 2-5

以上说明了用地形图符号表示地理内容的基本原理和原则，为进一步认识与使用符号奠定了理论基础。但这仅是用符号表示地物的基本理论，对于具有特殊要求的地貌的表示，还必须在此理论基础上采用特殊的方法来解决。关于这个问题，将在2.7节说明。

2.3 地形图符号的构成要素

地形图符号的基本功用在于确定地理要素的位置和分布，表达其类别、等级、数量、质量、联系和变化，故用于表示不同地理信息的各种具体符号均以其一定的形状、尺寸、颜色和结构来相互区别，因此，符号的形状、尺寸、颜色和结构称为地形图符号的构成要素，它是地形图表达地理内容（制图对象）的手段。

2.3.1 符号的形状

符号的形状即符号的图形式样，主要用于表达要素的类别和等级差异。因此，地形图上代表不同类别和等级事物的符号形状具有明显的差别；同类要素中不同物体的符号形状，既有差别又有联系。符号的形状与符号的尺寸、结构和颜色以及符号之间的合理配合即组成完整的地形图符号系统。地形图符号的形状与结构应简明、形象、规则、易绘、易记和易于定位，并可相应表达要素的不同类别和主次等级（主要的高级的要素应用比较突出醒目的形状结构）。例如，居民地符号中的街区式图形和轮廓图形表示面积大小不同的依比例尺的居民地，圈形符号则表示不依比例尺的居民地；高速公路与省界是不同类别的要素，高速公路用双平行线加绘中间点或套色的线状符号表示，省界用普通锁线符号表示；铁路与高速公路属同类要素中的不同物体，铁路用双平行线间加绘黑白相间的竹节线符号或单线加绘双短垂线符号表示，高速公路则用双平行线套色或加中间点表示；公路又比其他低等级道路高级，前者用双平行线或单粗线表示，后者用较细的单线表示；国界和省界属境界类中的不同要素，而国界比省界又高一级，国界用工字形加点的锁线符号表示，省界用普通锁线符号表示。

2.3.2 符号的尺寸

符号的尺寸不依比例尺符号的大小粗细，主要用于区分要素的主次等级和数量差异。因此，地形图符号的尺寸与其所反映要素的主次等级和数量相适应，主要的、等级高的、数量大的用大（粗）符号表示；次要的、等级低的、数量小的用小（细）符号表示。地图符号的尺寸大小主要取决于地图的用途、比例尺、内容载负量、正常视力、绘图与印刷能力等因素。

2.3.3 符号的颜色

颜色的含义有二：①色相，即颜色的相貌差别，如红、黄、蓝等；②色调，即颜色的深浅过渡，如深红、红、浅红、红橙、橙、橙黄、深黄、黄、淡黄等。色相用于区分要素的类别，与符号形状配合可弥补形状区分不足。例如，水体用蓝色，植被用绿色；公路与渠道都是用线状符号表示，当两者的线粗和曲率相近时就易于发生混淆，这时用蓝色表示渠道，红色（或棕色）表示公路，则一目了然。色调主要用于区分要素的等级主次关系，例如用由浅入深的蓝色，表示水深由浅变深的等级就是一例。

在地形图上应用明快、协调、优美的颜色与精致、小巧、简明的符号图形和结构配合表示地理要素，可以增强不同类别要素间的视觉差异，密切同类要素之间的内在联系；可以简化符号的结构，减少符号的种类，提高地图的载负量，增加地图的信息量，丰富地图的内容；可使错综复杂、重叠渗透分布的地理事物，在图面上显得层次清晰、主次分明，从而保证地图的清晰易读，增强地图的艺术性和感染力。因而颜色在现代地形图上已得到广泛应用，成为地形图符号不可缺少的一个构成要素。地形图符号的颜色力求与地理事物有一定的联系或与颜色给人的感觉相一致。例如，地面呈土黄色，地形图上表示地貌的等高线符号及其注记就用接近土黄色的棕色表示；植被是绿色的，地形图上的森林、苗圃、果园等植被符号就用绿色。我国 1978 年以后出版的地形图，除独立树和独立树丛仍用黑色外，其余植被符号都使用绿色。水给人以凉爽的感觉，又呈现出透明蓝色，地形图上的水体符号就用蓝色。但为了避免增加制图难度并降低印刷成本，图上用色数量不宜过多。我国地形图规范和图式规定：1∶500、1∶1 000、1∶2 000 比例尺地形图一般采用蓝晒复制或单色印刷，视用图需要亦可采用黑、棕、蓝三色印刷出版，视用图需要也可单色印刷或蓝晒复制；1∶2.5 万～1∶25 万比例尺的地形图(1985 年后用 1∶25 万代替 1∶20 万地形图)1963 年以前用七色印刷，1963 年以后改为四色印刷出版；1∶50 万彩图用黑、棕、蓝、绿、红、青六色印刷出版；1∶100 万彩图用淡蓝、深蓝、深绿、棕、金红、紫、墨绿、黑八色印刷出版。为了便于读者用图时参考，兹将我国各种比例尺地形图选用的色数及各种要素的印色规定列表如下(表 2-1)。

表 2-1　地形图印色规定

色数	印色	适用范围举例
三色	黑	测量标志、居民地、独立地物、管线及垣栅、境界、道路、梯田坎、土堆、植被(包括树种符号及说明注记)、高程点及其注记等
	棕	等高线及其高程注记、冲沟、干河床、干湖、沙地、沙砾地、戈壁滩、残丘地、盐碱地、小草丘地、泥石流、火山口等
	蓝	河流、湖泊、水库、渠道、干沟、流向、跌水、井、泉、坎儿井、沼泽、海岸线等深线及注记、水生经济作物，冰川等
四色	黑	测量标志、居民地、独立地物、管线及垣栅、境界、铁路及其附属物、公路边线、其他低级道路、梯田坎、树种符号及其注记、独立树、独立树丛、居民地名称注记等
	棕	等高线及其高程注记、干河床、干湖、石灰岩溶斗、岩峰、变形地、沙地、戈壁滩、石块地、盐碱地、龟裂地、公路路面等
	蓝	河流、湖泊、水库、渠道、流向、泉、井、坎儿井、沼泽、海岸线、等深线、冰川、雪原、水体名称注记等
	绿	森林、幼林、苗圃、竹林、灌木林(或密集灌木林)、经济作物地、经济林等的普染
六色	黑	水闸、拦水坝、礁石、铁路、铁路桥、高程点及注记、重要文物及科学测站、山洞、油(气、盐)井、发电厂(站)、矿井、油(气)管道、长城、水体以外的地理名称注记
	棕	等高线及注记、示坡线、干河床、干涸沟、溶斗、峰丛、冲沟、陡崖、戈壁、盐碱地、残丘地、流动沙漠、固定半固定沙漠等
	蓝	河流、运河、渠道、湖泊、基塘区鱼塘、水库、分(蓄)泄区、瀑布、河宽河深及注记、防波堤、潮流及流速、海流及流速、雪原及冰川、各种水体名称注记
	绿	森林、经济林、竹林、草地、灌木林、防护林等植被要素
	红	高速公路、普通公路、简易公路、建筑中的高速公路、建筑中的普通公路、境界色带、自然保护区界、公路桥、火山口、依比例尺的居民地
	青	大路、小路、山隘、境界、航海线及里程、干出滩、低潮线、不依比例尺居民地

续表

色数	印色	适用范围举例
八色	黑	铁路、建筑中的铁路、隧道、铁桥、高程点及注记、明礁、暗礁、山洞、电站、油(气)井架、重要文物和科学测站，居民地、山脉、山峰等名称注记
	棕	等高线及注记、冲沟、干河床、干涸湖、断崖、溶斗、蚀余岩峰、风蚀残丘地、沙地、戈壁、流动沙漠、固定半固定沙漠、盐碱地等
	深蓝	单线河、双线河及海、湖岸线、运河、水库水位线、渠道、盐田、泉、井、坎儿井、渡槽、沼泽、码头、等深线及注记、潮流及流速、水体名称注记等
	淡蓝	陆地水系和海洋要素的水部普染
	深绿	森林、经济林、竹林、防护林、灌木林、草地等植被要素
	墨绿	大路、小路、境界线、航海线、油(气)管道、长城、高压输电线、海底电缆、回归线、干出滩、小居民地等
	金红	大居民地、主要公路、一般公路、珊瑚礁及注记，省、自治区、直辖市名称注记，自治州、盟、地区、市名称注记等
	紫	咸水湖水部普染、境界色带等

2.3.4 符号的结构

符号的结构即符号的各种组合，如图案、花纹等。晕线、图案、花纹可用不同疏密、方向和式样的系列线划组成。符号的结构在单色图上，其作用与色相和色调一样，在多色图上可以补充形状与颜色的不足，用于区分要素的类别，亦可用晕线和图案的变化来区分要素的主次、等级。例如，用结构不同的圈形符号来区分表示居民地的人口等级，用花纹状水平晕线表示能通行沼泽，用连续水平晕线表示不能通行沼泽，用花纹状竖直晕线表示盐沼泽，等。

2.4 地形图符号的分类

2.4.1 按符号与实物形状的关系分类

地形图符号，多数是按物体的水平投影图形设计制定的，有的则是按物体的侧面形状制定的，还有少数是根据物体的有关意义经过抽象简化而制成。因此，从符号与实物形状的关系上分析，可将地形图符号归纳为以下 3 类(图 2-6)：

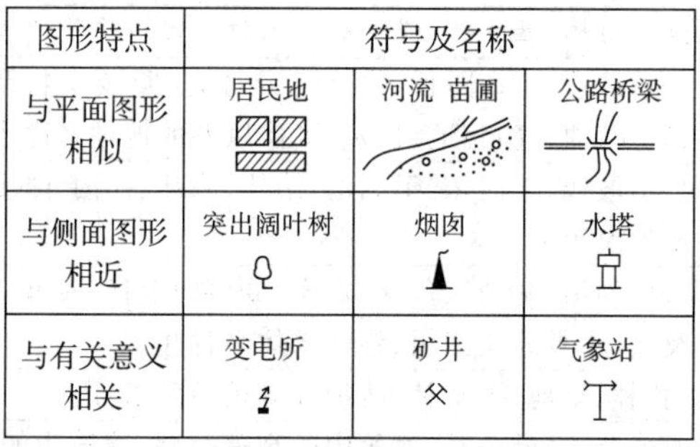

图 2-6

(1)正形符号：这类符号的形状类似物体的垂直投影形状，如居民地、森林、苗圃、湖泊、河流、公路、桥梁等。

(2)侧形符号:这类符号的形状近似于物体的侧面形状,如独立树、烟囱、水塔、宝塔、庙宇等。

(3)象征符号:这类符号的形状与地理事物的意义相关,是地理事物经抽象和形象化而象征某种事物的图形,如变电所、矿井、气象站等。

2.4.2　按符号与地图比例尺的关系分类

地形图符号,就其是否依地图比例尺描绘而成,分为比例符号、半比例符号和非比例符号3类。

1. 比例符号

凡是用以表示能依地形图比例尺描绘在图上的大面积的物体符号,称为比例符号。这种符号的长、宽、面积符合地形图的比例尺。比例符号是由轮廓线加配置(填充)符号(包括轮廓内的颜色)和说明注记组成,故又叫作轮廓符号。其轮廓线依比例尺按真形用点线、虚线或实线描绘,在轮廓线内根据物体的性质填充(配置)某种说明物体类型的符号和说明物体数量、质量的说明注记和数字注记(如树种、树高、水质注记),以说明物体的种类及其数量、质量特征(图 2-7)。

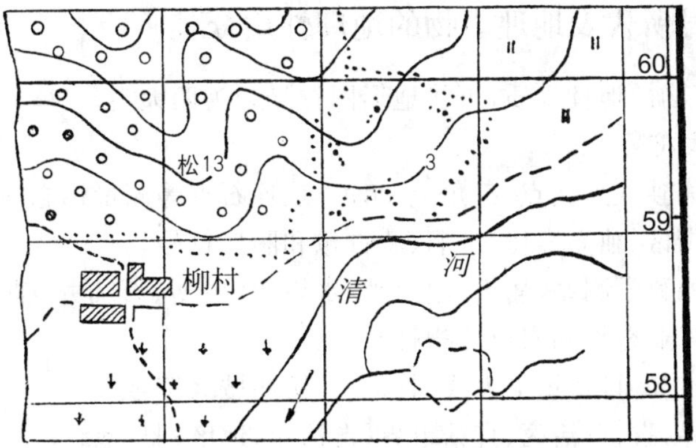

图 2-7

显然,比例符号可以比较全面准确地反映地理事物的基本特征。因此,根据图上比例符号可以了解事物的位置、分布、形状以及某些物体(如森林、竹林、经济林等)在数量和质量上的特征,可以在图上量取其相应实地物体的位置、范围和面积。但是应当注意,组成比例符号的配置符号系非比例符号,它只说明物体的意义,而不表示物体的位置和大小(如表示经济林的圆圈符号不代表树的位置和树粗),故不可依据配置符号进行量算。配置符号的配置方法是按任意序列或按品字形式配置的,前者叫作散列式,后者谓之整列式。

2. 半比例符号

凡是用以表示长度能依地形图比例尺描绘,而宽度不能依比例尺描绘的狭长物体的符号,称为半比例符号。这种符号是由固定图形组成的。符号的图形和宽度按地形图图式的规定描绘。而符号的长度按物体水平长度依比例尺而定,如图 2-5 所示。因此,根据这类符号只可以量测物体的长度和位置,而不能量测其宽度和面积。

3. 非比例符号

凡是用于表示不能依地形图比例尺描绘的小面积物体的符号,称为非比例符号,又叫超比例符号或记号符号。非比例符号是由固定图形组成的，符号的形状、尺寸、颜色和结构都是按图式的规定描绘的，它只显示物体的位置和意义，而不是物体的形状和大小，如图 2-4 所示，因此，不能借它来量测物体的长、宽、面积和高度。

某种地理事物是用比例符号、半比例符号还是非比例符号表示，取决于地形图的比例尺和物体本身的大小。上述是在比例尺固定的条件下，对一定大小的物体而言。随着比例尺的变化，同一物体在不同比例尺图上所采用的符号则可能有所不同。例如，一块 10 000 m^2 的树林，在 1∶1 万比例尺地形图上可依比例按真形描绘，即用比例符号表示，但在 1∶10 万比例尺地形图上，因其图上面积小于地形图图式规定的 10 mm^2 而只能用非比例的小面积树林符号表示。又例如，一条宽 4 m 的河流，在 1∶5 000 地形图上可依比例用双线按实地线描绘，而在 1∶10 万图上因其图上宽度小于地形图图式规定的 0.5 mm，则要按规定用单线半比例符号来表示。还要注意，即使在地形图比例尺固定不变的情况下，有些物体大小改变，也会引起符号类型的变化。例如独立房屋，由于其大小差别很大，在同一比例尺图上，较大者可用比例符号表示，而较小者只能用半比例符号或非比例符号表示。再如河流，由于它的宽度差别很大，在同一比例尺图上大江大河或河流下游可用依比例尺的双线符号描绘，而小河溪流或河流上游则只能用半比例的单线符号表示。

2.4.3 按符号所代表地理事物的地理性质分类

按符号所代表事物的地理性质，可将地形图符号分为两大类。

1. 人文地理要素符号

测量标志符号：如独立天文点、三角点、水准点、埋石点等测量标志的符号。

居民地符号：如街区、独立房屋、窑洞、蒙古包和圈形符号。

独立地物符号：如科学测站、庙宇、纪念碑、水塔、变电所、石油井、抽水机站、羊浴池、打谷场等科学文化地物、工业地物和农业地物符号。

管线及垣栅符号：如通信线、电力线、管道、长城和城墙符号。

境界符号：如国界，省、自治区、直辖市界，自治州、地区、盟、地级市界，县、自治县、旗、自治旗、县级市界符号。

交通网符号：如铁路、公路、大车路、乡村路、航海线、河流通航起讫点符号。

2. 自然地理要素符号

水系符号：如河流、湖泊、水库、渠道、坎儿井、沼泽和海岸符号。

地貌符号：如等高线、示坡线、各种变形地符号以及沙地、盐碱地符号等。

植被符号：如森林、竹林、草地、经济林、水田、旱地、经济作物地、菜地符号。

2.4.4 按符号所表示要素的平图形特点分类

地形图符号，按其所表示物体的水平轮廓缩小在图上后呈现的图形特点分为三类。

点状符号：如各种非比例的小面积物体符号。

线装符号：如各种半比例的狭长物体的符号。

面状符号：如各种依比例的轮廓符号。

2.5　地形图图式及其作用

我国的地形图图式中符号的形状、尺寸、颜色和结构，都根据地形图的用途、比例尺、地理特征和制图的可能性（绘图与印刷技术）等条件做了具体规定。它既是编绘、出版地形图的基本依据之一，又是应用地形图的必要工具。

我国地形图图式按比例尺分为 1∶500～1∶2 000、1∶5 000～1∶10 000、1∶2.5 万～1∶10 万、1∶2.5 万～1∶100 万共 4 种。不同比例尺的图式的内容大体相同，使用的规则也基本一致，只是地形图的比例尺越小，地理内容越概括，符号更加简化。下面简要说明图式的内容和使用的一般规则。

2.5.1　地形图图式的基本内容

总则：是对地形图图式最基本问题的说明。其内容包括制定符号的指导思想和原则、符号的印刷用色及符号尺寸说明、符号定位定向等一般规定。

符号：包括符号表和符号的简要说明。符号表是按符号所代表要素的地理性质编排的，内容包括符号的编号、名称和不同比例尺地形图符号的式样（形状、尺寸、结构和印色）的具体规定。简要说明是对相应符号的使用规则和方法的简单扼要说明。

注记：规定了地形图上各种注记的原则和注记的字体、字大、字位、字列、字向、字隔和字色等。

示例：是使用符号显示各种典型事物的制图综合和事物相互关系的地形图表示方法的范例，供使用符号时参考。

整饰：是对图幅规格的规定，包括图廓、图廓外有关用图的一些量图图解、附图和图例资料等的说明，是整饰图廓的依据。

由上述可见，地形图图式的内容不仅限于符号，它还包括了以符号为中心的有关地形图表现形式的全部内容。

2.5.2　地形图图式的使用

使用图式应注意以下几点。

1. 图式的选用

图式的比例尺和版本要与地形图的比例尺一致，要使用最新版本图式。

2. 符号的应用

符号的形状、尺寸、颜色和结构是识别符号的根本标志，因此，在应用符号时应当依据这些标志进而认识符号的语法和语义。不仅要认识各种符号的形式变化和用法，以及符号所代表的地理信息，而且要运用地理知识将显示地理内容的图上各种符号及其组合关系想象为客观事物的空间模型，将用符号表示的地形图理解为客观存在的生动地面。通过对符号的识别来认识制图对象采用多种方法，从地形图上获取不同类型以至各个具体地理事物的地理位置、分布特点、质量、数量以及他们的互相联系等必要的资料，并根据取得的资料得出科学的结论。

3. 符号标注尺寸的识别

比例符号的大小和半比例符号的长度符合地形图比例尺。比例符号的线划粗细，半比例符号的宽度、线粗和点大，非比例符号的大小及符号结构的疏密间隔等尺寸，图式中均有明确的规定。各种符号尺寸是按地形图内容为中等密度的图幅规定的，以毫米为单位，用细线体数字标注在符号旁边。1∶2.5 万～1∶10 万图式中注记的数字有括号外和括号内两种，括号外的数字为等大比例尺成图时使用的符号尺寸，括号内的数字是指 1∶5 万放大为 1∶4 万、1∶10 万放大为 1∶7.5 万比例尺成图时使用的符号尺寸。标注符号尺寸的形式和规则如下：

1）几何图形符号旁标注的尺寸

符号旁只注一个数字的，表示等边三角形或正方形的边长、圆或外接圆的直径（图 2-8）。两个数字并列的，第一个数字为符号主要部分的高度，第二个数字是符号主要部分的宽度（图 2-9）。

称号名称	符号尺寸	尺寸说明
三角点	2.0 △	三角形边长 2.0 mm
油库	2.0 ◓	圆形直径 2.0 mm

图 2-8

称号名称	符号尺寸	尺寸说明
独立房屋	0.7 1.0 ▪	高0.7 mm 宽1.0 mm
气象站	2.5 2.0 T	高2.5 mm 宽2.0 mm

图 2-9

2）单线符号一端标注的尺寸

单线符号一端标注的尺寸表示符号线划的粗细（图 2-10 和图 2-11）。

符号名称	符号尺寸	尺寸说明
大车路	0.4—— ——	线粗0.4 mm
沟渠	0.2 0.5	线粗0.5 mm、0.2 mm

图 2-10

符号名称	符号尺寸	尺寸说明
普通公路	0.2 0.8 0.2 ══砾6(8)═	线粗0.2 mm 空白宽0.8 mm
狭长林带	3.0 0.8 ∘ ∘ ∘ ∘ ∘	圆心间距3 mm 圆的直径0.8 mm

图 2-11

符号线划的粗细、线段的长短和交叉线段的夹角等没有标明者，以图式为准绘制。一般情况下，线划为 0.1 mm，点为 0.15 mm，1∶5 000、1∶1 万地形图点大为 0.2 mm，水涯线为 0.15 mm，符号非主要部分的线段长度为 0.3 mm，非垂直交叉线段的交角为 45°或 60°。

4. 符号的定位

在现代地形图中，除说明配置符号外，图上每一符号与实地相应物体都有一定的位置关系，了解这种关系对制图与用图都是必要的。那么，符号的哪一部位代表实地物体的位置呢？即符号的哪一点为实物的中心点，符号的哪条线是实物的中心线？

依比例的面状符号，由于是按物体的水平轮廓依比例尺缩绘的，故其轮廓线就表示物体的真实位置。但半比例的线状符号和非比例的点状符号，根据符号则难以确定物体的真实位置，因此，在设计符号时就特别规定了符号的定位点和定位线。

1）点位符号的定位点

点状物体在地形图上用定位的个体符号法表示，这种定位的个体符号称为点位符号或定点符号。点位符号上表示物体中心点位置的部位称为定位点。点位符号的定位点是根据符号的图形确定一主点，以主点代表相应物体的实地位置，具体规定有图 2-12 所示的几种情况。还有一些非比例个体符号，如溶斗、水闸、桥梁等的定位点在符号的中心点。

符号图形特征	定位点	符号示例		
几何图形符号	在其几何中心	三角点 △	独立房屋	燃料库 油
宽底符号	在底线中心	水塔	蒙古包 (3–6)	烟囱
底部为直角形的符号	在直角顶点	风车	独立树	路标
几种几何图形组合成的符号	在其下方图形的中心点或交叉点	敖包	石油井 油	气象站
下方没有底线的符号	在其下方两端点间的中心点	亭	窑洞	窑 砖

图 2-12

有些与点位符号相似的配置符号和说明符号，如果树符号、流向符号等，由于它们仅说明事物的意义，因而无须标明定位点。

2）线状符号的定位线

地形图上表示线状事物除航海线用概略线状符号表示外，都用精确定位的线状符号法表示。线状符号上表示物体中心线或底（顶）线位置的部位称为定位线。线状符号的定位线依其图形特点按图式规定有图 2-13 所示的两种情况。其中非轴对称符号的底线与地物的内侧轮廓或顶线一致。

符号图形特点	定位线	符号示例	
成轴对称的符号	在符号的中心线	缆车道	堤 24.5
非轴对称的符号	在符号的底线	城墙	围墙

图 2-13

5. 符号的定向

个体符号描绘在地形图上的方向谓之符号定向。根据图式规定，地形图上的个体符号定向有两种情况。

1）按真方向定向

图式中规定按真方向描绘的各种独立地物符号及其他点位符号，如地面上窑洞、彩门（牌坊、牌楼）、药浴池、非比例的桥梁、非比例的跌水（瀑布）、山洞、破坏房屋等符号均为按真方向表示的符号。

2）按固定方向定向

除图式中规定按真方向表示外，即上述按真方向定向的点位符号外，其他各种点位符号均按垂直南图廓的固定方向描绘。

以上介绍了地形图符号的共性，而研究地形图符号的主要目的在于理解和应用，因此，还须以这种共同认识为基础，联系具体地理事物对地形图内容的表示方法进行研究。前已述及，地形图的全部地理内容从测绘的角度分为地物与地貌两大类，下面分别说明其他表示方法。

2.6　地形图上地物的表示方法

所谓表示方法是指地形图地理内容（制图对象）图形表达的基本方法，如个体符号法、线状符号法、范围法、等高线法等。这里讲的“表示方法”同前面说的“符号化”与“符号”是3个既有联系又有区别的不同概念。符号是符号化的结果，是表达各种地理内容的手段；表示方法是符号化的实践，即应用符号来完善地表示地物与地貌。如果把表示手段比作零件，则表示方法就是由零件组成的部件，地形图即为由各种部件装配起来的成品。因此，表示手段总是运用于各种表示方法之中，各种表示方法的科学组合搭配和表示手段的合理运用即构成完善的地形图内容的表现形式。地形图的地理内容详细而全面，为避免烦琐，这里着重介绍一些主要地物的表示方法。

2.6.1　居民地的表示方法

1. 地形图上表示居民地的意义和要求

居民地是人口分布的标志，也是人类利用自然、改造自然的重要象征，既体现了地区经济的发展状况和政治文化意义，又反映着水系、地貌、道路等其他地理要素与人类的联系。因此，自有地图以来，居民地就是地图的基本地理要素之一。在现代地形图上，要求正确表示不同类型居民地的位置、平面图形、通行情况、外部轮廓的基本形状特征及行政意义和名称，真实反映各地居民区地的分布特点和密度对比、人口数或人口等级（1∶50万、1∶100万地形图），处理好居民地与其他要素的关系。

2. 地形图上表示居民地的符号

在地形图上，凡能依比例尺的，或图上面积大于图式规定尺寸的，或50万人以上的居民地用比例符号表示，此外用非比例符号表示。依比例尺的居民地符号，用平面图形符号表示；不依比例尺的居民地用圈形点位符号表示，如独立房屋、人烟稀少地区的零星房屋和特殊式居民地（窑洞、放牧点）用相应的符号表示。居民地的名称、行政等级用相应的字体和字大表示。

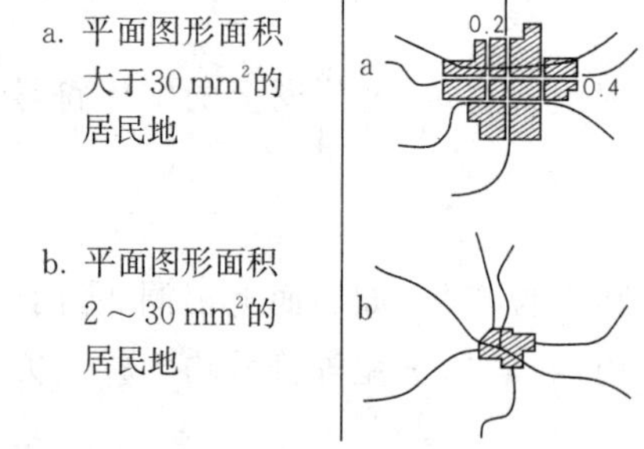

图 2-14

1）平面图形符号

地形图上的居民地平面图形符号有街区式图形和轮廓图形两种。街区是指居民地内房屋毗连成片，按一定街道（通道）形式排列的居住区。街道就是两街区之间的通道。

在1∶100万、1∶50万地形图上，居民地平面图形的图上面积在30 mm^2 以上的用街区式图形表示（图2-14中a），街区轮廓线为细实线，轮廓线内加网点表示街区，其轮廓线即为街道线，连接普通公路以上道路的街道绘为主要街道，其他绘为次要街道；图上面积4～30 mm^2 的用轮廓图形表示（图2-14中b），其外围轮廓线为细实线，轮廓线内加网点表示范围。街区式图形可显示居民地的位置、范围、平面结构、通行概况和外围轮廓基本特征，而轮廓图形则只显示居民地的位置、范围和外围特征。为了正确反映居民地的范围和轮廓特征，轮廓线一般以街区的外边线或外缘街道线为准，保持轮廓的明显拐角、弧线、折线等形状特征，凸凹部分小于 0.5 mm 的舍去，轮廓线外围的零散建筑物不表示。居民地平面图形与其他要素的关系处理，按 1∶100 万、1∶50 万地形图编绘规范之规定，河流通过平面图形，铁路、公路则与平面图形边缘衔接。

在 1∶100 万地形图上，100 万人以上的居民地用街区式图形表示，街区轮廓线为细实线，轮廓线内绘有倾斜晕线部分为街区，街区之间的空白部为街道；50～100 万人的居民地用轮廓图形表示，其外围轮廓线为细实线，轮廓内加倾斜晕线以突出表示居民地的范围。某些省、自治区人民政府驻地，人口虽不足 50 万，为突出其重要性，也以轮廓图形表示，但轮廓内加绘其相应人口等级的圈形符号。居民地与其他要素的关系是：河流、铁路通过平面图形，公路及其他道路与外轮廓线边缘相接。

在 1∶25 万地形图上居民地平面图形的图上面积大于 2 或 4 mm^2（前者适用于中小型居民地地区，后者适用于大中型居民地地区）的均用街区式图形表示，其表示方法与 1∶100 万、1∶50 万相同。

在大、中比例尺地形图上，除独立房屋和特殊式居民地外，均用街区式图形表示（图 2-15）。街道指街区中比较宽阔的通道，按其路面宽度、通行情况、经济意义等综合指标区分为主干道、次干道和支线。主干道值城镇道路网中路面较宽、交通流量大、起骨架作用的通道。主干道边线用 0.2 mm 的线粗、按实地路宽依比例尺或用 0.8 mm 路宽表示。次干道指城镇道路网中的区域性干道，交通流量较大，与次干道相连接构成完整的城市干道系统，次干道用 0.15 mm 的线粗、按实地路宽依比例尺或用 0.8 mm 路宽表示。地级市以上的城市区分主次干道，地级市以下的城市不区分主次干道，均用次干道符号表示。支线指城镇道路网中的联系主、次干道或供区域内部使用的街巷、胡同。支线用 0.12 mm 的线粗、按实地路宽依比例尺或用 0.5 mm 路宽表示。较小的居民地，若街区内的街区宽度均小于图上 0.5 mm 时，也要区分出次干道或支线，并用 0.8 mm 宽度的街道表示。在某些地区，河渠贯穿居民地，街道宽度按上述尺寸表示会影响街区特征时，可适当缩小街道宽度。当街区中的街道线与房屋轮廓线的间距在图上小于 0.3 mm 时，街道线可忽略。

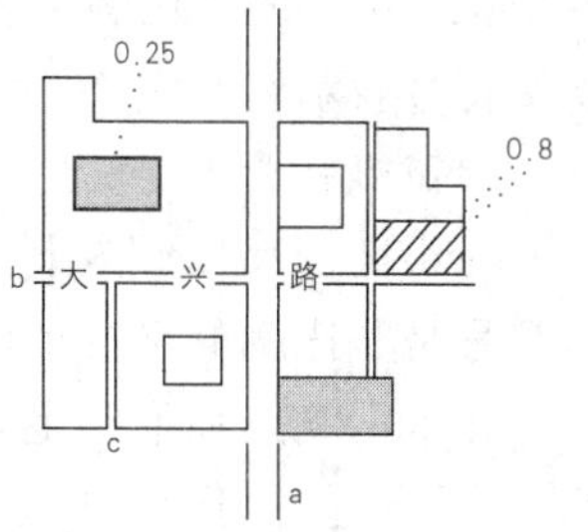

图 2-15

2）独立房屋符号

独立房屋是指各种类型的单幢房屋（或人烟稀少地区的零星房屋）。独立房屋的大小差别很大，既有较大的单幢房屋，也有零散分布的小房屋，但较大房屋或成群的小房屋未形成街区者不多，在多数情况下独立房屋是比较小的。根据独立房屋的这个特点，在 1∶100 万地形图上，有名称的独立房屋择要表示；在 1∶50 万地形图上，有名称的基本上都表示，无名称的择要表示。在这两种比例尺地形图上，独立房屋都以非比例的 0.6 mm×0.8 mm 的实心矩形符号按真方向表示。

在 1∶25 万地形图上，居民地平面图形的图上面积不足 1 mm^2 者用非比例的独立房屋符号表示。位于道路交叉口、隘口、桥梁、渡口附近及其他有方位意义的独立房屋一般都要选取。独立房屋符号的图形为实心矩形，尺寸为 0.3 mm×0.6 mm。

在大中比例尺地形图上，根据独立房屋的大小分别用非比例符号、半比例符号和比例符号表示。非比例符号和半比例符号均为点位个体符号，其图形为实心矩形；独立房屋的比例符号为真形平面图形符号。在1∶5 000、1∶1万地形图上，独立房屋的图上长度小于1 mm，宽度小于0.7 mm的，用0.7 mm×1 mm的非比例独立房屋符号按真方向位置表示；图上长度大于等于1 mm、宽度小于0.7 mm的独立房屋，用长度依比例尺、宽度为0.7 mm的半比例符号按真方向表示；图上长宽分别大于等于1 mm、0.7 mm的独立房屋依比例尺表示。在1∶2.5万～1∶10万地形图上，独立房屋的图上长小于0.7 mm、宽小于0.5 mm的，用非比例的独立房屋符号按真方向表示；图上长度大于等于0.7 mm、宽度小于0.5 mm的，用长度依比例宽度按规定尺寸描绘的半比例独立房屋符号按真方向表示；图上长大于等于0.7 mm、大于等于0.5 mm的独立房屋依比例尺表示。行列式的房屋一般用独立房屋符号表示，并保持其原有特征。

此外，在大、中比例尺地形图上，对于具有方位作用的破屋、废墟，以及只有棚顶四周无墙壁或只有简陋墙壁固定的棚房，按其面积大小和图式的规定，分别用不依比例尺或依比例尺的相应符号表示。在1∶5 000、1∶1万地形图上，固定的菜窖、温室、花房，不论其建筑结构和形式均用相应的符号表示。图上长度小于2 mm的不表示；图上长度大于等于2 mm、宽度大于等于1.5 mm的依比例尺表示并加"菜""果""花"等简要说明注记(宽度小于1.5 mm的用半比例符号表示)。

3)圈形符号

在小比例尺地形图上，居民地的面积或人口数小于相应规范规定的，用圈形符号表示。圈形符号是非比例的点位个体符号(几何图形符号)。

在1∶25万地形图上，居民地的图上面积小于2或4 mm^2的(前者适用于中小型居民地地区，后者适用于大中型居民地地区)，在1∶50万地形图上，居民地的图上面积小于4 mm^2的，均用直径为1.2 mm的单圈形符号表示。

在1∶100万地形图上，50万人以下的居民地，按人口等级分别用不同尺寸和结构的圈形符号表示。

居民地的圈形符号一般配置在居民地的中心位置，若居民地结构分散，则在主要建筑区，或居民地内线状地物的交叉点，或独立房屋密集处配置符号。位于小岛、狭长岬角上的居民地，圈形符号的中心落在陆地上。图上圈形符号与河流、道路相切、相割、相离的关系，反映实地居民地与河流、道路的相对位置。

4)特殊式居民地符号

放牧居住的固定或季节性的蒙古包、帐幕等是特殊形式的居民地，地形图上用相应符号表示比较固定的或有季节性的(季节性的注记有居住的月份)放牧居住地。我国北方有些地区村民住的是窑洞，这也是特殊形式的居民地，有地面上和地面下两种，前者是在坡壁上挖成的，后者是在地面向下挖成平底大坑，再从坑壁挖成的窑洞。在地形图上，地面上窑洞按真实方向表示，依比例尺表示的地面下窑洞沿其坑壁绘以细线，轮廓内的窑洞符号垂直于南图廓。窑洞毗连成排，在1∶5 000、1∶1万地形图上，其图上长度小于2.6 mm的，用一个窑洞符号表示；图上长度大于等于2.6 mm的，两端的符号按真实位置绘出，中间并联几个符号表示。在坡壁上成多层分布的窑洞居住区，不能逐层表示的，上下两层按真实位置绘出，中间按层状分布特点择要符号表示。散状分布的窑洞，在其范围内择要表示。无方位意义的零散窑洞一般不表示。

2.6.2 道路的表示方法

1. 地形图上表示道路的意义与要求

道路是陆上的交通线路，它是联系工业、农业与商业的纽带，联系生产和人民生活的桥梁，是部队实施战场机动的重要条件。根据道路网，可以判断一个地区的政治、经济和文化中心之间的联系；还可以了解地区交通的保证情况、道路的通行能力（行车速度是决定道路通过能力的主要因素），以及因季节变化可能引起的交通通行条件的变化；计算客、货运量，计算部队以及战斗技术器材、弹药和其他军用物资的通行数量；道路还是野外用图和从空中判定方位的良好方位物。地形图表示道路，对国民经济、国防和科研教学都具有重要的意义。

在现代地形图上，要求正确表示道路的类型、等级、质量、通行情况、形状特征、道路网的结构和密度、道路附属物的质量特征和道路与其他要素的关系等。在 1∶50 万、1∶100 万地形图上还要求表示河流和沿海的通航状况。

2. 地形图上表示道路的符号

一般来说，道路属于宽度不能依比例尺表示的狭长物体，因此，图上用线状符号表示。不同类型、等级和通行状况的道路，以不同的线状符号加以区别。

1)铁路符号

铁路是交通的命脉，在大于等于 1∶10 万地形图上，所有铁路符号的基本图形都是黑白节相间的竹节线。根据用图的要求，在基本图形上区分出铁路的等级、轨距、线数及现状（图 2-16）。

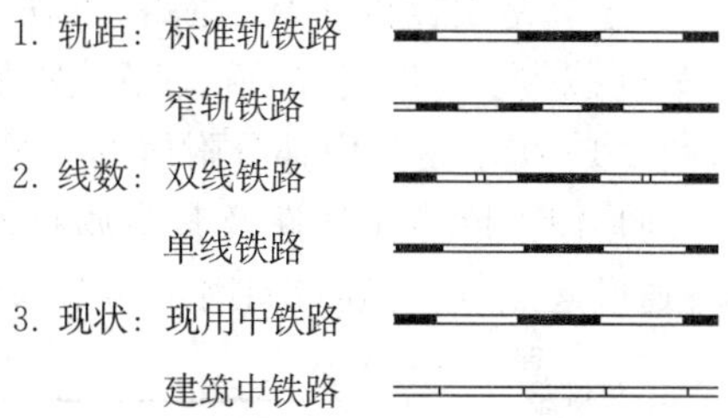

图 2-16

铁路的等级按行车的速度划分为标准轨铁路和窄轨铁路，以相应的符号表示。由图 2-16 可以看出，铁路的轨距，以符号的宽度和黑白节长短来说明；铁路的线数，以符号白节部分短截线来说明（1∶5 000 地形图绘两条铁路符号）；铁路的现状，以黑节部分的连续性来说明，即相间涂黑的竹节线表示现使用中的铁路，不涂黑的竹节线表示建筑中的铁路。在 1∶25 万～1∶100 万地形图上，铁路符号的基本图形是单线，颜色为黑色，轨距用线划粗细及细线加单短垂线区别；线数在单粗线上加绘双短垂线说明；现状用实线和虚线区别，虚线表示建筑中的铁路。电气化铁路在铁路符号中加注“电”字说明。

2)公路符号

公路按其行政等级分别用相应的国道、省道、县道、乡道、村道及专用公路符号表示，高速公路作为特殊公路单独列出。高速公路指具有中央隔离带、多车道、立体交叉、出入口受控制的专供汽车高速行驶的公路，国道指具有全国性的政治、经济、国防意义，并确定为国家级干线的公路；省道指具有全省（自治区、直辖市）政治、经济意义，连接省（自治区、直辖市）内中心城市和主要经济区的公路以及不属于国道的省际间的重要公路；县道、乡道指连接县城和县内乡镇的，或国道、省道以外的县际、乡镇际的公路；村道指不属于乡道以上公路的，建制村之间及建制村与外部联络的主要连接线或可保证晴、雨天汽车行驶的农村公路；专用公路指专供特定用途服务的公路。

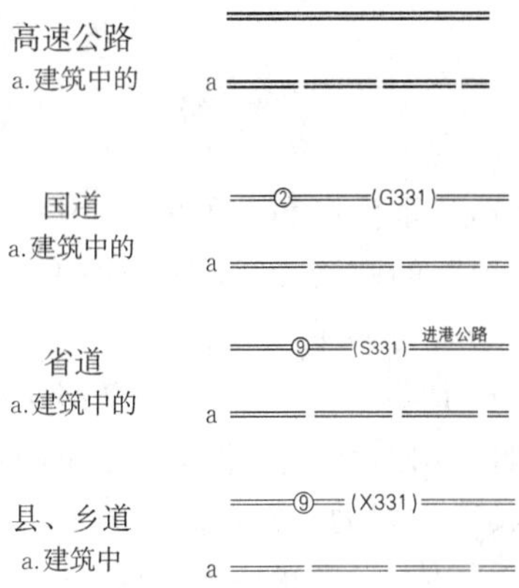

图 2-17

图 2-17 所示是 1∶5 000～1∶1 万和 1∶2.5 万～1∶10 万地形图的公路符号。由图 2-17 可以看出:公路的等级,用双线的宽度和线划粗细变化说明,较宽的等粗双线加中间点的为高速公路;国道,省道,县、乡道的表示方法主要通过线粗以及公路行政等级代码来区别。

3)其他道路符号

其他道路是指联系农村居民地或居民地与高级道路之间起补充作用的低等级道路。地形图上按其通行能力分为若干等级,分别用不同尺寸的线状符号表示。大、中比例尺地形图区分表示:机耕路(路面经过简易辅修,但没有路基,一般能通行拖拉机、大车等的道路,某些地方也可通行汽车)、乡村路(不能通行大车、拖拉机的道路,路面不宽,有的地区的乡村路由石块或石板铺成)、小路(是供单人单骑行走的道路)、时令路(在一定季节通行的道路)、无定路(海边、湖边、河流沿岸、草原、戈壁滩等地有道路走向而无固定路线的道路)。图 2-18 是 1∶5 000～1∶1 万地形图表示上述各级道路的符号。1∶25 万地形图区分表示机耕路、乡村路和小路(含义与上述同级路相同),分别用 0.15 mm 的单线(实线、长虚线和短虚线)符号表示。1∶50 万和 1∶100 万地形图区分表示大路(相当于机耕路)和小路(相当于乡村路),分别用 0.15 mm 的单线(实线和虚线)符号表示。

4)道路附属物符号

上述只是道路的主体,道路(指铁路、公路)除主体外还有许多重要附属物,如火车站、桥梁、车渡、人渡、徒涉场、隧道、涵洞、路堤、路堑、山隘等。这些附属物,图式上都规定了相应符号,图 2-19 所示是其中部分附属物符号。

地形图上除表示道路及其附属物外,在 1∶50 万、1∶100 万地形图上还用相应符号表示河流通航起点、沿海港口间固定的全部航线及其有关附属物(如港口、助航标志等)。

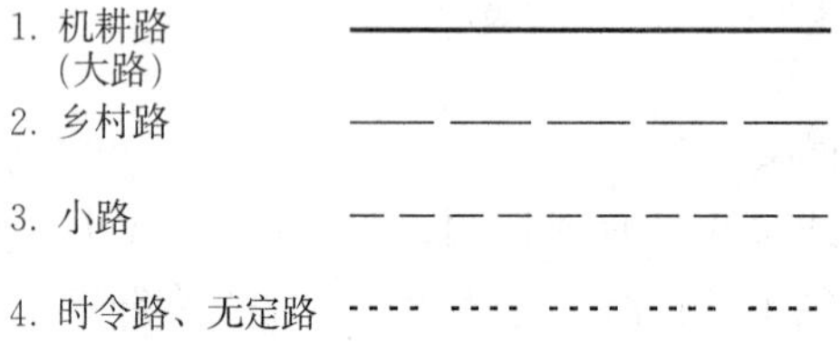

图 2-18

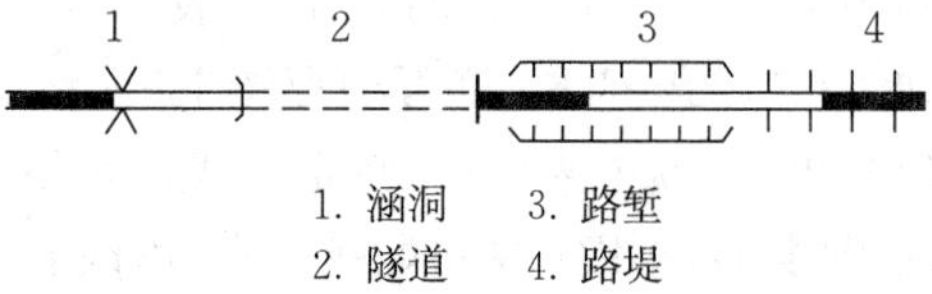

图 2-19

2.6.3 境界的表示方法

1. 地形图上表示境界的意义和要求

为了行使国家主权和进行行政管理,必须确定国家领土归属的界线和国内各级行政区域的界线,从而解决国与国间和国内各行政单位间的边界问题。因此,境界是政治、经济、军事和外交方面极为重要的因素。在现代地形图上表示境界,要求正确表示境界的等级、走向、各级境界之间的关系,以及境界符号与其他要素的合理关系。

2. 地形图上表示境界的符号

境界就其含义而言在地面上是无形的,在地图上,所有境界符号的基本图形都是锁线。根据用图要求，按我国行政区划，在基本图形上区分出境界的等级，区分方法如图 2-20 所示。由图 2-20 可以看出，境界的等级是用锁线的形状、结构和尺寸来说明的。国界是工字形加单圆点的粗锁线，未定国界是空心工字形加圆点的粗锁线(1∶25 万～1∶100 万地形图为无圆点的实心工字形符号)；省级行政区界线比国界低一级，用线粗和点大略小于国界的一划两点的双点锁线表示；特别行政区界线用线粗和点大略小于省级界的三划一点的三划锁线表示；地级行政区界线用线粗和点大略小于地级界的两划一点锁线符号表示；县级行政区界线用一划一点锁线符号表示。此外还包括特殊地区界线——不适用于用上述界线表示的特殊地区，如开发区、保税区界线(表示时在其范围内加注记)，自然、文化保护区界(经国家或省级人民政府颁布的自然保护区、林业保护区、动物保护区、风景旅游区等，在其范围内注记名称)。在各种比例尺地形图上，境界符号的图形、结构是相同的，只符号的尺寸和颜色有所不同。

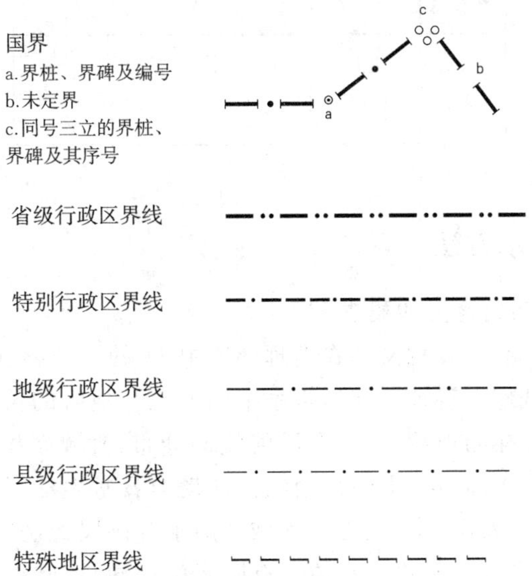

图 2-20

境界中的国界是表示国家领土归属的界线，图上表示国界关系到维护国家的领土完整，是涉及国与国之间政治外交的重大问题。因此，凡与邻国签订了边界条约(议定书)的国界，国界线依据相应的边界条约或边界协定的议定书及附图标绘。尚未签订边界条约(议定书)的国界线按传统习惯线用国界或未定国界表示。国界应保持其准确位置，在能表示清楚的情况下一般不进行综合。国界的表示方法如下：

(1)国界符号应连续不间断，界桩、界碑应按坐标值定位，注出其编号，并尽量注出高程。

(2)同号双立或同号三立的界桩、界碑，图上不能同时按实地真位置绘出时，用空心小圆圈按实地的位置关系绘出并注明各自的序号。各种注记均应在本国界内，并不压盖国界符号。

(3)国界以线状地物为界，不能在线状符号中心表示时，可沿两侧每隔 3～5 cm 绘出 2～4 节符号，在境界相交或明显拐弯点以及接近图廓或调汇面积边缘的地方，境界符号不能省略，应清楚表示出沙洲、岛屿的归属；当河流双线符号内不能容纳国界符号或河流为单线符号时，则沿河流两侧间断地交错绘出国界符号，沙洲、岛屿归属用说明注记括注。国界以两国共有河流为界的，在河流两侧间断地交错绘出国界符号。国界以河流一侧为界的，在国界所在一侧不间断地绘出国界符号)。

国内各级境界的表示方法：省级行政区界、特别行政区界按国务院批准的权宜画法绘出；地级和县级行政区界，可参照最新出版的各省、自治区、直辖市地图标绘。以线状地物为界时，能在线状地物符号中心绘出的，在其中心间断绘出境界符号，并明确岛屿、沙洲的隶属关系；不能在线状符号内绘出境界符号的，在线状地物两侧间断地交错绘出境界符号。在明显拐弯点、境界交接点和出图廓处均应绘出境界符号。境界线转折处，以符号的点子或实线划明确表示；境界交会应有明确的交点位置(图 2-21)。两级以上境界重合时，只绘出高级境界。"飞地"是在某一行政域范围内有另一行政区的土地，这样的土地就为另一行政区的"飞地"，其界线用所辖属行政单位的境界符号表示，并在其范围内加注隶属注记。

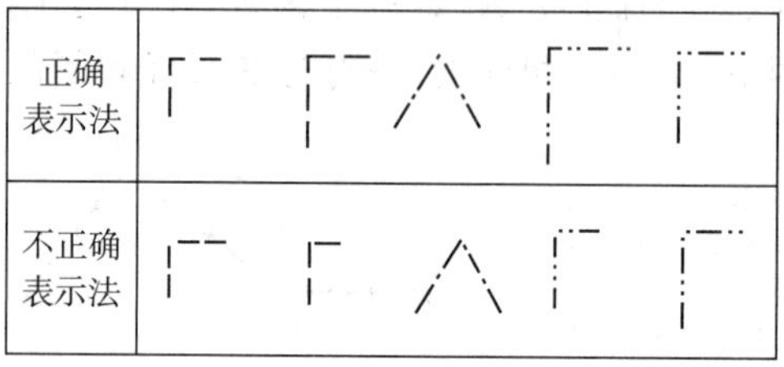

图 2-21

2.6.4 水系的表示方法

1. 地形图上表示水系的意义和要求

地形图上表示水系具有重要意义。在地理环境中，水的运动影响地貌、气候、土壤、植物等的形成、发育、变化和区域地理特征。陆地水系中的河流与地貌的关系尤为密切，一方面河流在流动过程中形成各种各样的地貌，另一方面河流的分布、流域面积、形态、类型、流向、流速、水能等又受地貌的制约。水体对人类的社会经济活动与日常生活影响很大，它是最重要的自然资源之一，在灌溉、航运、发电、水产、工矿和城乡用水等国民经济的许多方面发挥着重要作用，而且还是地面和空中良好方位物。水体也有阻碍工程建设、陆上交通和凌汛危害、泛滥成灾的一面。所以，水系对经济建设、战场建设、部队作战行动和人民生活等有利弊两方面的影响，人们必须了解掌握其规律，以趋利避害。在地理教学和地理研究中，常常依据水系来研讨一个国家、区域和城市的地理位置。在制图实践中，水系和制图网、控制点共同控制地图内容的其他要素，人们常把水系称作地图内容的"骨架"。

因此，现代地形图上表示水系时要求：正确反映水系的类型、主次、形状、名称、水系要素的分布特点、不同区域河渠网的密度对比和结构特征、河流的主支流关系和弯曲程度，充分显示水利建设的成就，恰当处理水系同其他要素的关系；正确反映海岸的类型，保持海岸特征点的准确位置和岸线弯曲程度对比，显示海底地貌的基本形态、岛礁分布、海底底质和其他海洋要素。

2. 地形图上表示水系的符号

水系的大小(长、宽、面积)、形状差别很大。有的水体(如海、湖、大江大河及大型水库等)可用依比例的面状符号表示；有的水体(如溪涧、沟渠等)需用半比例的线状符号表示；还有的小面积的水体(如泉眼、水井、贮水池等)则要以非比例的点状符号(个体符号)表示。下面依据各种主要水系的特点来说明其表示方法和符号。

1)河流符号

河流是陆地水系中的最重要的组成部分，地形图上按其水流情况将河流分为：地面河流——地面上的终年有水的自然河流；时令河——季节性有水的自然河流；消失河段——河流流经沼泽、沙地等地区，没有明显河床或表面水流消失的地段；干涸河——降水或融雪后短暂时间内有水的河床或河流改道后遗留的故河道，分别用相应符号表示。

河流是呈线状的天然水流，不同河流的长宽差异很大，就是同一条河流，由河源到河口其宽度也有很大变化。根据河流的这一特点，它应采用什么符号，基本取决于它的宽度。河流一般均应表示，河网密集地区，图上长度不足 1 cm 的可酌情舍去。对构成网络系统的河、渠，应根据河渠网平面图形特征进行取舍。密集河渠的间距一般不应小于 3 mm，老年河床河漫滩地带的岔流以及沟渠密集地区，间距不应小于 2 mm。河流宽度在图上大于等于 0.4 mm 的用双线依比例尺表示，小于 0.4 mm 的用 0.1 mm～0.4 mm 的单线表示。

根据河流宽度和地形图的比例尺，河流用单线或双线表示的标准见表 2-2（表中数值上含下不含）。

表 2-2　河流宽度分级表示标准

比例尺	实地宽度			
	半比例的单线符号		依比例的双线符号	
	0.1～0.5 mm	0.1～0.4 mm		
	图上宽度小于 0.5 mm	图上宽度小于 0.4 mm	图上宽度大于等于 0.5 mm	图上宽度大于等于 0.4 mm
1∶5 000	2.5 m 以下		2.5 m 及以上	
1∶1 万	5 m 以下		5 m 及以上	
1∶2.5 万		10 m 以下		10 m 及以上
1∶5 万		20 m 以下		20 m 及以上
1∶10 万		40 m 以下		40 m 及以上
1∶25 万		100 m 以下		100 m 及以上
1∶50 万		200 m 以下		200 m 及以上
1∶100 万		400 m 以下		400 m 及以上

由表 2-2 可知，表列各比例尺地形图的河流符号有两个明显的特点：一个是半比例的“单线河”，另一个是依比例的“双线河”。河流具体采用哪种符号，系由其实地宽度和地形图比例尺来决定的。

河流的宽度是指河岸线之间的距离。河岸线即河流水面与陆地交界处的水涯线。但是，河流的水位并不是固定不变的，那么，地形图上如何确定河岸线呢？1∶5 000～1∶1 万地形图：航测成图，一般绘在摄影时的水涯线处，若摄影时间为枯水期或洪水期，水位变化很大时，按常年达到的水位调绘；全站仪测图，一般按测图时的水涯线测绘。1∶2.5 万～1∶10 万地形图，按河流的常水位岸线测绘。河流在常年雨季的高水位形成的岸线称为高水位岸线（高水界），在大、中比例尺地形图上，河流的高水位岸线与常水位岸线的图上距离分别大于 3 mm 和 2 mm 的，两种岸线同时绘出。常水位线（水涯线）用实线表示，高水位岸线用虚线描绘，并在其间填绘相应的土质和植被符号（图 2-22）。

河流的水文及其他特征，如流向、流速、河宽、水深、河底性质等，地形图上以说明符号、说明注记和数字注记配合河流符号表示，表示方法如图 2-22 所示：河宽、水深、河底性质用分数注记配合说明注记表示（一般是在河流符号上每隔 15～20 cm 标注一个，但桥梁、渡口、徒涉场、河会附近要尽量标注），分数注记中的分子说明河宽，分母说明水深（单位为米），分数旁边文字说明河底的性质；如果河宽、水深变化较大时，还应加注高水位的宽、深注记，如$\frac{50-250}{0.9-1.9}$，前面数字为常水位的宽、深，后面数字为高水位的宽、深。河流的流向、流速用箭形符号配合注记(单位为 m/s)表示。如果双线河比较窄或是单线河时，流向符号与注记绘注在河流符号外侧，若双线河较宽能容纳符号与注记时，则绘注在河流符号内。

时令河、消失河和伏流河等，用图式中规定的相应符号表示(图 2-23)。消失河段的点线按实地情况连接，伏流河段的圆弧和流向符号绘在水流进出口位置上。

2)运河、沟渠符号

运河是跨流域开凿的，可供调水、航运的人工水道。沟渠是人工开挖的供航运、灌溉或排水用的水道。其特点都是多呈直线型，且同一水道的宽度变化一般不大，但不同等级的沟渠宽度差别还是比较明显的。根据运河、沟渠的这些特点，其所采用的符号与河流有相同的地方，也有不同的地方。

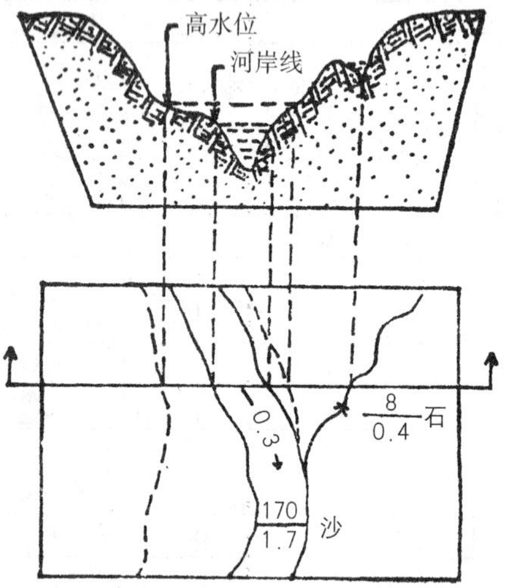

图 2-22

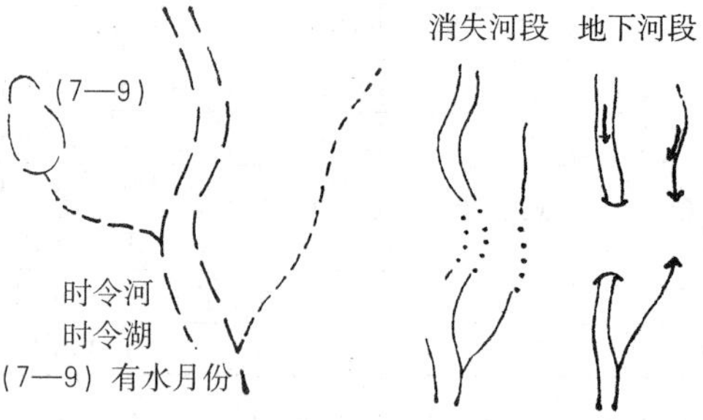

图 2-23

运河、沟渠也是根据其实地宽度(沟沿间距)按等级决定其符号，这一点与河流是类似的，其分级表示的标准见表 2-3。

表 2-3 运河、渠道宽度分级表示标准

比例尺	实地宽度						
	半比例的单线符号					半比例的双线符号	依比例的双线符号
	线划尺寸					双线宽	
	0.1 mm	0.2 mm	0.25 mm	0.3 mm	0.5 mm	0.4 mm	
1∶5 000		1 m 以下			1～3 m		3 m 及以上
1∶1 万		3 m 以下			3～5 m		5 m 及以上
1∶2.5 万	5 m 以下			5～10 m			10 m 及以上
1∶5 万	10 m 以下			10～20 m			20 m 及以上
1∶10 万	20 m 以下			20～40 m			40 m 及以上

续表

比例尺	实地宽度						
	半比例的单线符号					半比例的双线符号	依比例的双线符号
	线划尺寸					双线宽	
	0.1 mm	0.2 mm	0.25 mm	0.3 mm	0.5 mm	0.4 mm	
1∶25 万	20 m 以下		其他运河及 20 m 及以上的渠道			京杭运河	
1∶50 万	20 m 以下		其他运河及 20 m 及以上的渠道			京杭运河	
1∶100 万	20 m 以下		其他运河及 20 m 及以上的渠道			京杭运河	

根据表列分级标准表示运河、渠道的符号如图 2-24 所示。由表 2-3 和图 2-24 可知，地形图上表示运河、渠道的符号有如下明显特点：

(1)大、中比例尺地形图上表示运河、渠道的线状符号，只有半比例的单线符号(分主次两级表示)和依比例的双线符号两种，具体采用哪种符号，取决于运河、渠道的宽度和地形图的比例尺。

(2)小比例尺地形图上表示运河、渠道的线状符号均为半比例符号。运河，除京杭运河用不依比例的 0.35 mm 粗的双线符号表示外，其他运河均用 0.25 mm 粗的单线运河符号表示；渠道分主次两级表示，一般宽 20 m 以上的为主要渠道，宽 20 m 以下的为次要渠道，分别用 0.25 mm 和 0.1 mm 粗的渠道符号表示。

(3)运河、渠道的符号图形为不同尺寸的等粗单直线或等粗双平行直线(岸线、水部网点)，其图形变化要比河流符号规则得多。

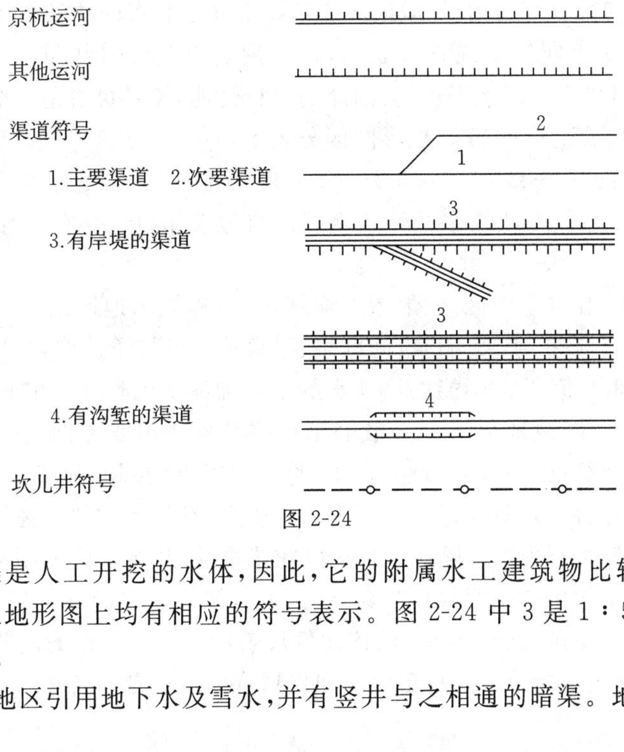

图 2-24

由于运河、沟渠是人工开挖的水体，因此，它的附属水工建筑物比较多，而最多的就是“堤”，在各种比例尺地形图上均有相应的符号表示。图 2-24 中 3 是 1∶5 000～1∶1 万地形图表示“堤”的符号。

坎儿井是干旱地区引用地下水及雪水，并有竖井与之相通的暗渠。地形图上用带环虚线或实线符号表示(图 2-24),除符号两端圆圈表示暗渠起止处竖井的真实位置外,其余圆圈是均匀配置的。

3)湖沼、盐田与井泉符号

湖泊、水库(人工湖)是呈面状分布的水体,一般依地形图的比例尺用面状符号表示。地形图上根据相应规范规定的选取和概括指标,用面状符号反映湖泊的类型、面积、形状特征、水质和分布特点。湖泊的岸线按水涯线(或常水位岸线)描绘,常年湖的岸线用实线表示,时令湖的岸线用虚线表示(大、中比例尺地形图用数字注记说明时令湖的有水月份),水部加网点。湖泊按湖水含盐度区分为淡水湖和咸水湖,咸水湖用说明注记"咸"或"苦"表示其水质,淡水湖不加水味注记。

水库按库容量分为大、中、小型三级。库容量在 1 亿立方米以上的为大型水库,0.1～1 亿立方米的为中型水库,0.1 亿立方米以下的为小型水库。在大比例尺地形图上依比例尺表示出全部水库,并用相应符号和注记详细地表示出水孔、溢洪道、坝顶高程、溢洪道口底面高程和堤坝建材(土坝不加注记)等。在 1∶25 万、1∶50 万地形图上:大、中型水库全部表示,小型水库酌情选取;凡图上面积大于 2 mm^2 的水库依比例尺表示,小于 2 mm^2 的用不依比例尺的水库符号表示;建筑中的水库用水坝符号表示其坝址,用虚线表示蓄水范围。在 1∶100 万地形图上,大型水库全部选取并依比例尺表示,图上面积大于 4 mm^2 的中型水库依比例尺表示,小于此面积的中、小型水库用非比例的水库符号表示。依比例的水库符号用水涯线符号(实线,水部网点)配合堤坝符号表示,水涯线按常年达到的常水位描绘,其形状与等高线图形相适应。

沼泽是地面长期湿润,泥泞或有水潮浸的区域(包括季节性的湿草地)。干旱地区水中含盐极多的内陆沼泽和沿海地带经常受海水淹灌的沼泽称为盐泽。地形图上用相应符号反映沼泽的分布、类型和通行性能。在大比例尺地形图上按规范的规定详尽表示;在小比例尺地形图上,图上面积大于 25 mm^2 的沼泽、湿地应表示。沿河流分布的狭长沼泽和盐沼泽长于 1 cm 的也应表示,前者用水平花纹晕线符号表示,后者用竖直花纹晕线符号表示(大比例尺地形图用沼泽符号加说明注记"碱"字表示)。沼泽的通行性能,按其可否通行分为能通行的和不能通行的沼泽两类(大于等于 1∶25 万地形图区分表示,1∶50 万、1∶100 万地形图不区分),分别用花纹水平晕线和水平晕线(1∶2.5 万～1∶10 万和 1∶25 万地形图)表示,1∶5 000～1∶1 万地形图用水平晕线与花纹水平晕线叠置的符号表示(图 2-25)。沼泽植物用相应植被符号表示。

井、泉、贮水池等,在缺水地区,地形图上详细表示,非缺水地区适当选取或不表示。特殊的井、泉,如温泉井、自流井、矿泉、温泉、间歇泉、毒泉等一般均予选取,并按其性质分别加说明注记,如"温""矿""间""流"等。不能供给饮水的水井加注水的性质,如"碱""苦"等。由于井、泉、贮水池等属点状水体,故地形图上一般采用点位符号法用非比例的个体符号加说明注记表示其位置、性质等特征(图 2-25)。例如,"泉"符号的圆点的圆心为泉口的位置,其弯曲拖尾线表示泉水流向,符号旁的说明注记为"矿"表示为矿泉,符号旁的数字注记为泉口高程。

盐田、盐场是在海边利用海水晒盐和在内陆挖凿盐池、盐坑取卤水制盐的场所。在大比例尺地形图上,面积较小的用非比例符号按真方向表示,超过非比例符号尺寸的依比例尺表示。在小比例尺地形图上,面积大于 4 mm^2 的依比例尺表示,2～4 mm^2 的用非比例符号表示。比例符号内的分格线反映实地盐田的疏密程度和规划特征。有专有名称的盐田用说明注记注出名称。

沼泽符号
1. 能通行的沼泽

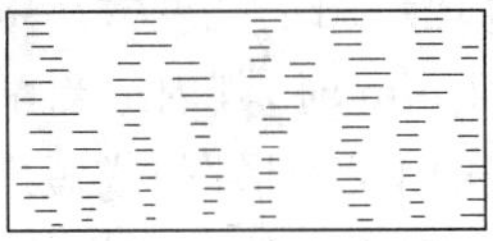

2. 不能通行的沼泽

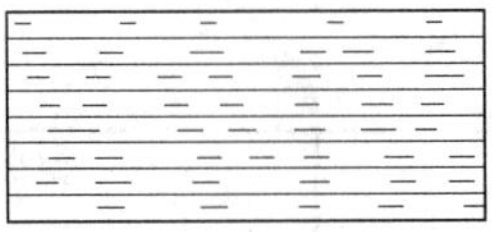

盐田、盐场符号
不依比例尺的

清泉、矿泉、间歇泉、温泉、毒泉等符号　51.5

贮水池、水窖符号　水

水井符号
67.7—地面高程
7—地面至水面深度　# $\frac{67.7}{7}$

图 2-25

4)*海岸带要素符号*

陆地与海洋相互作用的地带称为海岸带，包括沿岸地带、潮浸地带和沿海地带 3 部分(图 2-26)。高潮线以上经高潮波浪作用过的陆地部分，就是沿岸地带(后滨)；低潮线以下至波浪作用下限的海底地带，即为沿海地带(前滨)；高潮线与低潮线之间，高潮时淹没水下、低潮时露出水面的海滩地带叫作潮浸地带，地形图学上称为干出滩。沿岸地带和潮浸地带的分界线就是海岸线，它是多年大潮高潮位所形成的海陆分界线。

地形图上表示的海洋要素，实质就是表示这个海岸带的诸要素，其中主要包括海岸线、干出滩、岛屿、海底地貌、礁石、水中滩、海底底质、海流和潮流及流速、海洋要素的名称等。

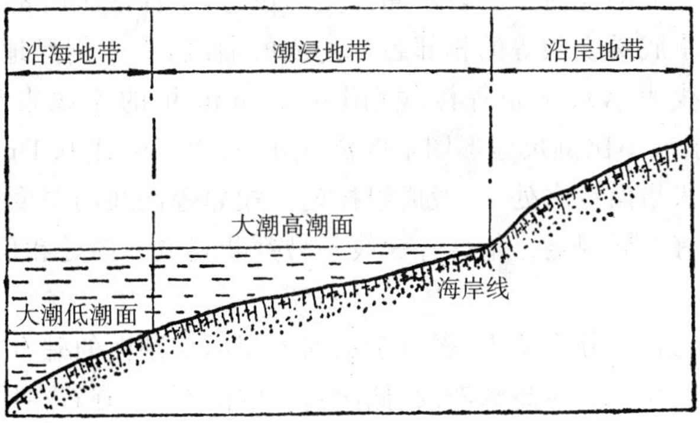

图 2-26

在地形图上，海岸线用 0.15 mm 或 0.2 mm 的实线表示，其转折、弯曲程度和形状反映实地岸线主要特征点的位置、岸段间弯曲程度对比和海岸的类型。平缓圆滑的岸线图形与沙嘴、沙堤、沙坝符号合理配合，反映实地海岸是泥沙质海岸(平原海岸、上升海岸)；生硬而曲折的海岸线图形同近岸岛屿符号配合，反映实地海岸是岩质海岸(山地丘陵海岸、下沉海岸)。

干出滩，在大比例尺地形图上宽度大于等于 3 mm（小于 3 mm 的不表示）的，在小比例尺地形图上宽度大于等于 1 mm 时，其内适当配置相应的土质及植被符号（图 2-27）。干出滩的表示方法是：用点线（大比例尺地形图）或短虚线（小比例尺地形图）符号绘出最低低潮线即干出线（岩滩、珊瑚滩除外），在干出线与海岸线之间按干出滩的类别填充相应的配置符号说明其性质。

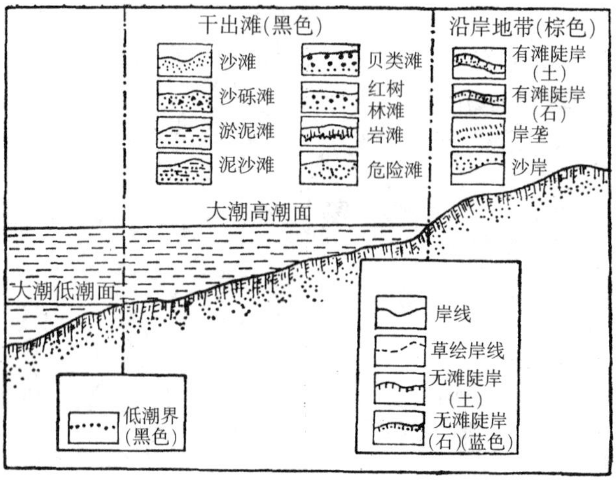

图 2-27

地形图上表示岛屿注重其位置的准确性和轮廓形状的基本特征。岛屿在地形图上的面积大于等于规范规定尺寸的依比例尺表示，小于规定尺寸的按其形状特征用非比例的点状符号表示。例如，在 1∶25 万、1∶50 万、1∶100 万地形图上，面积大于等于 0.35 mm^2 的岛屿依比例尺表示，小于此面积的用非比例的点状符号表示；远离海岸线的小岛一般均不予表示；近岸密集成群的小岛，在保持其分布位置、排列方向和疏密对比的条件下取舍表示。

海底地貌以等深线配合水深注记表示。水深注记又叫深度注记，通常称为水深，是从深度起算面到水底的垂直距离。水深注记字头朝北，注记精度到 0.1 m（大比例尺地形图）或 1 m（小比例尺地形图）。整数的几何中心表示测深点的位置，水深注记的密度按浅水密、深水稀的原则确定。等深线是水底深度相等的相邻各点连成的曲线，大比例尺地形图分为基本等深线（用 0.1 mm 粗的实线表示）、加粗等深线（用 0.25 mm 粗的实线表示）和半距等深线（用 0.1 mm 粗的虚线表示）；小比例尺地形图上等深线用 0.08 mm 或 0.1 mm 粗的实线表示。等深线的深度注记的字头指向浅水处，一般成组排列。相邻等深线的深度差称为等深距，不同比例尺地形图的等深距有不同规定。依据等深线不易判断斜坡方向处和最低一条封闭等深线上加绘示坡线。

地形图上表示的礁石区分为明礁（露出于平均大潮面高潮面的礁石）、暗礁（最低潮时潮面下的礁石）和干出礁（平均大潮时高潮淹没、低潮露出的潮石）。礁石在地形图上的面积大于规范规定的用比例符号表示，小于规定的用非比例符号表示。图上依比例尺表示的暗礁、干出礁加注相应的说明注记，如“干”“暗”“珊瑚”等；不能依比例尺表示的礁石按其性质分别用非比例的明礁、暗礁、干出礁符号表示。礁石符号周围加绘点线的，表示对航行有危险的区域范围。

其他海洋要素如水中滩、海底底质、海流潮流等的表示方法和符号在地形图图式规范中有相应的规定和符号，不再一一赘述。

5)水体附属物符号

水体附属物包括自然附属物和建筑附属物。水体的自然附属物，如瀑布、石滩等，用相应符号表示。地形图上表示水体附属物的符号一般只有半比例符号和非比例符号两种。图 2-28 所示是地形图上表示水体附属物的部分符号。

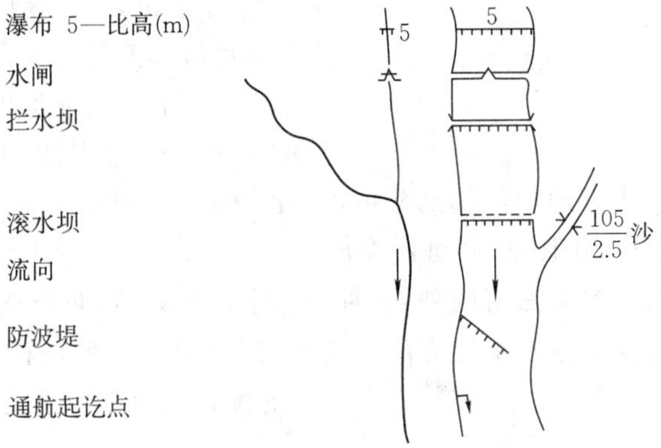

图 2-28

2.6.5　植被的表示方法

1. 地形图上表示植被的意义和要求

植被是地理景观的主要要素，是其不可分割的重要部分。植被中的各个成分以及植被与其他景观要素的关系，是相互联系、相互作用的辩证关系。地理环境影响植物的生长、变化、分布和类型，植被反过来又给地理环境以有效影响。地形图上表示植被能为用图者研究区域地理规律提供资料，考虑用植被影响景观要素的能力，提出为人民造福的措施。在经济上，植被是经济建设的重要自然资源，用材林、薪炭林、经济林、经济作物和粮食作物是重要的建筑材料、燃料和化学、食品工业的原料，草地又为发展畜牧业提供饲料；在军事上，植被是部队行动的障碍、隐蔽的场所和判定方位的标志。因此，在地形图上表示植被对利用自然、改造自然、发展生产、国防军事和教学科研都有重要意义。所以，植被是现代地形图不可或缺的内容，地面上凡是有植物生长的地方几乎都不同程度地在地形图上表示出来，充分地反映了植被的类型、分布范围和分布特征（如大面积的、小面积的、零星的、狭长的植被及其与地貌和其他地理要素的关系等）。

2. 地形图上表示植被的符号

由于植被一般具有成片分布，并占有较大面积的特点，因此，植被一般采用比例符号表示，只有特殊情况下使用非比例或半比例符号表示。下面着重说明具有较大面积的植被符号。

1)植被的"地类界"符号

各种类型植被的分布界线（植被的分布范围线）依地形图比例尺缩绘到图上后，一般都采用细点线或细实线描绘，这种点线或实线在图式上叫"地类界"。地类界是用于反映各个植被类型分布位置、范围和区分植被类型界线的符号。地形图上绘有地类界的植被有森林（树林）、幼林、苗圃、竹林、灌木林、经济林、经济作物、菜地、水稻田、旱地、非常年积水的水生经济作物地等；不绘地类界的植被有疏林、芦苇地、草地、半荒植物地、植物稀少地等。

地类界与地面有实物的线状符号（如河流、渠道、道路等）重合或其间距小于规定尺寸的，

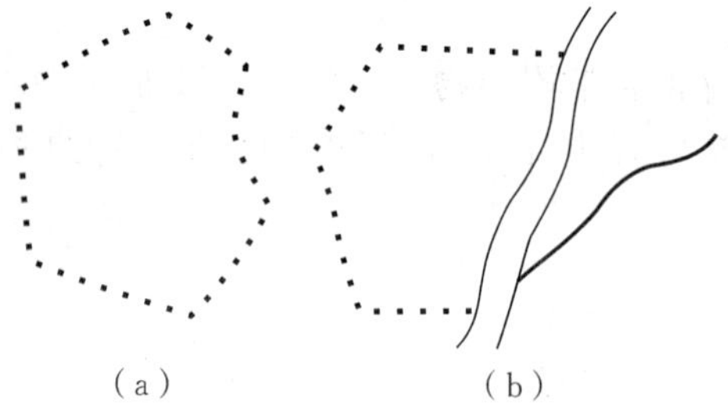

图 2-29

地类界省略不绘，图上就以这些物体的符号边线作为地类界(图 2-29)。地类界与地面上无实物的线状符号(如境界线、电力线、通信线、等高线、地下管线等)重合时，地类界移位绘出。地类界的弯曲，图上小于 2 mm 时，其形状化简表示。

2)植被的配置符号和注记植被的类型和特征

在地形图上是以地类界内的配置符号和套印绿色配合符号、说明注记和数字注记来表示。图 2-30 是 1∶5 000～1∶1 万地形图的部分植被的配置符号，中小比例尺地形图的植被配置符号与其相应类型符号相同。由图 2-30 可以看出：

(1)植被配置符号的配置方法有两种：一种是品字形排列的，叫作整列配置，如旱地、稻田、经济林、苗圃、草地等，这类符号的配置方法图式上有具体规定；另一种是任意排列的，称为散列式配置，如森林、疏林、竹林、灌木林等，这类符号的配置没有具体规定，但为了易读符号要适当配置。

(2)配置符号的配置形式与所表示的植被类型有一定关系，自然的木本植物，其符号一般是散列式配置的；人工栽培的木本植物和人工的与自然的草本植物，其符号一般是整列式配置的。

(3)木本植物一般要加注说明其数量或质量的数字注记和说明注记，军事、经济价值越大注记越详细。如图 2-30 所示树林中的“13”，就是说明植物的平均高度的数字注记(以米为单位)。而森林的注记则更为详细，不仅注记树的平均高度，而且加说明注记如“松”“桦”等来说明树种。

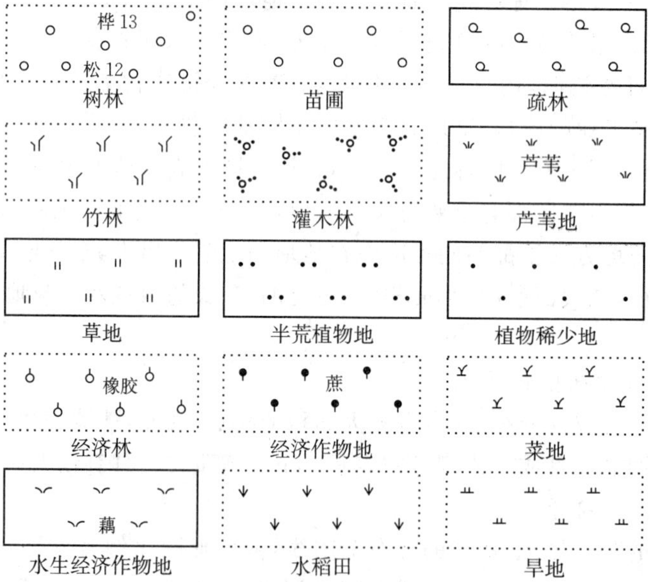

图 2-30

以上是面积较大而能依比例描绘的植被表示方法与符号问题。至于小面积的、狭长的或零星的植被，凡规范要求表示的，图式中都规定了相应的符号，符号的定位、定向按符号的定位定向规则处理。

2.7　地形图上地貌的表示方法

2.7.1　地形图上表示地貌的意义

地貌是地形图最重要的地理要素之一。①它是自然地理学两大支柱之一，是地理环境中最重要的一个要素，在一定程度上决定其他要素的特点和分布规律，例如地貌对气候变化、土壤形成、植物分布以及水系的发育和特点都有很大的影响。同时，地貌的形成又受其他要素的制约。因此，根据合理的地貌符号，不仅可以认识地貌本身，而且也能说明同它相联系的其他地理要素的特点和规律，这对与此有关的科研教学具有重要意义。②地形图上表示地貌在国民经济与国防上有着重要作用。在国民经济方面它是各项经济建设规划设计的基本依据之一，如修筑道路、兴修水利、建设厂矿、农业机械化、防止土壤侵蚀、国土整治等，都要详细研究地貌；在军事方面，地貌对部队运动、隐蔽、伪装、工事构筑、阵地选取和战斗指挥都有很大的影响。

2.7.2　地形图上表示地貌的要求和方法

在现代地形图上表示地貌按比例尺的可能，精确地表示地面的高程和坡度；正确地表示山顶、斜坡、山脊、谷地、鞍部等的形态；清晰地显示地貌的类型和山脉、分水岭的走向；正确地反映不同地区地貌的切割程度；正确保持地貌结构线、特征点的位置和名称注记；合理表达地貌与其他要素的关系。

显然，在平面的图纸上仅用前述表示地物的方法来表示三维的地貌，满足不了要求。为了能在地形图上按要求精度详尽地显示地貌，世界各国都广泛采用等高线法来表示地貌。所谓等高线法，就是用等高线配合辅助符号（如示坡线、变形地符号）和高程注记表示地貌的方法。这是当前地形图上表示地貌比较科学的一种方法。

2.7.3　等高线的原理和特性

1. 等高线表示地貌的基本原理

什么是等高线，怎样用等高线表示地貌呢？为了说明这个问题，本书以一座有两个山头的小山为例来进行讨论（图 2-31）。

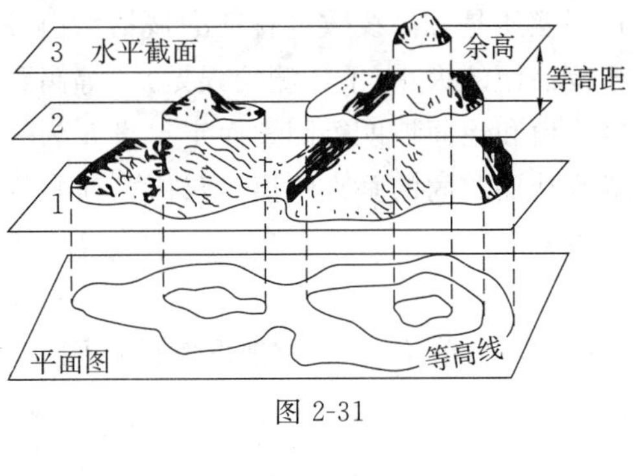

图 2-31

要比较地面各点的高低，需要有一个共同的高程起算基准面。我国采用青岛验潮站1952—1979 年潮汐观测资料计算的平均海水面为我国新的高程基准面。大范围高程基准面是曲面，但小面积的高程基准面可以视为平面。在这种情况下，设想用许多平行于这个高程基准面且间隔相等的平面（如图 2-31 中的 1、2、3 这 3 个水平面）去横截这座小山，则小山的表面便出现一条一条弯曲的闭合线，因同一条截口，线位于同一水平面（等高面）上，故同一截线上任何一点到高程基准面的垂直距离（绝对高程）是相等的，因此这种曲线就叫等高线（或将等高线想象为平均海水面变化时水涯线的痕迹)。也就是说,等高线是地面上高程相等的相邻各点的连线。将这些地面上的等高线,用与地物符号相同的原理——正射投影法投影到高程基准面上,则基准面上便呈现出表示小山的一圈套一圈的等高线图形,将基准面上的等高线依地形图的比例尺缩绘到图纸上,则得到地形图上表示小山的一圈套一圈的等高线图形。地形图就是根据这个原理表示地貌的。

但是,大范围的高程基准面是曲面,因而等高线所在的等高面必然是与基准面平行的曲面。曲面上的曲线具有双重曲率,则实地等高线也是具有双重曲率的曲面曲线。那么,如何将实地上具有双重曲率的等高线转绘到地形图上呢?欲达到此目的,首先要解决地球曲面与地图平面间的矛盾,即用地图投影的方法将球面转化为平面;然后运用实测或编绘的方法把实地等高线缩绘到图纸上,便得到地形图上表示地貌的等高线。由此可见,地形图上的等高线就是按地形图比例尺综合、缩小了的实地等高线的水平投影,即图上等高线是基准面上等高线的相似缩形。

2. 等高线的基本特性

根据等高线表示地貌的原理,将图 2-31 中的等高线与相应地貌形态比较,可知地形图等高线具有下列基本特性:

(1)图上等高线成互相套合的闭合曲线,若不在一幅图内闭合,则必在若干相邻图幅内闭合;等高线的弯曲形状与相应地貌平面轮廓形态保持水平相似的关系,因此经过山谷或山脊的等高线呈垂直于山脊线和山谷线的回头曲线。

(2)每条等高线各代表确定的高程,高程相等的点不一定在同一条等高线上,但同一条等高线上各点的高程必定相等,因此高程不同的等高线既不相交也不重合。

(3)在比例尺和等高距相同的条件下,山地的等高线圈数越多山越高,圈数越少山越低;等高线愈密坡度愈陡,等高线愈稀坡度愈缓。

(4)图上每条等高线各反映地貌某一高度的水平轮廓,而有一组等高线则以其疏密变化反映斜坡在垂直方向的形状,因此,等高线的组合图形能给人以立体的概念,即等高线法表示地貌具有一定的立体感。

2.7.4 等高距的选择和等高线的种类

1. 等高距及其选择

相邻等高线面间的垂直距离,即相邻两条等高线的高程差叫作等高距(图 2-31)。等高距的选择实质是等高线数量特征的概括。由等高线原理可知,地形图上表示地貌的精详程度取决于等高距的大小(不计测绘误差)。等高距大小的选择根据地形图的用途、比例尺、等高平距的容许值和地面坡度等因素而定。设 h 为等高距,a 表示地面坡度,∂ 为等高平距(图上相邻两条等高线面之间的垂直距离)容许值,通常规定 ∂ 在山地为 0.2 mm,平地为 0.3 mm,则由三角公式可知

$$h = \partial \times \tan\alpha$$

h 以米为单位,并顾及地形图的比例尺,则有

$$h = \frac{\partial \times M}{1\,000} \times \tan\alpha(\mathrm{m}) \tag{2-1}$$

式中,M 为数字比例尺的分母。由式(2-1)可知:若 a 为定值,则 h 与 $\frac{1}{M}$ 成反比,即比例尺小则

等高距大，比例尺大则等高距小；若$\frac{1}{M}$确定，则 h 与 a 成正比，即坡度小则等高距小，坡度大则等高距大。用不同的 M、a 和 ∂ 值代入式(2-1)，即可算出不同地貌区域的等高距 h（地形图上 h 的数值是米的倍数）。在实测或编绘各种比例尺的地形图时，可按式(2-1)来确定等高距。我国大于等于 1∶50 万的地形图，一幅图只用一种等高距，即采用固定的等高距，这种等高距称为基本等高距；1∶100 万地形图，一幅图的等高距随地势高低的变化而变化，即采用变距等高距。基本等高距的大小和变距等高距的变化国家有统一规定。表 2-4 是我国 1∶1 万～1∶50 万地形图所采用的基本等高距。

表 2-4　1∶1 万～1∶50 万地形图基本等高距规定　　单位：m

地貌类别	比例尺					
	1∶1 万	1∶2.5 万	1∶5 万	1∶10 万	1∶25 万	1∶50 万
平地	2.5 或 1.0	5.0 或 2.5	10	20	50	100
丘陵地	2.5	5.0	10	20	50	100
山地	5.0 或 2.5	5.0	10	20	100	200
高山地	10	10	20	40	100	200

2. 等高线的种类

为了精详显示地貌特征和便于判读等高线的高程，在设计等高线符号时，根据等高线的作用将其分为以下 4 种（图 2-32）：

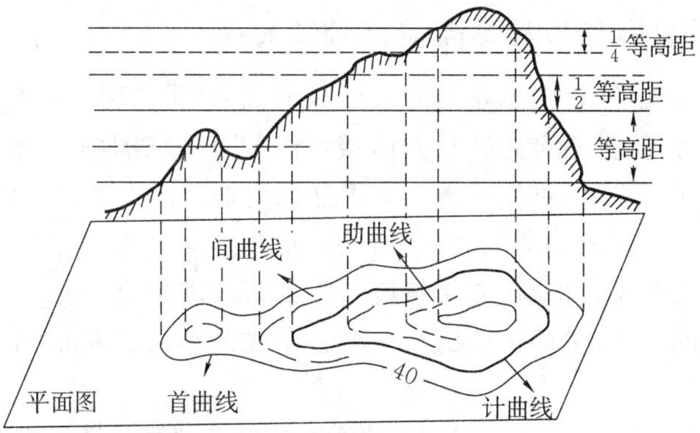

图 2-32

(1)基本等高线。按规定的基本等高距，从 0 m（高程基准面）起算测绘的等高线，称为基本等高线。例如，基本等高距为 10 m 的 1∶5 万地形图上的 100 m、110 m、120 m、130 m、140 m、150 m、160 m 等高线都是基本等高线（图 2-33）。基本等高线用于显示地貌的基本形态，是地形图上表示地貌的首要等高线，故又叫首曲线，图上以 0.08～0.1 mm 的棕色细实线表示。

(2)加粗等高线。为了便于计算等高线的高程，从 0 m（高程基准面）起算，每隔 4 条或 3 条首曲线加粗描绘的首曲线，称为加粗等高线（例如 1∶1 万地形图，当采用的基本等高距为 2.5 m 时，即每隔 3 条首曲线加粗一条）。图 2-33 中的 100 m、150 m 等高线就是加粗等高线。加粗等高线的作用是方便高程计算，故又叫作计曲线。在 1∶5 000～1∶1 万地形图上用 0.25 mm、1∶2.5 万～1∶10 万地形图上用 0.2 mm、1∶25 万～1∶100 万地形图上用 0.15 mm 粗的棕色实线表示。

(3)半距等高线。在相邻两基本等高线之间按 $\frac{1}{2}$ 基本等高距测绘的等高线称为半距等高线或间曲线。它的作用是显示首曲线所不能显示的一些微小地貌,一般用于平缓的山顶、鞍部和倾斜变换的地段。图上用与首曲线同粗的棕色长虚线表示,但描绘时可不闭合。

(4)补助等高线。为补助间曲线的不足,按 $\frac{1}{4}$ 基本等高距测绘的等高线,叫作补助等高线,简称助曲线。在图上用与首曲线同粗的棕色短虚线表示,图上也可不闭合。

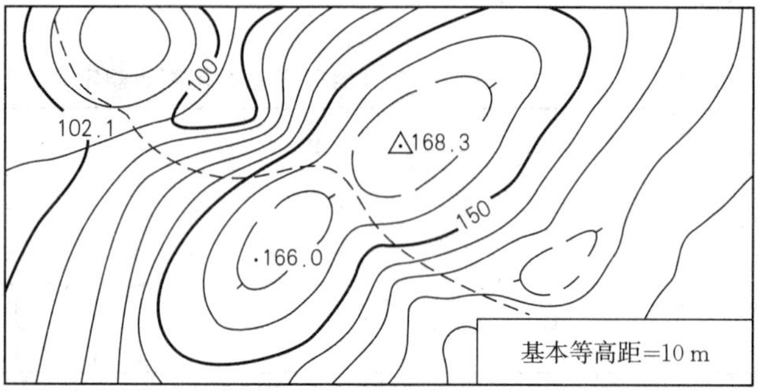

图 2-33

此外,在小比例尺地形图上,为反映地形特征可加绘任意等高距的等高线,任意等高线须加注高程注记。

2.7.5 地貌微观形态与其等高线符号的关系

用等高线法表示地貌,其优点是符号的图形简单、清晰明显利于量算、具有一定的立体感、不会压盖其他地物符号,但其不足之处是立体感不强。因此,初学者对于地形图上用等高线符号所显示的地貌特征,往往感到难以理解。为了加深对地形图上等高线的性质和作用的认识,并依据等高线符号理解其所表示的地貌,下面从微观角度对地貌的基本细部形态与其在地形图上的等高线图形的关系进行剖析:先从斜坡入手剖析斜坡形态特征与等高线的疏密曲直及其示坡线和高程注记的关系,进而说明由斜坡组合而成的地貌的基本细部形态与相应等高线符号的关系。

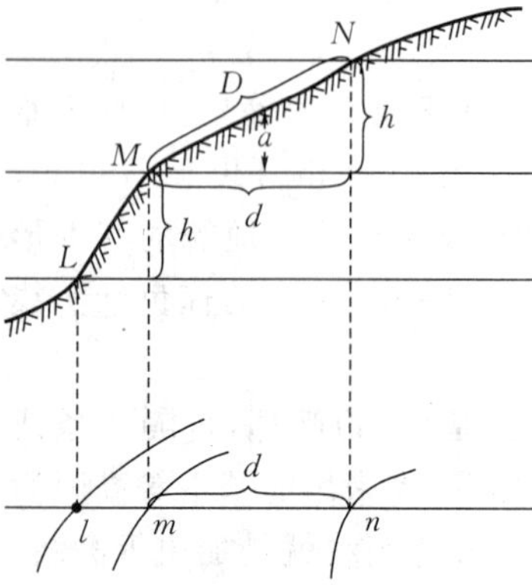

图 2-34

1. 斜坡形态特征与等高线疏密曲直的关系

1)坡度与等高线疏密的关系

地形图上显示的斜坡的形态特征主要是坡形、坡向和坡度。斜坡最大倾斜线的倾斜程度,叫作斜坡的坡度,通常以 i 表示。坡度的大小可用倾斜角 —— 倾斜线与其水平投影的夹角 α 表示(图 2-34),也可以用倾斜率 —— 等高距或高差 h 与等高平距或水平距离 $d\times M$ 之比 $\frac{h}{d\times M}$ 来表达,还可用倾斜百分率(%)或倾斜千分率(‰)来表达。它们之间的关系为

$$i=\tan\alpha=\frac{h\times 1\,000}{d\times M}\times 100\%=\frac{h\times 1\,000}{d\times M}\times 1\,000‰ \tag{2-2}$$

式中，M 为地形图数字比例尺的分母；d 是等高平距或图上长度（以毫米为单位）；h 为等高距或高差（以米为单位，故乘以 1 000）。由式(2-2) 可以看出：当 h 为一常数时，d 与 α 成反比关系，α 愈大，d 愈小，α 愈小，d 愈大。将图 2-34 的上下部分加以对比，可直观说明这一问题。

所以在地形图上，可以根据斜坡的坡度与平距成反比的关系，依等高线的疏（等高平距大）密（等高平距小）来判定斜坡的缓陡，即判定一个斜坡是缓坡，还是陡坡。若等高线疏则为缓坡，等高线密则为陡坡。

2）坡向与等高线的示坡线和高程注记的关系

斜坡最大倾斜线下降的方向，称为斜坡的坡向。什么是最大倾斜线呢？斜坡的最大倾斜线就是斜坡面与水平面交成的二面角之公垂面与斜坡面的交线。如图 2-35 所示，M 为斜坡面，H 为水平面，二面的交线 CD 为一条等高线，A 为 M 面上一点，EF 是过 A 点的等高线。由 A 点分别作垂直于 CD 线和 H 面的垂线 AB 和 AA'，则三角形 ABA' 即为 M 和 H 面的公垂面，$\angle AA'B=90°$，所以 AB 线的坡度 $i_{AB}=\tan\angle ABA'=\dfrac{AA'}{BA'}$。若再由 A 点作任意直线 AB'，显然 AB' 不垂直于 CD，于是 $\angle AB'A'<\angle ABA'$。可见在所有向下倾斜的方向线中只有 AB 方向线的坡度角最大。这个坡度角最大的倾斜线就是斜坡的最大倾斜线。最大倾斜线倾斜（下降）的方向就是斜坡的方向，斜坡 M 的坡向则为 AB 而不是 BA 或 AB'。图 2-36 中是斜坡的立体图形，能够直观地看出斜坡的坡向，而在地形图上则要利用等高线的示坡线和高程注记方能判定斜坡的坡向。

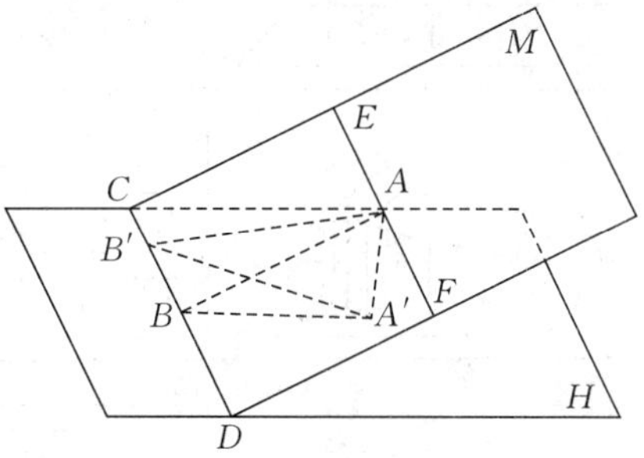

图 2-35

示坡线是地形图上指示斜坡坡向的短线，通常在谷地、山头及凹地的最高与最低的一条等高线和斜坡方向不易判读的等高线上绘出（图 2-33）。由于示坡线的作用是指示斜坡的坡向，故示坡线与最大倾斜方向一致。由图 2-35 可知，在地形图上，斜坡的最大倾斜线是两条相邻等高线的公垂线。所以，示坡线的一端与等高线垂直相交，指示斜坡的上方，不与等高线连接的另一端，指向斜坡的下方，表示斜坡的坡向。在图 2-33 中有 3 条间曲线，两条首曲线和一条计曲线上绘有示坡线，据此，便足以判定图中任何部位斜坡的坡向。如图 2-33 中左上角那一最小环圈等高线上绘有示坡线指向右方，就表明了这条等高线的高程大于其邻近那条计曲线的高程，斜坡是由最小环圈向四周倾斜。

依据地形图的高程注记来判定斜坡的坡向，至少需要两个相关高程点或一条等高线的高程注记。比较高程点的高程，根据最大倾斜线与等高线正交的原理，就可确定斜坡的上方和下方，判定斜坡的坡向。例如，图 2-33 中 3 个高程点，比较图中小路西南面那两个高程点的高程，便知这里斜坡的上方在 166 高地，下方在道路交点处；再依最大倾斜线方向就可断定道路南面 166 高地西面那个斜坡的坡向是向西倾斜的。图 2-33 中还有两条计曲线注记了高程，地形图上等高线高程注记的字头是朝向上坡方向的，因而依据等高线高程注记的字向就能判断出斜坡的坡向。如图 2-33 的东南部一条计曲线注记了高程（150 m），可知此计曲线通过的那个斜坡的上方在三角点那里，斜坡坡向是东南向。

由于水往低处流，所以斜坡的坡向还可根据河流符号与等高线的相对位置和河流流向来判断。若等高线在河流同侧，则近河等高线为下坡方向，相反为上坡方向；当等高线跨过河流时，则下游等高线为下坡方向，相反为上坡方向。

3)坡形与等高线疏密曲直的关系

坡形是指斜坡的形状，从垂直方向(沿坡向)来分析可归纳为3种类型——匀坡、凹坡、凸坡。它们与等高线疏密的关系可用图2-36和图2-37来直观地说明。

匀坡：坡面陡度大小基本一致，全坡面均可通视；图上等高平距大致相等，等高线疏密基本一致。

凹坡：地面坡度上陡下缓，全坡面可以通视；图上等高平距自上而下由小变大，等高线上密下疏。

凸坡：地面坡度上缓下陡，坡面部分地段不能通视；图上等高平距自上而下由大到小，等高线上疏下密。图2-36中的(4)是这3种典型斜坡组合而成的复合斜坡，这种斜坡，由下而上先缓后陡，再缓又陡；表达这一斜坡的等高线则先疏后密，再疏又密。

以上从斜坡的垂直方向分析了等高线的疏密与斜坡形状的关系。但是，这仅剖析了三维斜坡的一个方面，还不能全面说明斜坡的形态，尚需从水平方向上来观察斜坡的形状与等高线曲直的关系，然后，才能完整地说明斜坡的形态(直、弯、匀、凹、凸)与等高线图形(曲直、疏密)的关系。

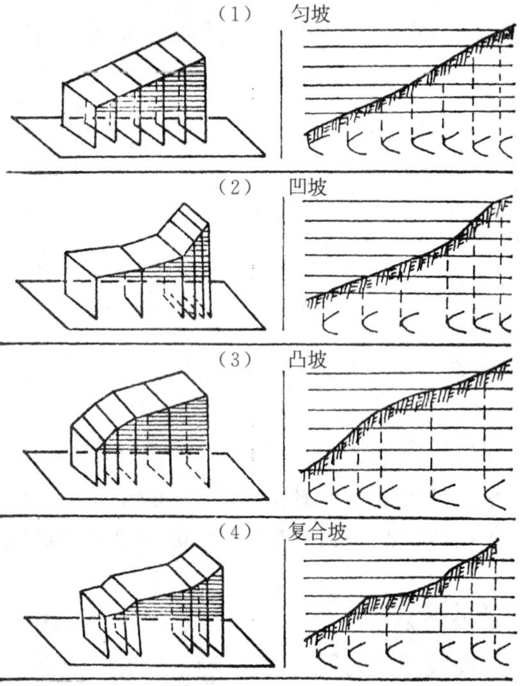

图 2-36

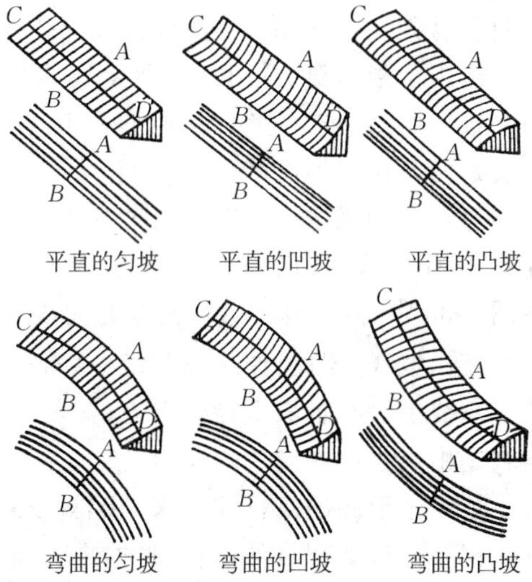

图 2-37

斜坡的形状，从水平方向看可分为平直和弯曲两种类型。当然，把自然界中的斜坡，从水平方向归纳为平直的和弯曲的两种类型，从垂直方向上归纳为匀、凹、凸3种类型，那是很概括的。因为在自然界中，几乎看不到这样规则的典型斜坡，它总会有许多微小的曲折起伏。不过这些微小的曲折与起伏，还不能改变斜坡的总体形态。所以，在此将其组合作为典型来剖析斜坡的形态与等高线符号的关系。

图 2-37 是斜坡纵横方向 5 种形状结合而成的 6 种类型的典型斜坡，以及将它们绘成等高线图形的示意图。

平直的匀坡：等高线直，疏密一致。

平直的凹坡：等高线直，由上而下（即从 A 到 B）由密而疏。

平直的凸坡：等高线直，由上而下由疏而密。

弯曲的匀坡：等高线弯曲，疏密一致。

弯曲的凹坡：等高线弯曲，由上而下由密而疏。

弯曲的凸坡：等高线弯曲，由上而下由疏而密。

地貌的微观形态，从几何观点可看作是斜坡的不同组合。以下从斜坡的组合形式来介绍地貌的基本细部形态与相应等高线符号的关系。

2. 由斜坡围合而成的地貌线形态与其等高线符号的关系

1）山

由坡度较大的斜坡围合而成穹窿或圆锥状的高地称为山。山，自上而下分为山顶、山坡和山麓 3 个部分。山麓是山的最下部分，也就是麓坡，是将山与其下方平缓地区区别开来的过渡地带。山坡是山麓至山顶的斜坡。山顶是山的最高部分，依其外表形态而有尖顶、圆顶和平顶 3 种。表示每种山顶的等高线图形各有不同的特点（图 2-38）。尖山顶的等高线组合图形是由上向下由密到疏的一圈套一圈的封闭曲线；圆山顶的等高线圈，顶部较稀疏，向下逐渐变密；平山顶的等高线圈，顶部呈现比较宽阔的空白，那里是平顶所在，平顶以下等高线骤然密集。

由图 2-38 可以看出：山顶等高线符号的图形特点主要表现在顶部等高线的形状和疏密变化（特别是第一个等高线圈）上，而这种变化，显然又是由山顶斜坡的形态特征决定的。

2）凹地

凹地是由斜坡围合而成的低于附近地面的盆状地貌。表示凹地的等高线图形与山顶等高线图形相似（图 2-39），但等高线的高程相反，凹地等高线的高程是外圈高、内圈低。地形图上可依示坡线来区分山顶与凹地，如示坡线在等高线圈的外面是山顶，示坡线在等高线圈的里面是凹地。

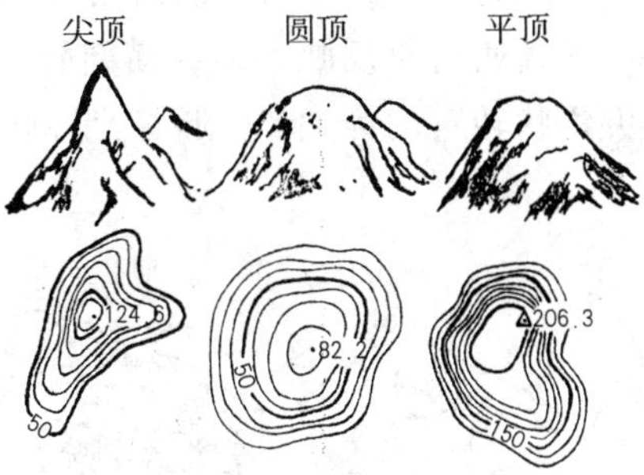

图 2-38

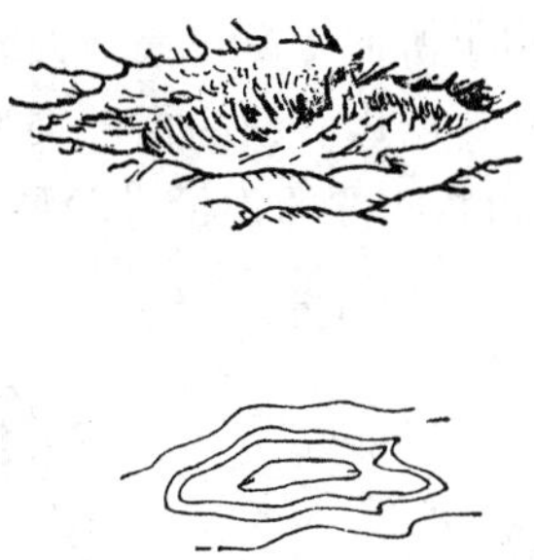

图 2-39

3. 由两个斜坡遇合而成的地貌形态与其等高线符号的关系

1）坡缘与坡麓

坡缘是由两个坡度不同坡向一致的斜坡相遇组合而成的凸形地貌形态，处在坡度较大斜坡（陡坡）的上方边缘部分。缓坡与陡坡的交线叫作坡缘线。表示坡缘的等高线图形如

图 2-40(a)所示,等高线大致与坡缘平行(图中虚线指示坡缘线)。坡缘线下面,等高线密集,说明那里是坡度较大的陡坡所在;坡缘线上面,等高线较稀疏,说明那里是一个坡度较小的缓坡;坡缘线两侧的等高线,由上而下由疏到密,其显著变化处即为坡缘线。

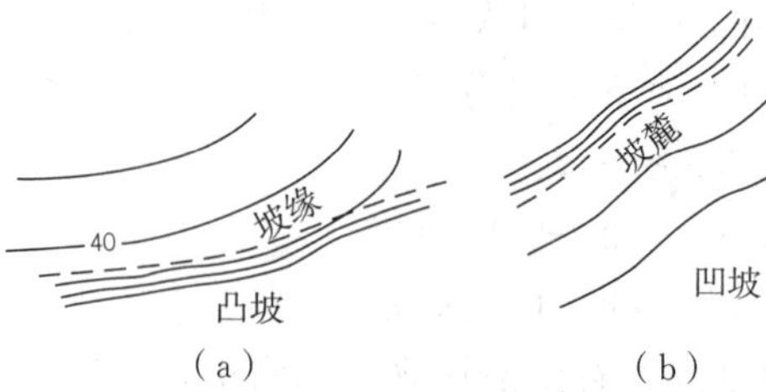

图 2-40

坡麓是由两个坡度不同坡向一致的斜坡相遇组合而成的凹形地貌形态,位于坡度较大斜坡(陡坡)的下方边缘部分。陡坡与缓坡的交线称为坡麓线或山麓线。表示坡麓的等高线图形,如图 2-40(b)所示,等高线的走向与坡麓线(图中虚线)大致平行,与表示坡缘的等高线图形近似。坡麓的等高线疏密状况与坡缘的等高线疏密状况相反,由上而下由密到疏,其变化显著之处则是坡麓线所在。坡麓线以上等高线密集的地方是陡坡,坡麓线以下等高线稀疏的地方是缓坡。

2)山脊和山谷

山脊是由两个坡向相反坡度不一的斜坡相遇组合而成脊状延伸的凸形地貌形态。山脊最高点的连线就是两个斜坡的交线,叫作山脊线,降落在山脊上的雨水向此线两侧分流,故又叫分水线。表示简单山脊的等高线图形如图 2-41 所示。以山顶为准,等高线向下凸出;山脊线的转弯,反映山脊走向的变化;山脊线两侧等高线的疏密,反映山坡的缓陡;等高线的弯曲形状反映山脊的水平轮廓形态。等高线依山脊延伸方向呈尖角状急转弯的为尖山脊,呈圆弧状转弯的为圆山脊,呈疏密悬殊平方状弯曲的为平齐山脊。

山谷是由两个坡向相反坡度不一的斜坡相遇组合成的条状凹形地貌。这两个斜坡的交线就是山谷最低点的连线,叫作山谷线,降落在谷坡上的雨水顺着斜坡下流集合于此,因而又称为合水线或集水线。表示简单山谷的等高线图形如图 2-42 所示。以山顶为准,等高线向上凸入;在山谷线,由下游向上游等高线由疏渐密,其疏密变化反映谷地纵横剖面变化;等高线通过谷底的弯曲形状反映山谷横断面的类型,呈尖角状转弯的为尖(V)形谷,呈圆弧状转弯的为圆(U)形谷,成直角状转弯的为槽(凹)形谷。

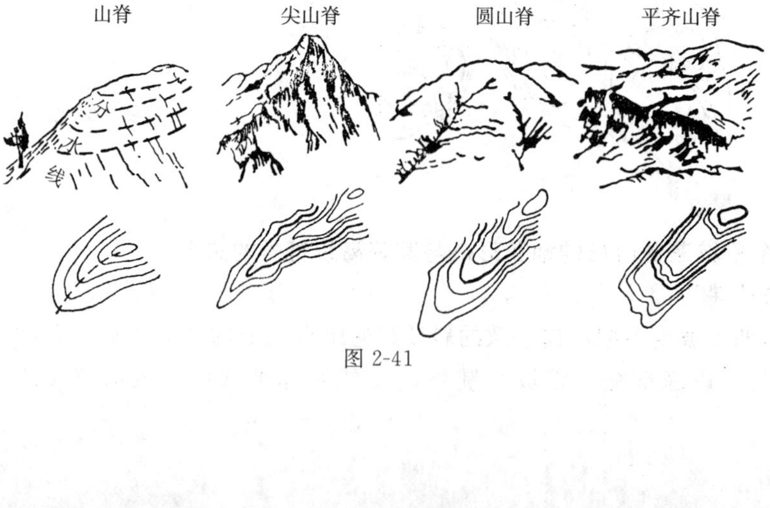

图 2-41

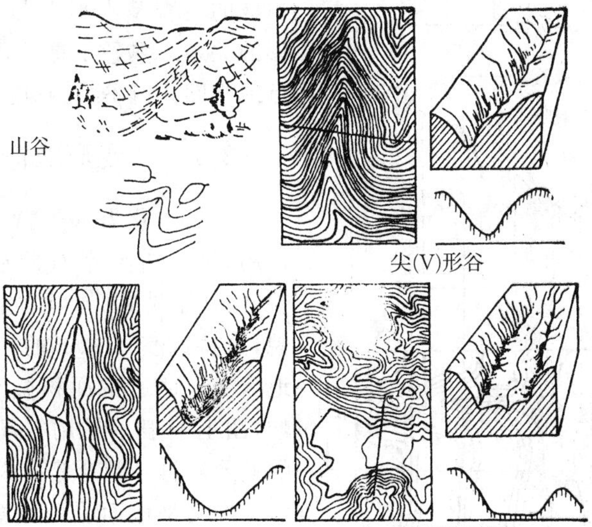

图 2-42

4. 由两对斜坡组合而成的地貌形态(鞍部)与其等高线符号的关系

两山顶之间的鞍状部位称为鞍部，它是由两对斜坡相遇组合而成的拗口地貌形态。图上由一对表示山脊和一对表示山谷的两组凸弯相冲的等高线图形组成。山脊线与山谷线的交点为鞍部的最低点，由此向两侧的山头是两个弯坡，在山脊线的垂直方向上又是两个相对下倾的弯坡(谷地源头)。鞍部按其形状可分为窄短鞍部、窄长鞍部和平宽鞍部 3 种类型，其等高线图形如图 2-43 所示。

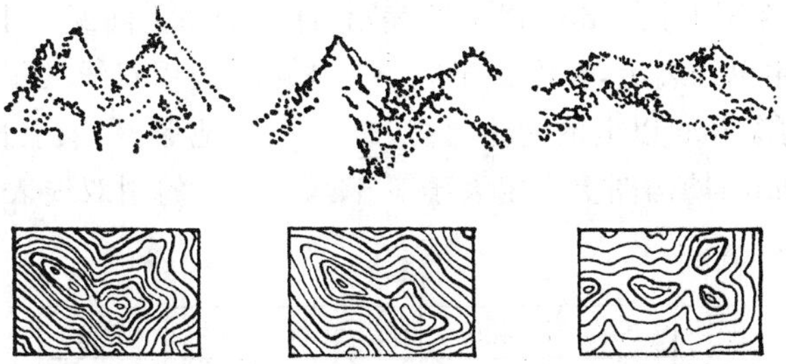

图 2-43

5. 有斜坡连续弯坡而成阶梯状的地貌形态(阶地)与其等高线符号的关系

如图 2-44 上部所示，自河漫滩 F 而上，先是一个陡坡，而后是一个平缓的地面 T_1；再一个陡坡，接着又是一个平缓的地面 T_2…… 这种阶梯状地貌称为“阶地”。它是斜坡按一定坡度呈阶状连续变化而成的一种地貌形态。图 2-44 下部是表示上部那三级阶地的等高线图形，自河漫滩而上等高线密集，说明那里是阶地坡。由此向上，等高线变得很稀，表示那里是第一级阶地面；再向上又是一组较密的等高线，而后等高线又变稀，表示那里是第二级阶地……

自然界中的地貌是复杂的，上面讲到的种种微地貌形态，只是组成复杂地貌的基本部分。而地貌的这些基本细部形态，又是由不同斜坡组成的。因此，用图者在掌握了等高线原理之后，首先应当认识等高线的曲直、疏密与斜坡的直弯、缓陡、凹凸的关系，进而理解由不同斜坡

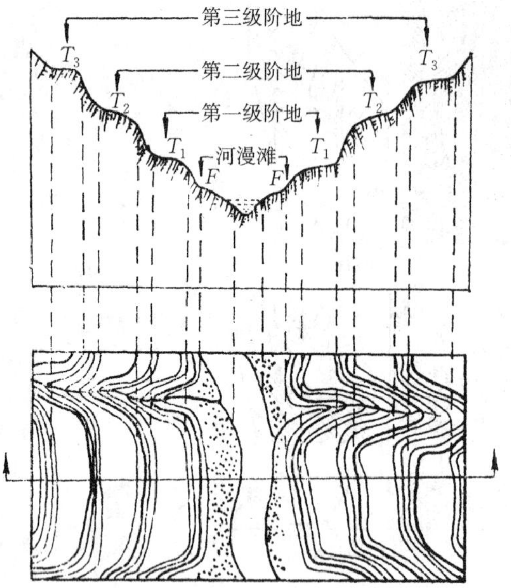

图 2-44

组成的地貌基本形态与其相应等高线组合图形的关系。熟悉了这些，制作和应用地形图进行地貌阅读就不再困难。

2.7.6 变形地符号

由于内营力和外营力等自然作用和人工作用，使地貌形态有的局部改变了原来的面貌，出现了陡崖、冲沟、滑坡、梯田坎等奇特地貌，这些改变了原形的奇特地貌，统称为变形地。变形地通常面积微小，体态奇特，坡度陡峻，图上一般不易用等高线表示，而采用相应的变形地符号配合等高线表示(图 2-45)。

冲沟是地面受雨水急流冲蚀而成的大小沟壑，其平面形状大体呈梭形，沟壁陡峻不易攀登，多色图上用棕色梭形单线或双线冲沟符号表示。1∶5 000～1∶1 万地形图，图上宽度在 0.5 mm 以内的用单线表示，宽度在 0.5～1.5 mm 的用双线表示，宽度在 1.5 mm 以上的沟壑用陡崖符号表示，沟宽在图上大于 3 mm 时加绘沟内等高线，冲沟深度大于 2 m 的测注比高，沟坡较缓的宽大冲沟可用等高线或用等高线与冲沟符号配合表示。1∶2.5 万～1∶10 万地形图，冲沟图上宽度小于 0.4 mm 的用单线表示，宽度在 0.4～2 mm 的用双线表示，宽度在 2 mm 以上的沟壁用陡崖符号表示，宽度大于 3 mm 的加绘沟内等高线，冲沟的深度择要测注。1∶25 万地形图，冲沟在图上长 4 mm 以上的表示，冲沟的图上间距不小于 2～3 mm 冲沟图上宽度小于 0.4 mm 的用单线表示，宽度大于等于 0.4 mm 的用双线表示，宽度大于 1 mm 的用陡壁冲沟符号表示，沟深 5 m 以上的测注比高。1∶50 万地形图，图上长大于 4 mm 的冲沟需表示，冲沟间距 3～4 mm；冲沟图上宽度大于等于 0.4 mm 的用双线表示，小于 0.4 mm 的用单线表示。

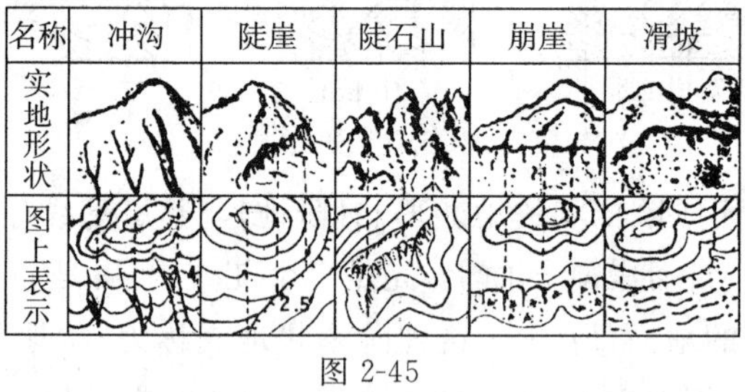

图 2-45

陡崖(陡坎)是坡度在 70 °以上难以攀登的陡峭崖壁。1∶5 000～1∶1 万地形图区分为土质和石质两种，分别用相应棕色符号表示，图 2-45 中的陡崖符号为土质陡崖符号；陡崖的图上长度大于等于 5 mm、比高 1 m 以上的一般均予表示，比高大于等于 2 m 的测注比高(数字旁的圆点为比高测定点位置)；陡崖符号的实线绘在崖壁上缘位置，土质陡崖斜坡水平投影的图上宽度小于 0.5 mm 的以 0.5 mm 短垂线表示，0.5～1.0 mm 的按实际宽度用短垂线表示，大于等于 1.0 mm 的依比例尺用长短垂线表示；石质陡崖水平投影图上宽度小于 1 mm 的以 1 mm 绘出，大于等于 1 mm 的依比例尺表示。1∶2.5 万～1∶10 万地形图，陡崖的图上长度大于等于 3 mm、比高 1.5 m 以上的用相应棕色土质或石质陡崖符号表示，符号的实线表示陡崖上缘位置，上缘清晰者测注比高；陡崖斜坡水平投影的图上宽度大于等于 2 mm 的符号的短垂线依比例尺表示。1∶25 万地形图，图上长 3 mm 以上、比高 3 m 以上的陡崖，不区分土质与石质，均用棕色土质陡崖符号表示，比高 5 m 以上的测注比高。1∶50 万地形图，图上长 5 mm 以上、比高 5 m 以上的陡崖，不区分土质与石质均用同一符号（土质陡崖符号）表示并适当测注比高。小比例尺地形图上的陡崖符号的实线也绘在陡崖的上缘位置，但不论其水平投影的宽窄，符号的短垂线均按 0.3 mm 绘出。

陡石山是山的全部或大部分岩石裸露且山坡坡度大于 70°的陡峻山岭，地形图上均用棕色陡崖符号（图 2-45）表示，并适当测注比高。

崩崖是沙土或石质山坡受风化后碎屑向山坡下崩落的地段。在 1∶5 000～1∶1 万和 1∶2.5 万～1∶10 万地形图上按其性质分别用棕色沙土崩崖符号（图 2-45）和石质崩崖符号表示，符号的实线为崩崖的上缘位置，若上缘是陡崖则绘陡崖符号，大面积崩崖用等高线配合表示；在 1∶25 万地形图上，不区分土质和石质，均用棕色沙土崩崖符号选择表示。

滑坡是指斜坡在内、外营力作用下向下滑动的地段，在大于等于 1∶25 万地形图上用棕色滑坡符号表示（图 2-45）。滑坡上缘用陡崖符号表示，范围用点线绘出，其内部等高线用长短不一的虚线表示。在大、中比例尺地形图上面积小于 25 mm^2 的滑坡不表示，在 1∶25 万地形图上择要表示。

梯田坎是依山坡或谷地由人工修成的阶梯式农田的陡坎，只在大、中比例尺地形图上用黑色陡坎符号表示。在 1∶5 000～1∶1 万地形图上，坎高 1 m 以上的需表示，2 m 以上的择要测注比高；在 1∶2.5 万～1∶10 万地形图上，坎高 1.5 m 以上表示并择要测注比高。梯田坎密集时，最高、最低一层梯田坎按实地真位置绘出，中间各层取舍表示。

2.7.7　高程注记及其高程误差

等高线和辅助地貌符号能够反映地貌的形态特征，但不能显示地貌的数量特征——高程。高程只有借助于数字注记来说明，这些说明高程的数字注记叫高程注记，它是图上判读高程的依据。地形图的高程注记有高程点的高程注记和等高线的高程注记两种。

1. 高程点及其高程注记

图上注记了高程的地形特征点叫作高程点，分为一般高程点和特殊高程点（小比例尺地形图不区分）。按用图部门的特殊需要而测注的高程点，叫作特殊高程点，如洪水位、大潮位等，图上用黑色小圈点符号表示；特殊高程点以外的其他高程注记点，称为一般高程点，如山头定位点、道路交叉点等，图上用规定尺寸的小黑点表示，各高程点的高程用黑色数字注记于符号旁边（图 2-33）。独立地物如宝塔、路标、水井、独立树等的高程均为地物基部的地面高程，只在地物符号旁边注记高程。

2. 等高线的高程注记

为使在图上所有地方都能方便迅速地判定等高线的高程，通常在下列情况的等高线上注记高程：①没有高程注记的山顶或凹地等高线；②长斜坡或平缓地方等高平距较大的等高线，等高线的高程用棕色数字注记，其字头指向山顶（上坡方向）。

3. 高程点和等高线的高程误差

地形图上高程点的高程用实测的方法测定，等高线是依据地形特征点的高程绘出的，而测量、绘图与等高线图形综合都不能避免误差，因此，高程点和等高线上注记的高程也是有误差的，不过它的误差在规范允许的范围内。地形图上的高程点对于附近野外平高控制点及高程控制点的高程中误差不超过用图要求。表 2-5 是 1∶1 万～1∶10 万地形图上高程注记点的中误差(以米记)。

表 2-5 高程点的高程中误差 单位:m

地貌类别	比例尺			
	1∶1 万	1∶2.5 万	1∶5 万	1∶10 万
平地	0.6	1.2 或 0.8	2.5	5.0
丘陵地	0.8	1.7	3.5	7.0
山地、荒漠地	2.5 或 1.2	2.5	5.0	10.0
高山地	—	5.0	10.0	20.0

等高线对附近野外控制点的高程中误差，不超过表 2-6 的规定(以米记)。

表 2-6 等高线的高程中误差 单位:m

地貌类别	比例尺			
	1∶1 000	1∶2.5 万	1∶5 万	1∶10 万
平地	0.8	1.5 或 1.0	3.0	6.0
丘陵	1.0	2.2	4.5	9.0

第 3 章　地形图的辅助要素

3.1　图上注记

3.1.1　注记的作用和种类

地形图上的文字和数字称为地形图注记。地形图注记用于补充说明地形图各基本要素尚不能显示的内容，配合地形图符号进行地图信息传输，是阅读地形图的重要依据。没有注记，就不能完整表达地形图的内容和发挥地形图的作用。注记的主要作用是说明地理内容的名称、数量和质量特征，因此，地形图上的注记需采用不同的字体、字大和颜色按照一定原则和方法配置于图上，以便用注记配合符号来共同反映制图对象的类别、质量和主次等级。故注记也称为注记符号。

地形图上的注记依其作用而分为名称注记、说明注记和数字注记 3 种(图 3-1)。

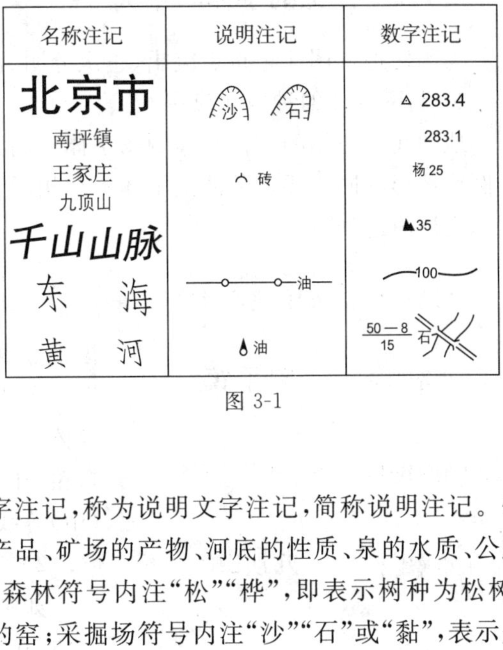

图 3-1

1. **名称注记**

用以注释物体地理名称的文字注记，称为地理名称注记，简称名称注记。如居民地名称，河、湖、海的名称，山、山岭、山脉的名称，以及其他地理专有名称注记等。名称注记按所注物体的特点，又分为点状注记(如山峰注记)、线状注记(如河流注记)和面状注记(如沙漠注记)。名称注记的字色，除海、湖、水库和江河等水系名称用蓝色外，其他均用黑色。

2. **说明注记**

用于说明图上内容的性质或某一特征的文字注记，称为说明文字注记，简称说明注记。例如说明控制点名称、城市中的街道名称、工厂的产品、矿场的产物、河底的性质、泉的水质、公路的路面质量、管线的类别、植被的种类等。譬如，森林符号内注“松”“桦”，即表示树种为松树、桦树；窑的符号旁注“灰”，说明此窑是烧制石灰的窑；采掘场符号内注“沙”“石”或“黏”，表示是采掘沙、石或黏土的采掘场；湖泊符号内注“咸”，说明湖水为咸水；泉的符号旁注“温”，表示为温泉；公路符号上注“沥”，表示为沥青路面；管道符号上注“油”，说明为输油管；等等。说明注记的字色与被说明物体的符号同色。

3. **数字注记**

用来注明图上各要素的数量(或时令月份或水准点等级)的阿拉伯数字、罗马数字，称为数字注记。如经纬线的经纬度注记、平面直角坐标线的直角坐标注记，控制点、等高线、地形点的高程注记，土堆、陡崖、瀑布等的比高注记，时令河、时令湖的有水月份和山隘的通行月份注记，河流流速注记，林地中树木的平均高度注记，以及水井的地面高程和地面至井水面的深度、河流（或沟渠、冲沟）的宽度和深度、桥梁的长、宽和载重量等各种分数式注记都是数字注记。数字注记的字色与被注符号同色。例如，图上时令湖符号旁注蓝色数字（7—9），即表示该时令湖在 7、8、9 月有水；水井符号旁注蓝色分数 $\frac{51.2}{7}$，说明水井的地面高程为 51.2 m，地面至井水面的深度为 7 m；冲沟的比高测定点符号旁注棕色数字 5.6、12 或 $\frac{3}{4}$，其中 5.6 或 12 为冲沟的比高，分数的分子表示沟宽，分母表示冲沟的比高。

数字注记和说明注记常常配合使用，例如，森林符号内注记“松 13”，其中“松”为说明注记，表示树种是松树，13 是数字注记，表示树的平均高度是 13 m；公路符号上注出“砾 6(8)”，其中数字注记 8 为路面宽度，6 为铺面宽度（均以米为单位），“砾”表示路面的铺面材料为砾石；在公路桥符号旁注“水泥 $\frac{250—7}{15}$”，其中“水泥”为说明注记，说明桥的建材，分子表示长、宽，分母为载重吨数；在表示洪水位的小点圈符号旁注“$\frac{\text{洪}\ 153.7}{1\ 963.6}$”，其中“洪”表示是洪水位的说明注记，分子为最大洪水位高程，分母是洪水发生年月。

3.1.2 注记的字体与字大

为了使地形图注记重点突出、主次分明、清晰易读，地形图注记采用了不同的字体和字大。

1. 制图字体的种类和应用

地图注记所用的字体叫作制图字体。制图字体主要用于说明区分被注物体的类别。不同比例尺地形图同一要素的注记字体不尽相同，但大同小异。我国地形图所用的制图字体及其具体应用简述如下。

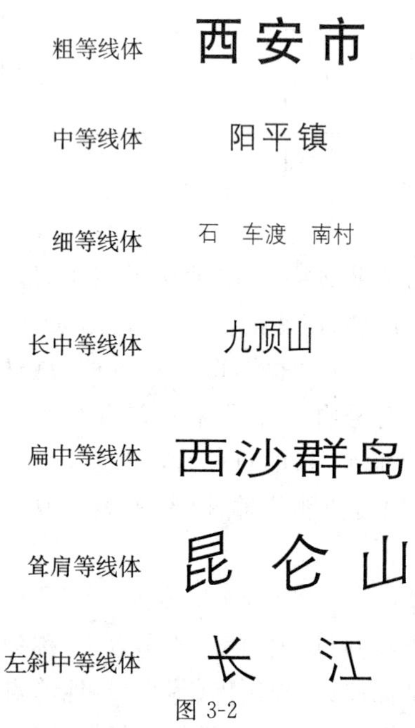

图 3-2

1）等线体字及其应用

等线体字的特征：等线体汉字结构匀称、笔画等粗、横平竖直（耸、斜体除外）、笔端统一。

等线体字的种类：等线体汉字，依笔画粗细分有粗等线体、中等线体、细等线体；按字的外形分有正等线体（包括粗、中、细等线体）、长中等线体、扁中等线体、耸肩粗（中）等线体、左斜中等线体（图 3-2）。

2）等线体字的应用

如图 3-2 所示：粗等线体是笔画粗壮醒目的正粗等线字体，在地形图上用于乡（镇）、县或地级以上居民地的名称注记及图名、出版机关名称注记。中等线体是笔画中细的正中等线字体，用于国营农林牧渔场和主要集、圩、场等居民地的名称注记或镇、县人民政府驻地名称注记，以及出版机关名称注记。细等线体是笔画纤细的正细等线字体，主要用于图内各种说明注记、村庄和图廓外的邻接图表注记。长中等线体用于独立高地、山峰（独立山）、山隘等的名称注记。扁中等线体用于群岛的名称注记、地形图秘级注记。耸肩中等线体用于山岭、山脉的名称注记。左斜中等线体用于通航河流和运河名称注记。

3)仿宋体字及其应用

仿宋体字的特征:宋体结构,楷书笔法,是由宋体和楷书演变而成的字体。仿宋体字所有笔画粗细一致,起落笔均有笔锋。

仿宋字体的种类:地形图上所采用的仿宋体汉字有仿宋体、扁仿宋体和左斜仿宋体(图 3-3)。

仿宋体　毛乌素沙漠

金泉　长乐沟　南坪农场

东　海　黄　河

左斜仿宋体　台湾海峡　洞 庭 湖

红旗渠　　运河

新 安 江 水 库

扁仿宋体　海南岛

塔里木盆地

图 3-3

仿宋体字的应用:仿宋体汉字用于村庄名称注记,国营农、林、牧、渔场所在地名称注记,凹地、草地、沙地、沙漠、谷地、干河床、岛屿、沙滩等名称注记,以及图廓间的公路通达注记、境界界端注记等。左斜仿宋体用于海洋、海峡、海湾、海口、渠道、湖泊、水库等名称注记。扁仿宋体用于小比例尺地形图上的岛屿、半岛、沙洲、沙滩、礁石、干河、干湖、盆地(凹地)、草地、沙漠、自然保护区、冰川等的名称注记,以及图廓外部分辅助要素(如坐标系,高程系等)的注记。

4)数字的种类及其应用

我国地形图中的各种数字注记主要是阿拉伯数字,所用字体有正等线体、长等线体、正宋体、右斜宋体等。一般高程点的高程、等高线的高程、冲沟和梯田坎等的比高、公路宽度、时令月份、水位高程、水深、等深线深度、瀑布落差、水系分数式注记、桥梁和坝址分数式注记、方里网线坐标注记等,均用正等线体注记。图内最高高程点、区域高程点用长等线体注记。里程碑的千米数、界碑编号等用右斜宋体注记。经纬线的经纬度、数字比例尺等用正宋体字注记。

2. 注记的字大

字大即字的大小,按字格大小计算(以毫米为单位)。正方形字格以边长为准,长方形字格以高为准,扁体和斜体字格以宽为准,耸肩体字格以侧边长为准,阿拉伯数字以高为准。根据注记的字大,可以区分被注要素的主次等级。

3.1.3　注记的配置规则与方法

地形图上的注记比较多,为了使注记与被注符号的关系明确、清晰易读、整齐美观,而且不压盖重要物体(如河流交会点、道路交叉点、居民地出入口等),地形图上的各种注记必须按一定的规则和方法配置。了解注记的配置规则和方法,无疑有助于制作和应用地形图。

1. 注记的配置规则

地形图上各种注记配置的规则如下。

1)字位

字位即注记与被注记符号的相对位置。字位的配置形式有以下几种：

右方字位——注记置放在紧靠符号的右侧,如图 3-4 中的 1、4 所示。

上方字位——注记布置在符号的上部,如图 3-4 中的 2 所示。

左方字位——注记布置在符号的左边,如图 3-4 中的 3 所示。

下方字位——注记布置在符号的下方,如图 3-4 中的 5 所示。

内方字位——注记布置在符号轮廓的内部。

具体采用哪种字位,根据符号的类型和符号周围内容的繁简情况而定。注记不论字位如何,一般与被注符号的距离不超过字大的二分之一。

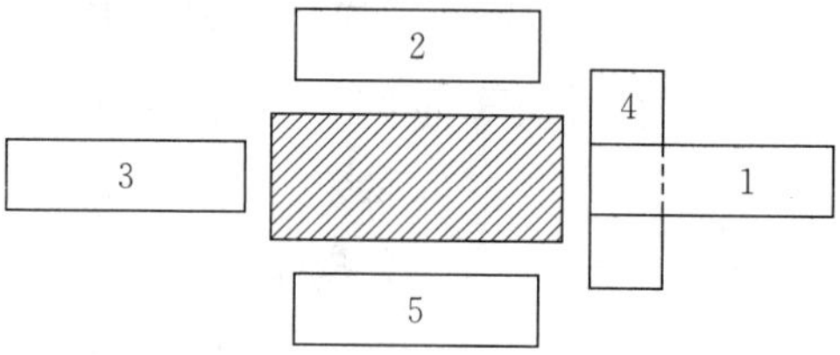

图 3-4

2)字向

字向是字头的朝向,即字的中心纵线的方向。字向有直立和斜立两种形式。

直立字向——字头朝北,即字的中心纵线垂直于南图廓。

斜立字向——字的中心纵线垂直或平行于符号的中心线而与南图廓线呈不同角度的交角。

在地形图上,除等高线高程、河流名称、河宽与水深、公路路宽和路面质量等注记采用斜立字向(即随这些被注符号的方向而变化)外,其他各种注记均为直立字向。

3)字列

字列是同一注记中各字的排列形式。依据被注符号的形状和分布特征不同,注记的字列有以下 4 种形式(图 3-5)。

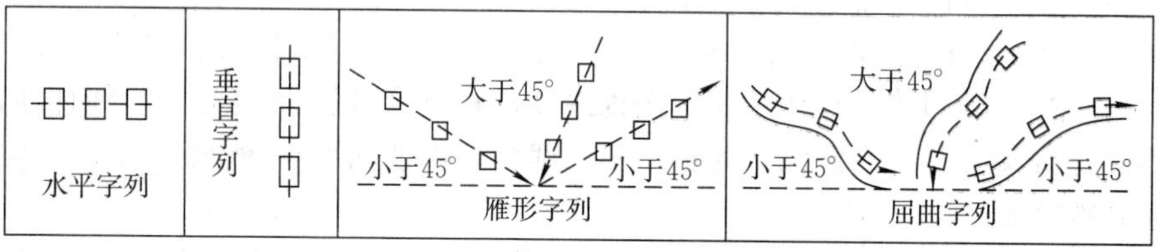

图 3-5

水平字列——注记字向直立,各字依次由左向右排列,各字中心的连线成一直线并与南图廓线(或纬线)平行。

垂直字列——注记字向直立,各字依次由上至下排列,各字中心的连线成一直线,且垂直于南图廓线。

雁形字列——注记字向直立,各字依被注要素的延伸方向顺次排列,各字中心的连线与南图廓线斜交。若中心线与南图廓线成 45°以上交角,注记由上向下排列;若交角在 45°以下,则由左至右排列。

屈曲字列——注记字向斜立,各字的侧边垂直或平行于被注线状地物符号,依线状符号的弯曲形状排列，其字序与雁形字列相同。

4）字隔

字隔即同一注记中字与字的间隔（各字间隔相等），其大小依所注符号的面积或长度来决定。字隔的大小分以下 3 种（图 3-6）：

接近字隔——各字间的间隔为 0～0.5 mm。

普通字隔——各字间的间隔为 1.0～3.0 mm。

隔离字隔——各字间的间隔为字大的 1 倍至 5 倍。为便于阅读，一般最大字隔不超过字大的 5 倍。

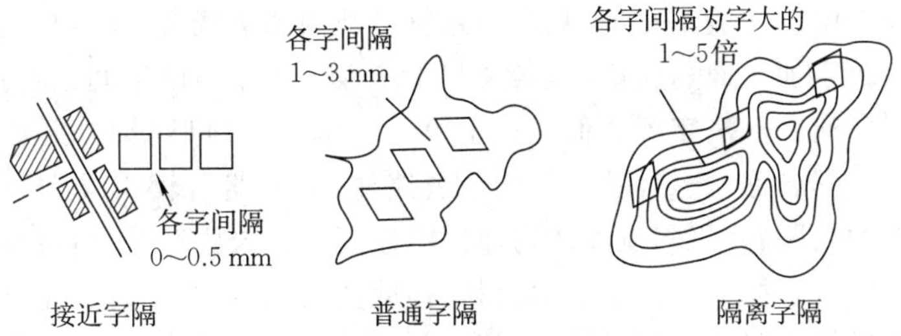

图 3-6

2．注记的配置方法

地形图注记需要采用什么样的字体、字大、字位、字向、字列、字隔等问题，均依图式规定，按注记对象的种类、大小、形状及其周围情况而定。下面分别简要说明各基本地理要素注记的一般配置方法。

1）居民地名称注记

凡图上选取的居民地均要注出名称，并按相应地形图图式规定的字体和字大表示其行政等级。城镇居民地同时驻有两级以上政府机关时，名称的字大按高一级注出。居民地的名称以当地常用的自然名称注出，无自然名称时也可采用单位番号等名称注出。城镇居民地具有两个通用名称时，选择其中一个主要的做正名，次要的做副名；村庄居民地一般不注副名，但比较著名的在大、中比例尺地形图上要注出。

居民地的名称注记一般采用水平字列，在居民地轮廓斜长或沿南北方向延伸时，则采用雁形字列或垂直字列。注记的字位按图 3-4 中标明的次序选择，以能明确指示出被注居民地又不影响其他符号为宜。注记的字隔，依居民地符号轮廓的形状和大小而定，以能概括符号的整个图形为准，一般采用接近字隔或普通字隔；若居民地面积很大或形状斜长或为散列式，用接近字隔和普通字隔都概括不了时，则采用隔离字隔（图 3-7）。

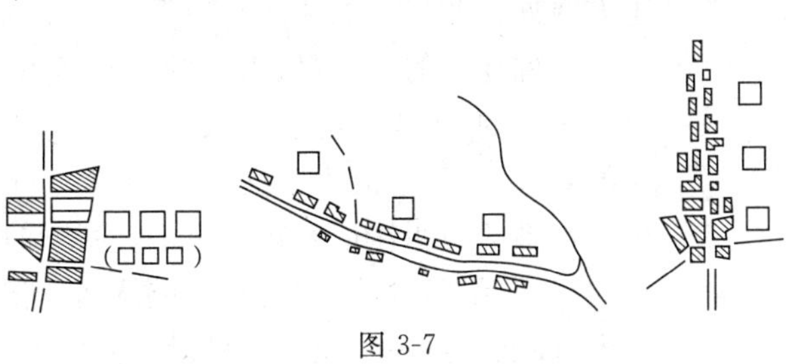

图 3-7

作图名的村庄名称，其注记字大按原规定尺寸加大两级；镇以上居民地选作图名时，其注记不加大。乡、镇名称与其驻地自然名称相同的，在自然名称下按图式规定的字体和字大注

“乡政府”“镇政府”(小比例尺地形图不注)；乡、镇名称与自然名称不同的，则按自然名称用驻地等级的字体和字大注出，“××乡”“××镇”按图式规定的字体与字大注在自然名称的下方。当乡镇机关驻址呈院落式房屋而离居民地较远时，村名按驻地等级的字体和字大注出，“××乡政府”“××镇政府”按图式规定的字体和字大注在机关房屋所在处。

国营农、林、牧、渔场的名称全名注出，“国营”二字可省略。工矿企业、科研单位、大专院校、疗养区等，有专有名称的按规定的字体、字大注出，或根据其重要性用不同字大表示，没有专有名称的按说明注记择要注出。

2)交通线注记

道路名称在地形图上一般不注记，只在道路符号被内图廓线截断时，在截断处图廓间用规定的汉字和阿拉伯数字加注通达注记(地名及其千米数)，在东西图廓间用垂直字列(数字为水平字列)，在南北图廓间用水平字列。但在小于等于 1∶50 万地形图上，主要铁路和国家公路干线用说明注记注出其名称，铁路注“××线”，公路注“××路”，较长线路每隔 15～25 cm 重复注出。地形图上的铁路、公路和航海线均加说明注记。在公路符号上，每隔 15～20 cm 中断符号用汉字和阿拉伯数字按规定注出铺面材料、铺面宽度和路宽，简易公路只注记路宽。电气化铁路在起讫站附近加说明注记“电”字，中间每隔 10～15 cm 重复注出。说明注记各字的中心横线与道路中心线一致。航海线加注起讫点地名和里程的说明注记，起讫点在同一幅图内只注里程。

3)水系注记

河流、运河、渠道的名称用规定的字体、字大注出。河流名称一般以雁形字列、隔离字隔注在较宽双线河内部或较窄双线河、单线河外侧方便处(通常是注在河流符号的上方或右侧)，以不掩盖水涯线和沿岸的重要地物符号为原则(图 3-8)。若河流弯曲多变，则用屈曲字列和隔离字隔。总之，字列的形式随河流符号的弯曲形状变化，字隔的大小依河流的长短而定(但字隔最大以不超过字大的 5 倍为宜)。短小河流的名称注在河流中段，较长的河流每隔 10～15 cm 或 15～20 cm 重复注出(常注在河流急弯或河汇附近)。如果河流被沙洲分成若干条水道，名称注在干流中。渠道的名称一般采用水平字列、垂直字列或雁形字列，紧靠渠道符号注出。

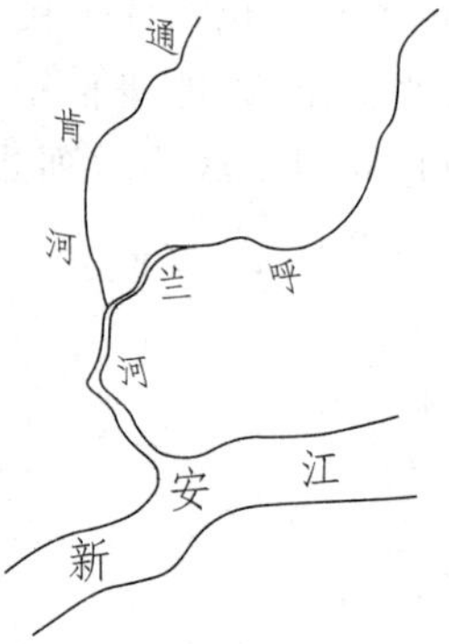

图 3-8

湖泊、水库、海洋要素的名称注记，采用水平字列或雁形字列，用接近字隔或隔离字隔，沿其延伸方向注在轮廓内部(这种注在符号轮廓内部的注记形式叫作表面注记)。小的湖泊或水库符号内不能容纳注记时，采用水平字列，用接近字隔注在其外边方便处。

名称注记的字大，依水体的主次等级按图式规定的字级注出。主要的、等级高的注记大，次要的、等级低的注记小。如河流的名称注记：干流大于支流，大河大于小河。

水系的说明注记和数字注记，除特殊规定外(如等深线的深度注记，双线河内的河宽、水深或流速注记等)，其他均采用水平字列，接近字隔注在相应符号近旁方便处。

4)地貌注记

地貌注记如图 3-9 所示。山岭、山脉的名称注记采用雁形字列、隔离字隔，注在山岭、山脉走向的中心线上。山脉很长时应间隔一定距离将名称重复注出。

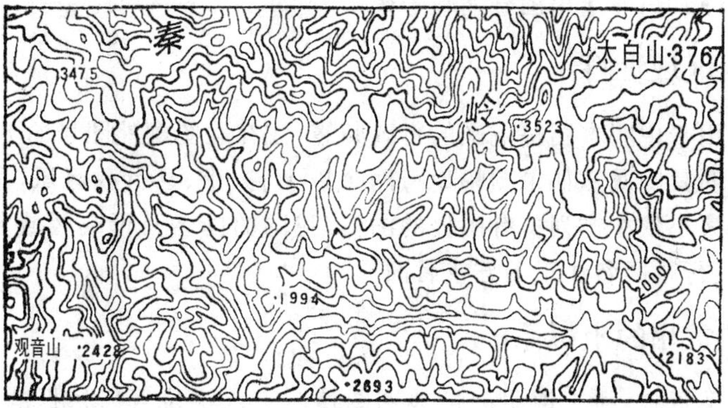

图 3-9

山(峰、顶)的名称注记采用水平字列、接近字隔，一般注在山顶的右边或上方。如果一个山名包括几个山头，则山名注在最高的山顶上，可适当放宽字隔。山脊沿南北方向延伸，山名注在山顶右边。山脊沿东西方向延伸，山名注在山顶上方。有时为了避免注记压盖山顶等高线，也可以注在山顶的下部或左边。

高程点的高程、比高测定点的比高注记，采用水平字列，用接近字隔注在高程点或比高测定点符号的右边(为避免遮盖重要地物也可采用其他字位)。

在山顶同时有山名注记和高程注记时，山名注在高程点符号的左方或上方，高程注在右方(或其他字位)。

等高线高程注记中断等高线用斜立字向和接近字隔注记于中断处(其字头朝上坡方向，数字中心横线与等高线一致)，一般注在山腹凸凹部的计曲线上，等高线稀疏时，注在基本等高线上。为避免数字倒置，通常注在南坡或东南、西南坡。注记的数量一般是图上每 16～20 cm^2 面积内要注记 1～3 个。

5)植被注记

植被的说明注记和数字注记采用水平字列，按接近字隔注在植被的地类界符号范围内的中央或重心位置(图 2-30)。

3.2　说明资料

为了充分反映地形图的特性和用图方便而布置在图廓外的各种说明注记和数字注记，统称为说明资料。如图幅的图号、图名、行政区域、邻接图表、保密等级以及测绘地形图所依据的坐标系统、高程系统、地形图图式、制图基本资料，采用的基本等高距和测制出版日期、出版机关等都是地形图的说明资料，它是地形图的辅助要素之一。各项说明资料一般用水平(或垂直)说明字列和接近(或其他)字隔注出。下面择要简述我国地形图的说明资料。

3.2.1　图号和图名资料

地形图的图号用于说明本图幅的编号，用图式规定的字体、字大注在北图廓外上方中央位置，其图名一般用图内最大的居民地名称作图名(无地理名称时可选择较明显高地的高程作图名，如“116 高地”)，注在图号的上方。在地形图的东北和西南图廓角外注出图号、图名(或只注图号)，在东南图廓角外注出图号缩写号码。

3.2.2 行政区域资料

行政区域资料用于说明本图幅范围的行政归属，注在北图廓外图号的下面(小比例尺地形图用行政区略图说明其归属)，如果图幅地跨两个以上省、市、县行政区域，则注出全部省、市、县名称。按其面积大小依次排列。有国界的图幅，我国的国名及行政区域名称注于上方或前面，外国国名及一级行政区名注于下方或后面。

3.2.3 我国常用的坐标系

地形图的坐标系资料，用于说明测量地形图控制点水平位置所依据的坐标系统，注在南图廓外左端。

所谓坐标系，包含两个方面的内容：一是将地面上的观测值归算到旋转椭球体面上，计算所用的椭球体大小；二是椭球体与大地体的关系。由于各个国家，甚至同一个国家，在不同时期所采用的椭球体大小和椭球体与大地体的相关位置不同，则对同一点的地理坐标会有不同的计算结果；即便几个国家采用同一大小的椭球体，而椭球体与大地体之间的相关位置不同，也会对同一点计算出不同的结果。因此，选定了一定大小的椭球体，并确定了它与大地体的相关位置，就是建立了一个坐标系。

确定旋转椭球体与大地体关系的工作，叫作椭球体定位。如图 3-10 所示，椭球体定位的一般方法是：在地面上一点 P'_0(选择主要基本控制网中的一个起始点)上作精密天文观测，确定它的天文经纬度(φ_0，λ_0)和由 P'_0出发的一个方向 $P'_0Q'_0$(三角系的某一边)的天文方位角 α_0，并用精密水准测量方法测定 P'_0点的绝对高程 H'_0；然后直接采用这些天文坐标值和高程，作为椭球体面上与它相应的点 P_0 的大地坐标值(B_0，L_0，A_0)和该点至椭球体面的垂直距离，即令

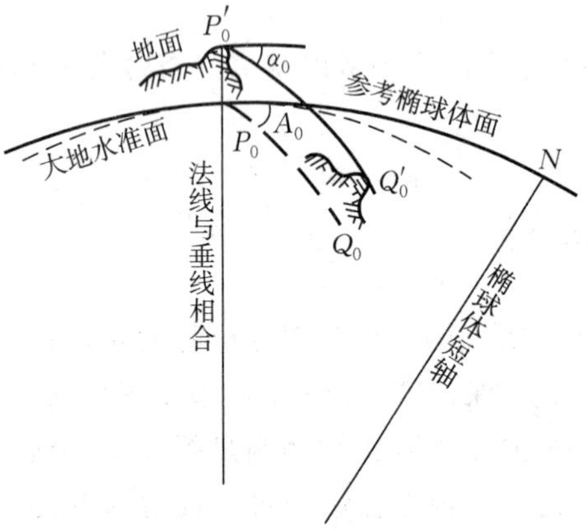

图 3-10

$$\left.\begin{aligned} B_0 &= \varphi_0 \\ L_0 &= \lambda_0 \\ A_0 &= \alpha_0 \\ P_0P'_0 &= H'_0 \end{aligned}\right\}$$

这样，椭球体对大地体的相关位置就完全固定了。这个被选定的点就称为大地原点(其大地坐标值称为大地基准数据)，它是所有其他三角点的大地坐标起算点，即为地理坐标系的“坐标原点”。

我国常用的坐标系统有以下几个。

1. 1954 北京坐标系

1954 年我国完成了北京天文原点的测定，采用了克拉索夫斯基椭球体参数，并与苏联 1942 年坐标系进行了联测，建立了 1954 北京坐标系。1954 北京坐标系属参心坐标系，是苏联 1942 年坐标系的延伸，大地原点位于原苏联的普尔科沃。

2．1980 西安坐标系

为了适应我国经济建设和国防建设发展的需要，我国在 1972—1982 年期间进行天文大地网平差时，建立了新的大地基准，相应的大地坐标系称为 1980 西安坐标系。大地原点地处我国中部，位于陕西省的泾阳县永乐镇。椭球参数（既含几何参数又含物理参数）采用 1975 年国际大地测量与地球物理联合会第 16 届大会的推荐值。

该坐标系建立后，实施了全国天文大地网平差，平差后提供的大地点成果属于 1980 西安坐标系。它与 1954 北京坐标系的成果不同，使用时必须注意所用成果相应的坐标系统。

3．2000 国家大地坐标系

2000 国家大地坐标系（CGCS2000）是一种地心坐标系，坐标原点在地球质心（包括海洋和大气的整个地球质量的中心），Z 轴指向由 1984.0 时国际时间局（BIH）所定义协议地极方向，X 轴指向 BIH 所定义的零子午面与协议地极赤道的交点，Y 轴按右手坐标系确定。椭球参数有长半轴 $a=6\ 378\ 137$ m、扁率 $f=1/298.257\ 222\ 101$、地球自转角速度 $\omega=7\ 292\ 115\times10^{-11}$ rad/s、地心引力常数 $GM=3\ 986\ 004.418\times10^{8}\ m^{3}/s^{2}$。经国务院批准，我国自 2008 年 7 月 1 日起启用 2000 国家大地坐标系。

4．WGS-84 坐标系

WGS-84 坐标系是美国全球定位系统（GPS）采用的坐标系，属地心坐标系。WGS-84 坐标系采用 1979 年国际大地测量与地球物理联合会第 17 届大会推荐的椭球参数。WGS-84 坐标系的原点位于地球质心，Z 轴指向 BIH 1984.0 定义的协议地球极（CIP）方向，X 轴指向 BIH 1984.0 的零子午面和 CIP 赤道的交点，Y 轴垂直于 X、Z 轴，X、Y、Z 轴构成右手直角坐标系。椭球参数有长半轴 $a=6\ 378\ 137$ m、扁率 $f=1/298.257\ 223\ 563$。

5．独立坐标系

独立坐标系分为地方独立坐标系和局部独立坐标系两种。

许多城市基于实用、方便的目的（如减少投影改正计算工作量），以当地的平均海拔高程面为基准面，过当地中央的某一子午线为高斯投影带的中央子午线，构成地方独立坐标系。地方独立坐标系隐含着一个与当地平均海拔高程面相对应的参考椭球，该椭球的中心、轴向和扁率与国家参考椭球相同，只是长半轴的值不一样。

大多数工程专用控制网均采用局部独立坐标系，若需要将其放置到国家大地控制网或地方独立坐标系，应通过坐标变换完成。对于范围不大的工程，一般选测区的平均海拔高程面或某一特定高程面（如隧道的平均高程面、过桥墩顶的高程面）作为投影面，以工程的主要轴线为坐标轴，比如，对隧道工程而言，一般取与贯通面垂直的一条直线作 X 轴。

3.2.4　1956 黄海高程系与 1985 国家高程基准

高程系资料注在坐标系下面，用于说明地形图上的等高线和高程点所注高程是从哪里起算的。地形图上等高线和高程点的高程需要一个统一的高程系统，否则就不能比较地面点的高低。为了建立全国统一的高程系统，必须确定一个高程起始面，这个起算面通常采用大地水准面。由于大地水准面永远不能处在完全静止和平衡状态，故实践中以平均海水面代替大地水准面作为高程的起算面。平均海水面是根据长期的潮汐涨落高低的观测资料，按其平均值推算出来的。长期观测海面水位升降的工作称为验潮，进行验潮的场所叫作验潮站。我国在 1956—1987 年间，是用 1550—1956 年黄海青岛验潮站的验潮资料所求得的黄海平均海水面，代替大地水准面作为全国高程系统的高度基准面，并于 1955 年在青岛验潮站附近建立了一个与其相联系的水准原点网[包括一个主点（原点），5 个附点]，用精密水准测量测定了它们之间的高差，1956 年计算出水准原点高出黄海平均海水面的高程，国家水准点的高程都以青岛水准原点的高程为依据来测定，从而建立了全国统一的高程系统，即“1956 黄海高程系”。我国 1956—1987 年所成地形图均根据此高程系测绘。

在全国统一高程系建立之前，各地的高程起算面（点）很不统一，后经联测和平差求出了它们的改正值（表 3-1）。

表 3-1　各高程起算面（点）改正值

旧高程起算面（点）名称	改正数/m	旧高程起算面（点）名称	改正数/m
1954 黄海平均海水面	+0.083	罗星塔零点	−2.179
坎门平均海水面	+0.237	吴淞零点	−1.807
吴淞平均海水面	+0.056	废黄河零点（新）	−0.063
大沽平均海水面	+0.005	大沽零点	−1.296
大连平均海水面	−0.026	珠江基面	+0.586

在实际工作中若遇到不同高程系的资料而需要统一高程时，可按表列相应改正数将其换算为 1956 黄海高程系高程。换算公式如下

$$1956\text{ 黄海高程系高程}=\text{旧高程}+\text{改正数} \tag{3-1}$$

由于 1956 黄海高程系的平均海水面位置仅利用了不足 7 年的验潮资料求得，它与大地水准面的符合欠佳。随着验潮时间的延伸，验潮资料也同步增加。为了使高程基准面尽可能地接近大地水准面，1985 年全国一等水准网布测协调扩大会议决定，采用青岛验潮站 1952—1979 年的验潮资料计算的黄海平均海水面，作为我国新的高程基准面。由此新平均海水面起算，从验潮井旁水准标志到青岛水准原点用 Ni004 水准仪进行联测，推算出了青岛水准原点的新高程。国家水准点的高程均以青岛水准原点的新高程为依据来推算，从而建立我国新的高程系统，并将此新高程系统命名为“1985 国家高程基准”。推算新高程系统的平均海水面的验潮资料具有明显的长期性，观测计算精度和联测精度也都有所提高，1987 年初经国务院批准，由当时的国家测绘局公布启用新高程系统，原 1956 黄海高程系相应废止。

青岛水准原点的新、旧高程相差很小，对于已成地形图等高线和高程点的高程没有影响，故现有地形图无须改动仍可使用。

3.2.5　其他说明资料

基本等高距：在高程系统后面（或下面）注出本图所采用的基本等高距，用于说明图上相邻两条基本等高线的高程差是多少，以便用图时了解地形图上显示地貌的详略程度和判读等高线高程。在 1∶100 万地形图上用高度表和深度表来说明等高距和等深距的变化。

图式版本：此项说明资料注在等高距注记的下方或坐标系注记上面，用于说明测制本地形图是依据哪个机关制定的哪种版本的图式。我国国家基本地形图必须依据地形图图式测制和出版。用图时应选用说明资料注明的地形图图式版本。

成图方法、日期和出版机关：前两项说明资料注在图式版本注记的上方（出版时间注于其后）或南图廓外右边，可用于分析地形图的精确性和现势性。如注明“××年航摄、××年调绘、××年出版”，表明本图是航测成图；若注明“依据××年出版的××地形图于××年编绘，

××年出版”，说明此图是以较大比例尺地形图为基本资料编绘成图，地形图内容精确可靠。航片或地形图资料愈新，成图日期愈近，则地形图的现势性愈强，反之则内容陈旧。出版机关注在西图廓外下部，用于说明地形图的测制、出版单位，可供分析地形图质量时参考。

邻接图表：用于说明本图幅与上下左右四邻图幅的拼接关系，供用图时接图用。邻接图表如图 3-11 所示，绘在东北图廓角外图号的下面，或北图廓外的左端。中央绘有晕线的一格代表本图幅，四周 8 个小格内注记的图名、图号是相邻图幅的图名和图号，称为邻接图名和邻接图号(1∶5 000～1∶1 万地形图的邻接图表内只注有邻接图名)。

邻接图表

扶余市 L—51—D L51B002002	哈尔滨市 L—52—C L52B002002	牡丹江市 L—52—D4 L52B002002
长春市 K—51—B2 K51B001002		延吉市 K—52—B2 K52B001002
沈阳市 K—51—D4 K51B002002	白头山 K—52—C5 K52B002001	清津 K—52—D4 K52B002002

图 3-11

3.3　量图图解

为了便于在地形图上进行某些量算而在其图廓外设置的各种图解，称为量图图解。不同比例尺地形图，其图解内容多少不一。其中 1∶2.5 万～1∶10 万地形图的量图图解较多，这里就以此为例简述如下。

3.3.1　直线比例尺

各种比例尺地形图上都绘有直线比例尺，均置于南图廓外中央数字比例尺的下面，有海域的图幅，加绘海图直线比例尺(其他图幅不绘)。直线比例尺总长 10 cm 左右，尺头长 1～2 cm，整个尺长误差不超过 ±0.2 mm，可供直接在地形图上量取实地水平距离用。

3.3.2　三北方向线图

为了量测目标的方位角或在实地标定地形图方向，在 1∶2.5 万～1∶10 万地形图上绘有三北方向线图(图 3-12)。它是表示 3 条指北方向线——表示真北的真子午线、表示磁北的磁子午线和表示坐标北的坐标纵线(坐标子午线)关系的图形，因此又称为子午线分布图。真子午线、磁子午线、坐标子午线是用于定向的基本方向线，3 条基本方向线的指北方向称为三北方向线。在地形图上，三北方向线的真子午线就是南北图廓线(经线)；坐标子午线就是方里网纵线；磁子午线是根据磁坐偏角在图幅右部的南北图廓线上用圆点标出的磁南、磁北两点的连线(图 3-13 中虚线)。

由于一点的三北方向线一般是不一致的，因此三者之间就构成一定大小的角度，即所谓偏角。坐标纵线对真子午线的夹角叫坐标纵线偏角，即子午线收敛角，用 r 表示，其值可根据公式 $r=\Delta\lambda\cdot\sin\varphi$ 概略算出(其精确值可由高斯坐标表中查出)。式中，$\Delta\lambda$ 为两点间的经差，φ 为地面点的纬度。由此可知：r 的大小决定于点的纬度和两点间的经差，在高斯 6°投影带内，距中央经线和赤道愈近 r 值愈小，反之愈大，但最大不超过 3°，在一幅图内的差别就更小了。地形图上取四个图廓点子午线收敛角的平均值代表本图幅的子午线收敛角。磁子午线对真子午

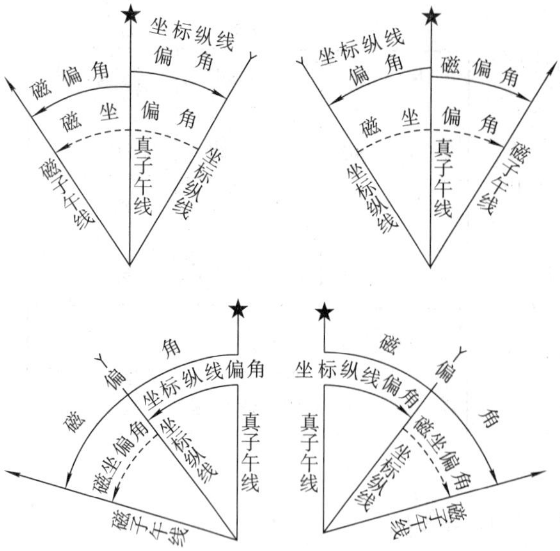

图 3-12

线的夹角称为磁偏角，用δ表示，δ值用实测的方法确定。因地面各点磁场变化不一，故磁偏角随地点而变化，因此，每幅图均匀测定约 15 个点的磁偏角取平均值作为该图幅的磁偏角。磁子午线对坐标纵线的夹角叫磁坐偏角，用c表示，其值等于磁偏角减子午线收敛角($c=\delta-r$)。可见偏角的角值由图幅在高斯投影带中的位置与地磁情况决定。偏角值不同，三北方向线的关系图形则有不同，以真子午线和坐标子午线为准可将其归纳为以下 4 种情况(图 3-12)：

(1)坐标纵线与磁子午线均偏在真子午线西边。

(2)坐标纵线与磁子午线均偏在真子午线东边。

(3)坐标纵线偏在真子午线以东(或以西)，磁子午线偏在真子午线以西(或以东)。

(4)磁子午线偏在坐标纵线以东或以西。

坐标纵线偏角、磁偏角和磁坐偏角都以东偏为正(＋)，西偏为负(－)。根据各偏角值的正负和大小，即可绘出不同图形的三北方向线图。按照整饰规格，三北方向线图绘在图上直线比例尺的侧边，使其真子午线垂直于南图廓；磁子午线和坐标子午线，当偏角为正时，绘在真子午线东侧，为负时绘在西侧，并注上相应子午线的名称。图形中子午线间的夹角是按规定的角度绘出的，不表示偏角的大小，偏角值的大小用数字注记在相应偏角内表示，没有括号的数字为偏角值(360°制)，括号内的数字是相应角度值的 6 000 制密位数。使用地形图时，可借偏角值进行方位角换算或作地形图定向时修正磁针用。

3.3.3 坡度尺

用于地形图上量测坡度的图解称为坡度尺，绘在南图廓外直线比例尺的左边。坡度尺分横式与竖式两种，后者比前者更加醒目和准确。在 1∶1 万、1∶2.5 万、1∶5 万、1∶10 万比例尺地形图上绘竖式坡度尺。竖式坡度尺根据等高距、坡度角和等高平距的关系绘成。如图 3-13 所示，设BC是过地面点A、B等高线的等高距，以h表示；AB的坡度角以α表示；$AC=A'B'$，为A'、B'两条等高线间的等高平距，以D表示，则由三角形ABC可知其关系式为

$$h=D\cdot\tan\alpha$$

即

$$D=h\cdot\cot\alpha \tag{3-2}$$

设地形图的比例尺为$1/M$，将D化为图上距离d，则

$$d=\frac{h}{M}\cdot\cot\alpha \tag{3-3}$$

式中，h对于 1∶1 万、1∶2.5 万、1∶5 万、1∶10 万地形图是固定的，故应用式(3-3)便可算出$\alpha=1°,2°,3°,\cdots,30°$等各种坡度的对应平距$d_i$，即

$$d_1=\frac{h}{M}\cot 1^\circ$$

$$d_2=\frac{h}{M}\cot 2^\circ$$

$$d_3=\frac{h}{M}\cot 3^\circ$$

$$\vdots$$

$$d_{30}=\frac{h}{M}\cot 30^\circ$$

以坡度为横坐标，以平距为纵坐标（纵向比例尺与地形图比例尺相同，横向是任意比例的），即可绘成图3-14那样的坡度尺，其绘制方法如下。

（1）绘一水平线段，以2 mm长度等分，并过各分点作垂线。

（2）依式（3-3）按基本等高距计算各坡度角所对应的平距d_1-d_{30}，在各垂线上分别截取相应长度，将各垂线顶点用平滑曲线连接起来，便作成量取两条相邻首曲线间坡度的坡度尺。

（3）按计曲线的高差（$5\cdot h$或$4\cdot h$，下面以$5\cdot h$为例），根据同样原理用公式$d'=\frac{5h}{M}\cot\alpha$计算$\alpha=5^\circ,6^\circ,7^\circ,\cdots,30^\circ$的对应平距$d_5-d_{30}$，由5°垂线起分别截取相应长度，连接垂线顶点就绘成量取相邻6条等高线间坡度的坡度尺。

（4）将两条曲线间的垂线四等分，将各相应分点用平滑曲线连接起来，便于量取相邻3条、4条和5条首曲线间坡度的坡度尺曲线（图3-14）。

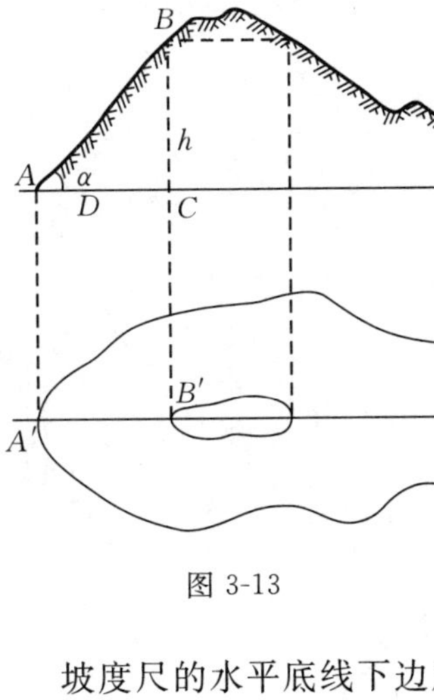

图3-13

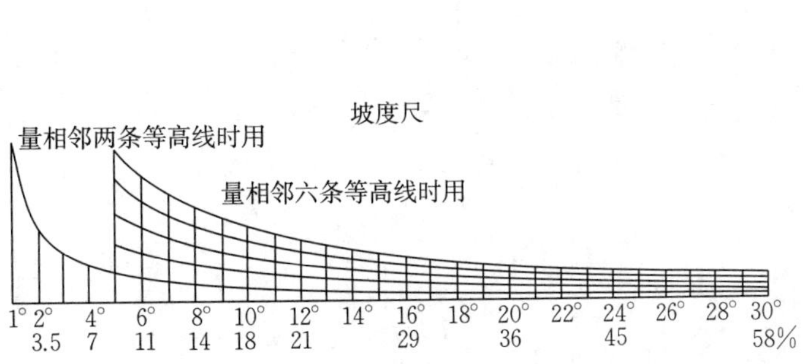

图3-14

坡度尺的水平底线下边所注两行数字，上行系用坡度角表示的坡度，下行是对应的倾斜百分率表示的坡度，即坡度角的正切函数值。如3.5%，表示在28.57 m的水平距离内，垂直升降为1 m（即垂直距离是水平距的3.5%），而3.5%所对应的坡度角为2°00′。

在1∶2.5万～1∶10万的比例尺地形图之间，一般等高距成倍增加，比例尺同倍缩小，故各图的坡度尺图形都是相同的。若等高距增大的倍数与比例尺缩小的倍数不等，则各图的坡度尺图形不同。

第二篇　从地面到地形图

地形图是怎样制成的呢？（制作地形图是一个复杂的系统工程）这里只概括说明制作地形图的基本方法。

现代地形图的制作方法可概括为三大类：①从地形图到地形图；②从像片到地形图；③从地面到地形图。

所谓从地形图到地形图，就是用地图编制的方法将较大比例尺地形图经制图综合缩编成较小比例尺的地形图。例如，我国国家基本地形图中的 1∶10 万比例尺地形图大部分是用较大比例尺地形图编制的；1∶20 万和小于 1∶20 万比例尺的地形图，全部用较大比例尺地形图编制。

所谓从像片到地形图，就是用摄影测量的方法先拍摄地面地理事物（地物、地貌，合称地形）的像片，然后依据像片上的地形信息测制地形图。摄影测量包括地面摄影测量、航空摄影测量（简称航测）和航天摄影测量。我国幅员辽阔，地形复杂，除特殊原因不能航摄的地区外，主要采用航测方法施测基本地形图及更大比例尺地形图。

从地面到地形图，是指用地形测量法（平板仪测量或地面数字测量）直接将测区内地面上的地形信息测绘成 1∶500～1∶2 000 比例尺地形图的测绘工作。由于上述地形图的编绘成图法和航测成图法已是地图编制和航空摄影测量学的研究内容，故本篇只研讨从地面到地形图的测绘原理、技术和方法。

各种比例尺基本地形图在全国覆盖的原则是：经济建设和国防建设重点地区施测 1∶1 万和 1∶2.5 万比例尺地形图，其中少数地区还要施测 1∶5 000 比例尺地形图；高原和荒漠地区施测 1∶10 万比例尺地形图；上述两类地区以外的广大地区施测 1∶5 万比例尺地形图。在有较大比例尺实测图的地区，一般采用缩编方法制作较小比例尺的基本地形图，以达到某些重点地区以不同比例尺地形图重叠覆盖，或 5 种比例尺地形图完全重叠覆盖。

第4章 地形测量概论

4.1 地形与地形测量

4.1.1 地物、地貌与地形的概念

在测绘科学中，常将地面上的地理事物分为地物与地貌两大类。地面高低起伏的趋势和样貌称为地貌，除地貌以外的其他地理事物称为地物，地貌和地物总称为地形。在地理学中，地形就是地貌，测绘学中的“地形”一词，则包含地形图上的地貌、水系、土质植被、居民地、道路网、境界线、管线垣栅、生产企业单位和各种独立地物等地理要素。

4.1.2 地形测量的概念

在地面上，使用测量仪器，根据一定的测绘理论、技术和方法，按照地形图符号，将地面上的地物、地貌测绘成地形图的过程，称为地形测量。

地面上的地物、地貌千态万状，极不规则，但其形状和大小，可以被少数能表示地物、地貌特征的点所确定，这样的点叫作地形特征点，也叫碎部点。测定碎部点的平面位置和高程，就可按规定的比例尺和表示方法，用相应比例尺的图式符号绘制成地形图。

4.1.3 测绘地形图须遵循的原则

在地形图测绘中要测定很多碎部点的平面位置和高程，由于任何一种测量都会产生不可避免的误差，为了防止测量误差的积累，在测量时必须优选测绘方法。测定点位与测图有各种不同的方法，例如，可选定任一点作为测绘的起点，从这一点测量到另一点，再到第三点，如此逐点施测，就可得到欲测各点的位置，从而测绘出测区地面的地形图。可是在测绘工作中不能这样做，因为前一点的测量误差会传递到下一点，这样一个个传递下去，误差就会积累起来超过允许的范围，而且采用这种测量方法，也不可能分别在不同地点同时展开测绘工作。因此，在测量工作中必须遵循“从整体到局部”“由高级到低级”“先控制后碎部”的测量原则，也就是将整个测区的测量工作分为控制测量和碎部测量两个不同的部分。首先在全区域内选择一些具有控制意义的首级点，然后逐级加密控制点，这些分级建立起来的点具有控制测量误差和测量工作的意义，故统称为控制点。控制点组成一定的几何图形称为控制网，建立控制网的测量工作称为控制测量。用较高精度控制测量方法测定控制点的位置，然后以控制点为基础测定碎部点与控制点的关系(距离、方向和高差)并由此绘制地形图，这种测量称为碎部测量。例如在图 4-1 所示的测区中，先依据测区地形确定建立控制网的方法，按其选点要求选择 A、B、C、D、E、F、G、M 等点，将其组成图中那样的几何图形，用较高精度测定控制点的位置；然后在控制点上，用较低精度，施测控制点附近的碎部点的位置，并由此绘制成地形图。碎部测量的精度虽比控制测量的精度低，但由于各个碎部点的位置都是从控制点上测定的，所以测量误差不

会从一个个碎部点逐次传递下去，故在一定的测绘条件下能保证各个碎部点应有的精度。

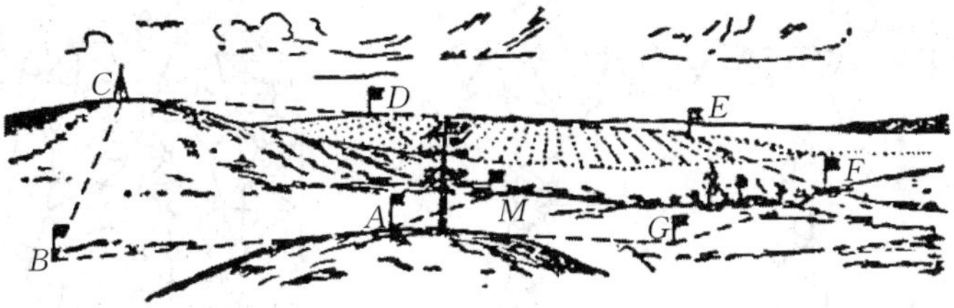

图 4-1

在各种测量工作中，有些工作是在野外进行的，称为外业，外业工作的主要任务是采集确定点位的数据（包括水平距离、水平角、高差等）。有些测量工作须在室内进行，称为内业，内业工作的基本任务是外业成果的整理与检核。没有对先行测量成果的检查，则不能进行后续测量工作，这是测量工作中必须坚持的又一原则。

4.2　大地控制、工程控制与图根控制

4.2.1　大地控制梗概

全国性的测量工作，由于测区幅员辽阔，必须遵循 4.1 节所述原则，根据国家统一坐标系统和高程系统，建立国家统一的全国控制网，作为国家各种比例尺地形图制作和各项工程建设（如城市建设、水利工程、桥隧工程、地籍测量等）的基本控制，并为空间科学、军事、科研提供有关精确数据。这种国家基本控制网称为国家大地测量控制网，简称大地网，这些国家基本控制点统称为大地点。

1. 国家平面控制网

大地网包括平面控制网和高程控制网，平面控制网决定大地点的坐标位置，高程控制网决定高程控制点的高程位置。国家平面控制网一般用三角测量和导线测量方法建立，这是建立平面控制网的传统方法。其中，三角测量是建立平面控制网的主要方法。在地面上布设一些控制点，将这些点有系统地组成许多三角形的集合，成网状的叫三角网，成锁状的叫三角锁，三角形的顶点叫三角点。用精密的测角仪器和严密的测量方法，观测每个三角形的内角及起始边的方位角，精确测量三角锁（网）中一条或两条边长作为起算边（称为基线），或根据基线网推算出起始边长，再根据已知数据和观测数据，通过平差计算获得各三角点的平面直角坐标 (x, y)，这种控制测量称为三角测量。国家三角测量按精度由高级到低级分为一、二、三、四等 4 个等级，一等三角测量精度最高，边长最长（三角形的平均边长为 25 km），是国家平面控制网的骨干，大体沿经线和纬线布设成锁形，每个锁段平均长约为 190 km，在锁段连接处布测起始边和方位角（图 4-2）。全国锁系总长超过 73 000 km，构成 120 多个锁环，约 400 个锁段，一等三角点总数超过 6 000 个，各三角形内角不小于 40°。二等三角网在一等三角锁的基础上，以全面三角网的形式布设于一等三角锁环内（图 4-3），四周与一等三角锁衔接，三角形的平均边长为 13 km，三角形内角不小于 30°，是国家控制网的全面基础和国家地形图的基本控制。三、四等三角网是一、二等三角锁网的加密，以一、二等三角锁网为基础，采用插网或插点方法布设（图 4-4），一般先布测三等三角网，而后布测四等三角网，也有在二等三角网内不经三等加密而直接插入四等网点的（这就是所谓越级布网）。

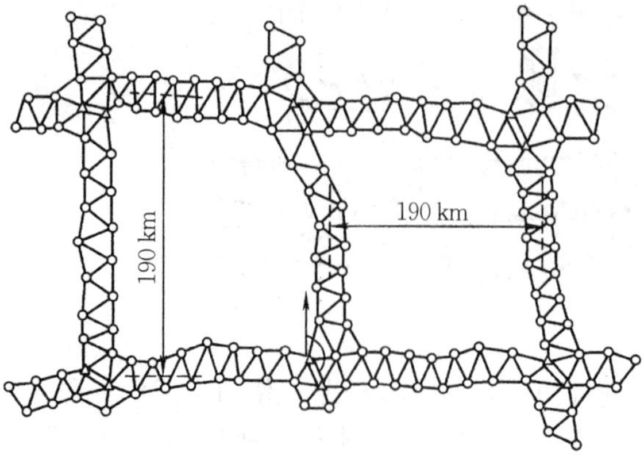

图 4-2

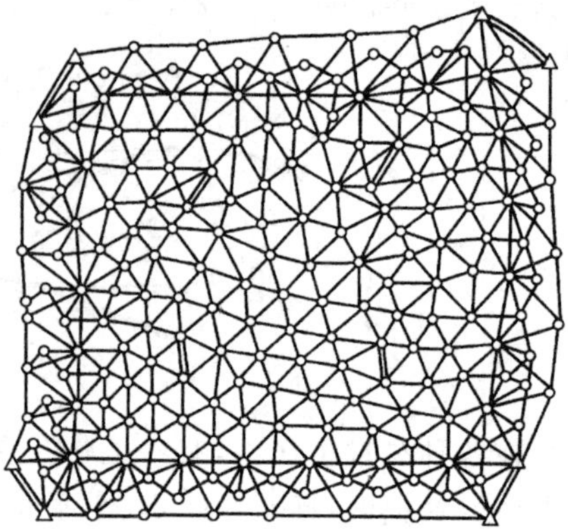

图 4-3

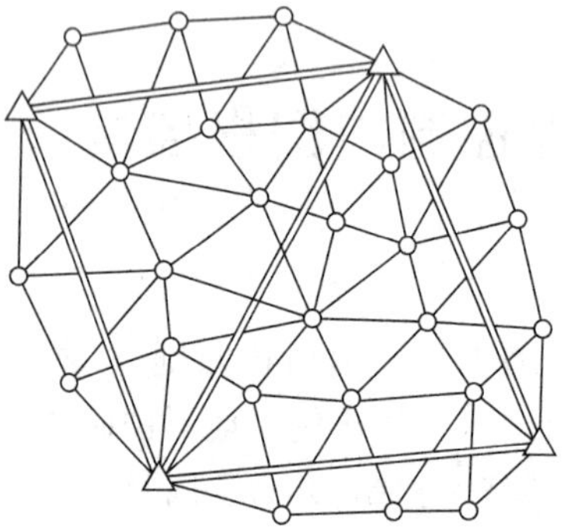

（a）

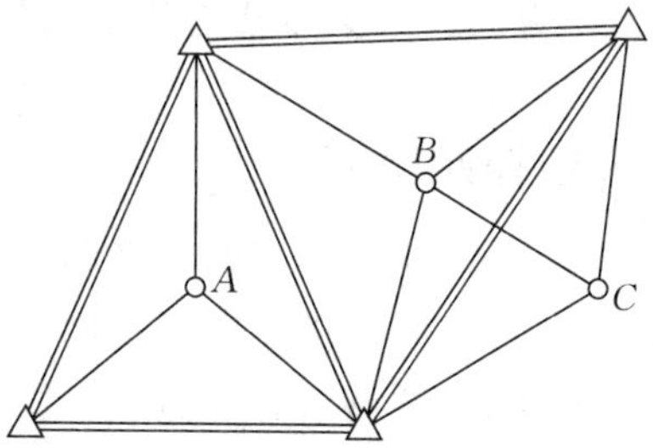

（b）

图 4-4

在平坦隐蔽地区，常采用精密导线测量建立国家平面控制网。将控制点构成折线形，这种折线称为导线，导线中首尾相连的各线段称为导线边，导线转折点上的角度（水平角）称为导线转折角，各转折角的顶点称为导线点。根据精密测量导线的边长、转折角和连接角，再根据起算点的坐标、起算边的方位角、各导线边的边长和转折角，推算出各导线边的方位角及导线点的坐标。这种测角与测边结合，经过平差计算，从而计算导线点坐标的方法称为精密导线测量。国家导线测量按精度也分为一、二、三、四等，所用仪器和测量技术要求与相应等级的三角测量一致。在我国的西南、青藏地区就布设有精密导线来代替相应等级的国家三角网。

2. 国家高程控制网

国家高程控制网用于测定控制点的高程，并为研究地壳升降，平均海水面变化、地面形状等科学研究提供资料。它是以统一的高度基准面为准，在地面上选定一系列高程控制点，用水准测量线路连接成网状，称为国家水准网。采用水准测量方法测定水准网内各点的高程，这些经水准测量而获得高程的点称为国家水准点，亦称高程控制点。国家水准网也是按从整体到局部，分级布网逐级控制的原则布测，也分为一、二、三、四等 4 个等级。一、二等水准点沿主要交通线及大河流布设，与海洋主验潮站连接，是构成国家高程控制网的骨干和基础。三、四等水准测量是在一、二等水准点基础上的加密高程控制测量，直接为测图提供高程依据。

4.2.2 工程控制网简述

为各项工程建设提供控制基础而建立的平面控制网和高程控制网，统称为工程控制网。

例如，城市控制网、水利控制网、桥隧控制网、地籍测量控制网等就是工程控制网。工程控制网的建立方法与大地控制网的建立方法基本相同，但工程控制网的边长较短，且无一等控制，其等级划分依次为：二、三、四等三角测量或导线测量，一、二级小三角，或一、二、三级导线。若测区没有已知高级控制点可利用，可布测独立的工程控制网。视工程规模和测区面积大小，上述各级工程控制网均可作为测区的首级控制网。

4.2.3　图根控制网及其加密方法

大地控制网或工程控制网的作用，在于建立较高精度和一定密度的高级控制点，其密度尚不能满足地形测图的要求，因此还须在上述高级控制点的基础上加密控制网点，作为地形测图的根据。这种加密的测图控制网，称为图根控制网，将这些加密的控制点，称为图根控制点，简称图根点。图根点不但可很好地限制测量误差的积累，而且能保证相邻图幅公共图廓两边地物、地貌的很好拼接。

在地形测量中，须采用解析法加密图根控制网，称为解析图根网。它是在高级控制点的基础上扩展的，可根据测区地形条件，采用不同方法加密。例如，在地面起伏不大、通视不良地区或城乡居民地，适于布设图根导线；在通视良好、已知高级点较多的测区，可采用前方交会法（在已知点上设站观测未知点以确定未知点位的方法叫作前方交会法）、后方交会法（在未知点上设站观测已知点以确定未知点位的方法称为后方交会法）和侧方交会法（在已知点与未知点均设站观测以确定未知点位的方法称侧方交会法）以及图根三角加密图根控制法。在图 4-5 中，1、2、3、4、5、6 是高级点，7 为后方交会点，8 为前方交会点，9 为侧方交会点。

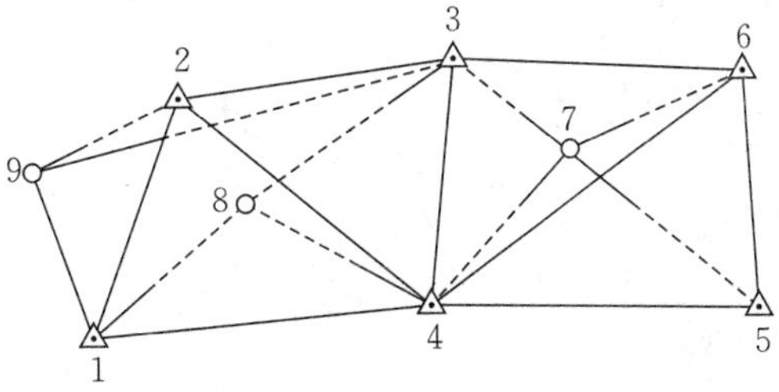

图 4-5

在高级控制点稀少或无高级控制点的小面积测区，可在测量精度允许的条件下，布设独立的测图控制网。

图根控制是地形测图的全面控制，因此图根点不仅应具有确定点位的平面直角坐标，而且还须测定其高程。图根点的高程通常采用三角高程测量法或图根水准测量法测定。

4.3　图根导线测量

由前述可知，所谓导线，就是由若干条线段连成的折线，每条线段叫作导线边，相邻导线边所夹的水平角叫作转折角。而用普通全站仪观测转折角和测量边长的一种导线称为图根导线。建立这种导线的设计、外业和内业工作的总和，称为图根导线测量。图根导线测量是建立图根控制的一种有效方法。

4.3.1 图根导线的布设形式和测量程序

根据测区的地形情况和施测碎部的具体要求，图根导线可布设成以下几种形式。

1. 导线

1）闭合导线

如图 4-6 所示，闭合导线是从一高级平面控制点 $A(P_1)$ 开始，经过导线点 P_2、P_3、…、P_n，再回到该高级控制点。显然，闭合导线是一个闭合多边形，测量时须观测多边形的所有内角，测量多边形的所有边长。同时，为了确定多边形的方位，还应观测连接角 β。

2）附合导线

如图 4-7 所示，附合导线是从一高级平面控制点 $A(P_1)$ 开始，经过导线点 P_2，P_3，…，P_{n-1}，而终止于另一高级平面控制点 $B(P_5)$。可见，附合导线是始、终于两个高级控制点之间的一条连续折线。在附合导线中，除需测量各边边长和各个转折角外，还需测定始、终边与其已知边之间的连接角。

3）支导线

支导线从一个高级平面控制点开始，既不回到该起点上，也不附合到另一个高级控制点上，如图 4-8 所示。由于支导线既不同于闭合导线有内角检验，也不同于附合导线有坐标检验，它根本无法检验，所以一般规定支导线点不得超过 2 个。

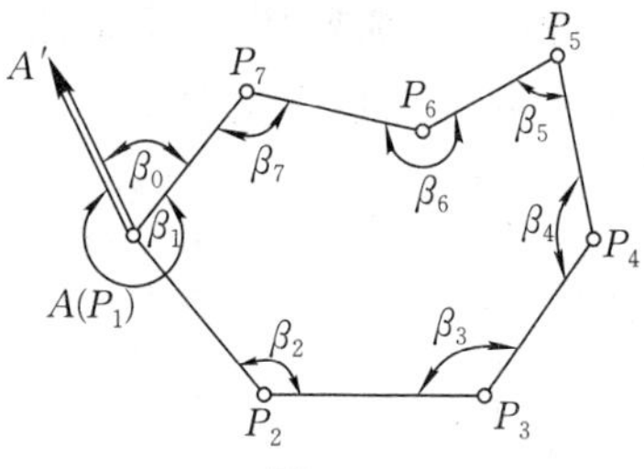

图 4-6

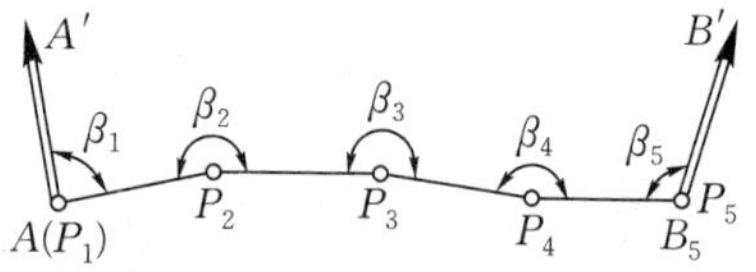

图 4-7

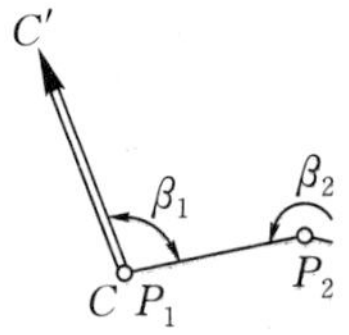

图 4-8

2. 导线网

上述 3 种形式的导线称为单导线，几条单导线相互连接构成网形，叫作导线网，连接点叫结点。导线网可分为一个结点的导线网、两个以上结点的导线网和两个以上闭合环的导线网（称为多边形网）。图 4-9(a)是一个结点（D）的导线网，图 4-9(b)是两个结点（E、E'）的导线网，图 4-9(c)为 3 个闭合环的多边形导线网。

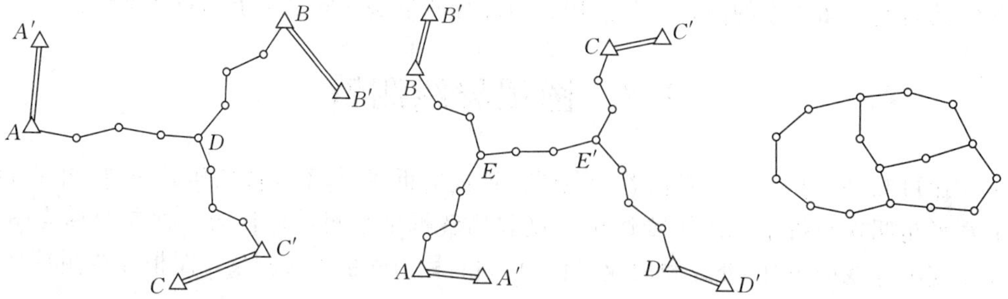

（a） （b） （c）

图 4-9

闭合导线适用于接近方形的地区；附合导线适用于带状地区；支导线在通视不良、地形复杂的地区作为辅助导线，以便施测主导线无法施测的碎部；导线网则用于面积较大的测区，是导线用作测区首级控制或导线总长超过规定时的常用布网形式。

图根导线测量的程序如下：

图根导线测量的工作程序可分为布置设计、外业工作和内业计算 3 个阶段。外业工作包括踏勘选点、点的标志、观测折角、测量边长和导线连接等。内业计算包括外业资料检查、测量平差、计算坐标等。

4.3.2　图根导线的设计与外业测量

1. 图根导线整体布置方案设计

在进行导线测量工作时，首先应搜集测区现有的地形图资料，然后根据这些资料及测区大小、地形条件和测量要求等在室内进行导线的整体布置方案设计。不同的测量目的对导线形式、平均边长、导线总长和导线点位置及其标定都有一定的要求。为了能更好地满足这些要求，应尽可能利用测区现有适当比例尺地形图来设计。

在设计图根导线时，首先将测区内的已知高级控制点和测区范围线（轮廓线）标绘在选定的较大比例尺地形图上，并绘出新测地形图的分幅线；然后研究导线的布设形式，考虑导线的总长、边长、导线如何与高级控制点连接等问题，标出导线点、结点的位置，绘出导线或导线网布设草图，进行导线点的编号。为了简化后续的导线计算，设计导线形式时应尽量布设为单一的附合或闭合导线，或 1～2 个结点的导线网。如果测区没有地形图，可派有经验人员到测区实地踏勘，了解测区地形情况，根据踏勘资料拟定布设网方案，或边踏勘边选点。若测区无高级点可供利用，可布设独立的导线网作为测区的首级控制。

2. 图根导线点的选择标定

导线的室内设计完成后即到现场根据设计图实地踏勘，查看所设计的导线路线和导线点位置是否合适，否则应作适当修正并在图上标绘出来。设计方案经证实符合实际或作必要修改之后，随即在实地选定导线点位置。

选择导线点位置，一般必须满足以下条件：

（1）导线点应位于视野开阔、便于加密控制和施测碎部的地点。

（2）相邻导线点必须互相通视，并要利于导线转折角观测和导线边长测量。

（3）测区内导线点的分布要均匀，为减少望远镜调焦而带来的误差，导线边长要大致相等，相邻边长之比例不宜超过 1∶3。

（4）除闭合导线外，附合导线和支导线应接近于直伸形，即导线转折角应尽量接近 180°。

（5）导线点应便于长期保存。

导线点选定后，应在地面上予以标定，一般埋设临时性测量标志，即在导线点位处打入长 20～30 cm、粗 2～6 cm 见方的木桩，桩顶中心打一小钉标定；重要导线点用混凝土标石、石质标石或金属圆形标志标定。标志类型应符合有关测量规范的要求。标定的导线点应统一编号，用红漆在标志点位的木桩上或标志附近地物上注明点号，并在标桩中心竖立花杆。

3. 图根导线转折角观测

当导线点上只有一个角度时，导线转折角（以后谈到转折角均包括连接角）观测采用测回法；当导线点上多于一个角度时，则采用方向测回法。

为了导线计算方便，导线的转折角观测一律规定为导线前进方向的左角。对于闭合导线，导线点应逆时针方向编号，这样所观测的角度，既是导线的左角，又是闭合多边形的内角。观测短边的转折角时，应更精确对中。角度观测的各项技术要求须符合有关规程或规范的规定。转折角一般用全站仪观测，或用光学经纬仪观测。

4. 图根导线边长测量

导线边长可用全站仪测定，或用普通钢尺进行丈量。用钢尺丈量时，可用一根钢尺往返测，也可用两根钢尺并测；可铺地丈量，也可悬空丈量，这要根据量距地面状况确定。钢尺须经过检定，丈量时尽量丈量水平距离。当尺面倾斜、尺长有误差、平均尺温大于规定限差时，应进行改正。长的导线边要先定线后量距，定线各结点应选在地形特征点上，若有利于施测碎部，应用小木桩或小钉标定。测距的技术要求及各项限差，须符合地形测量规范的相应要求。

5. 图根导线的连接

测区内有高级控制点可供利用时，应使导线与高级控制点连接。这样，既能在导线计算中获得已知的起始数据（方向和坐标），又可使导线与高级控制点构成统一整体。导线与高级点连接的方法很多，一般可归纳为直接连接和间接连接两种。

1）直接连接

直接连接是最简单的连接方法。直接连接法是直接将图根导线连接在高级控制点上，图 4-6、图 4-7、图 4-8 所示的各种形式的导线连接均属直接连接。在图 4-7 的附合导线中，A、A'、B、B' 为高级控制点，其坐标和 AA'、BB' 的方向角都是已知的。为了确定导线方向，须观测导线始边 $A(P_1)P_2$ 和终边 $P_4B(P_5)$ 与其已知方向 AA'、BB' 的夹角，此夹角称为连接角（图 4-7 中 β_1、β_5）。连接角的观测精度直接影响导线定向的精度，因此在导线布网时要注意使导线始边和终边不要太短，以免观测时改变望远镜焦距；观测连接角时应特别仔细，以提高观测精度。由于高级点通常相距较远，一个已知点附近又往往有其他高级点，为了防止连接时发生错误，应在始点和终点观测两个连接角以资校核。例如在图 4-10 所示附合导线的 $A(P_1)$ 和 $B(P_{n+1})$ 两点分别观测 β_1'、β_1'' 和 β_{n+1}'、β_{n+1}''，将 $\beta_1''-\beta_1'$ 与 $\alpha_0'-\alpha_0''$、$\beta_{n+1}''-\beta_{n+1}'$ 与 $\alpha_{n+1}''-\alpha_{n+1}'$ 相比较，则可检验角度观测是否正确。

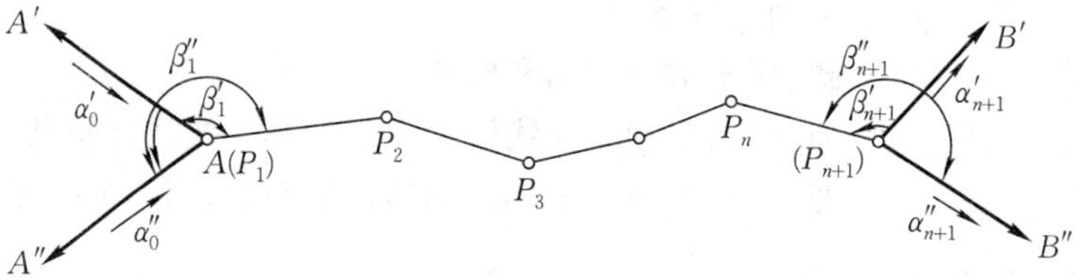

图 4-10

对于闭合导线（图 4-6）同样应观测始边与终边的连接角 β_0 与 β_0'（左角），将（$\beta_0'+\beta_0-360°$）与 $A(P_1)$ 点的内角比较，即可校核角度观测的正确性。

2）间接连接

有时因为某种原因（例如图根导线点离已知控制点较远，或导线的起（终）点与高级点间有障阻物，或高级点为塔尖不能安置仪器等），而不能将导线直接连接在高级点上时，就须用间接连接的方法进行连接。当导线离已知高级点较远时，可用几条边的辅助短导线将图根导线与高级点连接起来。如图 4-11 所示，图中 β_1、β_2、β_3 为连接角。若导线起（始）点距高级点很远，但与 3～4 个高级点通视时，可用交会法连接。

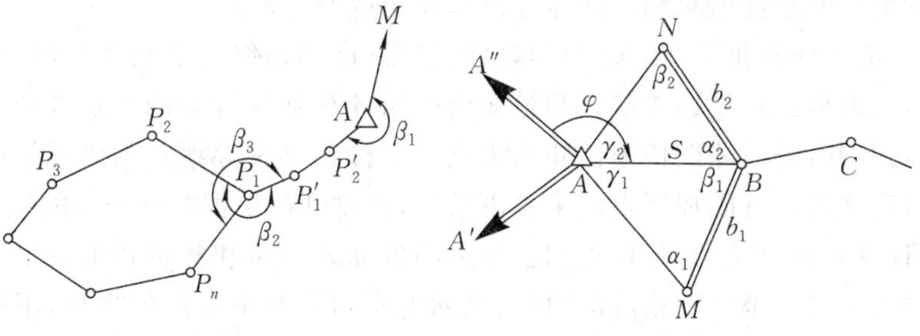

（a）　（b）

图 4-11

在城镇建成区，高级控制点往往是在高层建筑物上，而导线又常沿街道布设，因此需要将高级点的坐标和方位传递到地面上来，这时可利用辅助三角形法来进行连接。如图 4-11 中(b)所示，在高级点 A 附近的地面，选定 B、M、N 3 个点组成两个三角形，观测三角形的全部内角 α、β、γ 和连接角 φ，测量两条基线的长度 b_1、b_2，各三角形中根据基线长度和所测水平角依正弦定律求出 AB 的边长 S（若两 S 值之差在允许范围内，取其平均值作为 S 的最或然值），再根据连接角和高级点已知数据便可求出 AB 边的方向角和 B 点的坐标，从而将高级点的坐标和方位角传递到地面上来。因此，用这种方法进行连接的图形，又称落地网，点 B 又叫作点 A 的落地点或副点。

布设两个辅助三角形传算网的目的在于检核和提高精度，因此在选择辅助三角形时，其 b_1、b_2 和 S 应接近相等，若现场条件有限制，b_1、b_2 的长度也不应短于 $S/2$；高级点 A 上两相邻三角形的顶角 γ_1、γ_2 不应小于 30°；观测连接角和三角形内角的测回数应比导线转折角相应增加，观测连接角时要特别注意仪器整平，并将连接角和三角形内角分开观测；b_1 和 b_2 的测量精度也要高于导线边的测量精度。在建筑密集区不能同时使上述布网要求都得到满足时，可在连接边 S 的同侧布置两条基线，构成双三角形或大地四边形。

4.3.3　图根导线测量内业计算

1. 内业计算程序

导线测量的最终目的是获得各导线点的平面直角坐标，因此，外业工作结束后，应立即进行外业成果整理、平差计算、导线点的坐标求测，这就是导线测量的内业计算工作。导线测量内业工作的程序如下。

1）审核外业成果

审核全部外业成果，检查有无测错、记错、算错，有无误差超限现象等不符合规范的问题。检查无误方可进行平差与坐标计算。

2）绘制导线草图

绘制导线草图，注明导线点号、转折角值和边长。导线草图一般用量角器和直尺绘制。这样有助于以后的计算工作，帮助发现问题和检查产生错误的原因。

3）导线平差与坐标计算

（1）计算角度闭合差，并进行调整。

（2）计算导线各边的坐标方位角。

（3）计算导线各边的坐标增量，并调整坐标增量闭合差。

(4)根据调整后的坐标增量和已知坐标计算导线点的坐标。

根据审核后的导线转折角、边长数据和已知数据(已知高级点的坐标和坐标方位角)计算导线点的坐标,先根据已知坐标方位角和导线转折角计算各导线边的坐标方位角。有了每条边的坐标方位角及其边长,才能依据已知高级点的坐标推算各导线点的坐标。而已知的坐标方位角,有时可直接从已有的控制点成果表中录用,有时则需根据两已知点的坐标算出。怎样根据两点坐标计算坐标方位角,怎样根据已知边的坐标方位角和转折角推算下一边坐标方位角,又怎样依据已知点的坐标和相应的边长、坐标方位角计算下一点的坐标,不仅是导线计算中要遇到的问题,也是其他各种平面控制点、碎部点等坐标计算中经常遇到的问题。所以,在具体介绍导线内业计算之前,把上述坐标计算的基本问题专列出来先作介绍。

2. 坐标计算基本问题

1)坐标正算问题

根据已知点坐标、已知边边长及其坐标方位角来计算未知点的坐标,称为坐标正算问题。如图 4-12 所示,设 A 点为已知点,其坐标为 x_A、y_A;B 点为未知点,其坐标为 x_B、y_B;AB 的坐标方位角为 α_{AB},AB 的边长为 S_{AB},A、B 两点的坐标增量为 Δx_{AB}、Δy_{AB},则由图可知

$$\left.\begin{aligned} x_B &= x_A + \Delta x_{AB} \\ y_B &= y_A + \Delta y_{AB} \end{aligned}\right\} \tag{4-1}$$

而

$$\left.\begin{aligned} \Delta x_{AB} &= S_{AB} \cdot \cos\alpha_{AB} \\ \Delta y_{AB} &= S_{AB} \cdot \sin\alpha_{AB} \end{aligned}\right\} \tag{4-2}$$

将式(4-2)代入式(4-1)则得

$$\left.\begin{aligned} x_B &= x_a + S_{AB} \cdot \cos\alpha_{AB} \\ y_B &= y_a + S_{AB} \cdot \sin\alpha_{AB} \end{aligned}\right\} \tag{4-3}$$

2)坐标反算问题

根据两已知点的坐标计算该两点间的边长及其坐标方位角,称为坐标反算问题。如图 4-12 所示,设 A、B 为两已知高级平面控制点,其坐标分别为 x_A、y_A 和 x_B、y_B。则可知

$$\tan\alpha_{AB} = \frac{\Delta y_{AB}}{\Delta x_{AB}} \tag{4-4}$$

$$S_{AB} = \frac{\Delta y_{AB}}{\sin\alpha_{AB}} = \frac{\Delta x_{AB}}{\cos\alpha_{AB}} \tag{4-5}$$

由式(4-4)求得 α_{AB} 后,可再依式(4-5) 算出 S_{AB},以作相互校核。

3)坐标方位角推算问题

怎样根据已知边的坐标方位角和导线转折角推算下一边的坐标方位角呢?如图 4-13 所示,设 $\alpha_{1,2}$ 为导线边 AP_2 的坐标方位角,α_{AM} 为已知边 AM 的坐标方位角,β_1 为导线边 AP_2 与已知边 AM 的夹角,则由图 4-13 可知 AP_2 的坐标方位角为

$$\alpha_{1,2} = \alpha_{AM} + \beta_1 \tag{4-6}$$

若已知数据所给坐标方位角为 α_{MA} 时,则应将其换算为 α_{AM} 后才能应用式(4-6) 计算 $\alpha_{1,2}$。因 $\alpha_{AM} = \alpha_{MA} \pm 180°$,以 α_0 表示式中的 α_{MA},则

$$\alpha_{AM} = \alpha_0 \pm 180°$$

将该式代入式(4-6),得

$$\alpha_{1,2}=\alpha_0+\beta_1\pm180^\circ \tag{4-7}$$

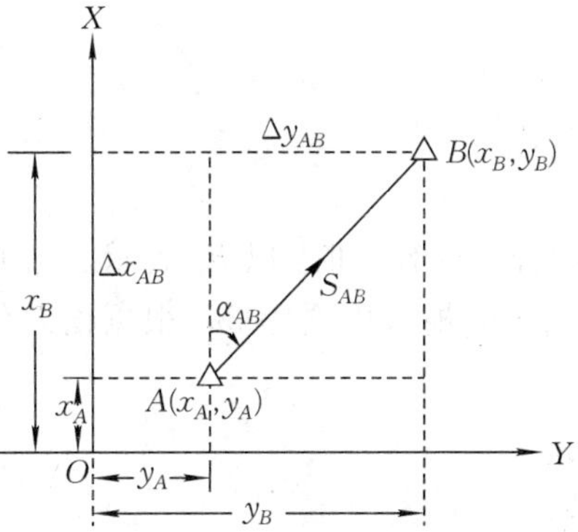

图 4-12

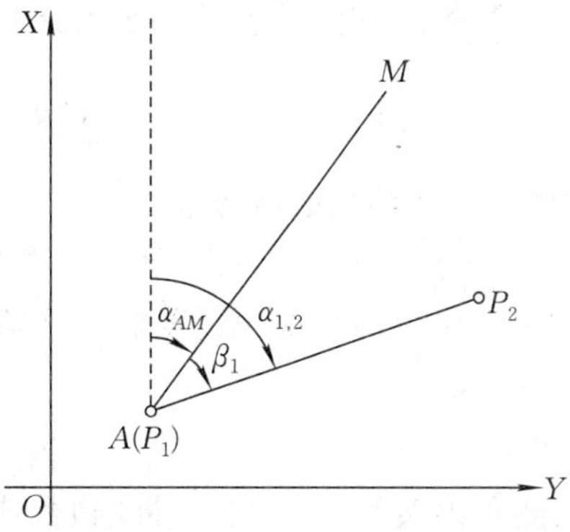

图 4-13

若从已知点 A 根据已知方向 AM 连续施测了 $\beta_1,\beta_2,\cdots$ 若干个转折角(图 4-14)，则按式(4-7) 同理可依次推算出 $P_1P_2,P_2P_3,\cdots$ 各导线边的坐标方位角，即

$$\alpha_{2,3}=\alpha_{1,2}+\beta_2\pm180^\circ$$

$$\vdots$$

写成普遍形式则为

$$\alpha_{n,n+1}=\alpha_{n-1,n}+\beta_n\pm180^\circ \tag{4-8}$$

式(4-8)表明：前一导线边的坐标方位角等于后一导线边的坐标方位角加导线左转折角(减右转折角)再加或减 180°。由于所算坐标方位角大于 360°时，应减去 360°，因此在计算时加 180°或减 180°是一样的。另外，式(4-8)还表明，观测导线左角比观测右角计算方便。

3. 单导线的近似平差计算

单导线包括闭合导线、附合导线和支导线。上述坐标计算的基本公式可以直接用于支导线点坐标的计算，但对于闭合导线和附合导线的计算，还必须对观测中的误差进行处理，即进行闭合或附合导线的平差。在闭合导线和附合导线测量中，各观测值之间必须满足一定的数学关系，这种关系的表达式称为条件方程式。例如，观测了 n 边闭合导线的 n 个内角，其内角和应等于 $(n-2)\times180^\circ$，即 $\sum\beta-(n-2)\times180^\circ=0$，这就是一种条件方程式，称为图形条件。由于观测的角度和边长中不可避免地存在着误差，致使观测成果不符合理论上的条件，因而必须对观测成果适当加以调整，使其能满足已知条件，这种调整工作就称为导线测量的平差。在闭合导线和附合导线的计算中将出现两种误差：一是角度闭合差，即角度观测值之和一般与理论值不符；二是坐标闭合差，即从已知点出发，根据观测值依次计算各点的坐标，最后再回到原起始点或附合到另一已知点，计算的结果与相应已知数据(理论值)也往往不符。若能够用平差方法解决观测误差所引起的这两种矛盾，就可用前述计算坐标的公式计算闭合导线点和附合导线点的坐标。

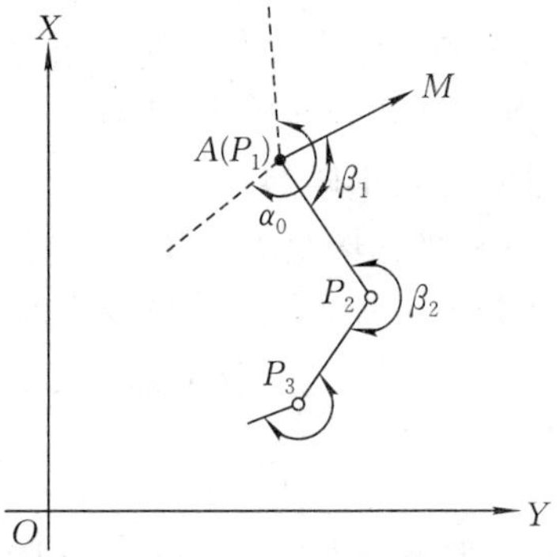

图 4-14

1)闭合导线的平差计算

(1)角度闭合差的计算与调整。

角度闭合差的计算方法：闭合导线所有内角观测值的总和与其理论值之差称为角度闭合差（$\sum\beta_{测}-\sum\beta_{理}$），用 f_β 表示角度闭合差，则

$$f_\beta=\sum_{i=1}^{n}\beta_i-(n-2)\times180^\circ \tag{4-9}$$

式中，n 为闭合导线的角数或边数。

角度闭合差必须有一个容许范围，称为角度闭合差的容许值，以 F_β 表示。相应级别全站仪或经纬仪导线测量的角度闭合差的容许值，用测角的极限中误差 $2m$ 根据误差传播定律导出计算公式为

$$F_\beta=2m\sqrt{n} \tag{4-10}$$

式中，m 为测角中误差；n 为闭合导线边数或角数。

F_β 的限差在导线测量规范中有具体规定。

角度闭合差的调整原则：如果 $f_\beta<F_\beta$，即角度闭合差在容许范围内，则将 f_β 反号平均分配到每个内角观测值中，该分配值称为角度改正数。若以 V_β 表示此改正数，则

$$V_\beta=-\frac{f_\beta}{n} \tag{4-11}$$

式中，n 为闭合导线的边数或角数。

若除不尽，应予以凑整，原则是短边的邻角给予较大的改正值，但应使所有内角改正值的总和与角度闭合差 f_β 的绝对值相等，符号相反。这也是一项检验。若 f_β 超限，应先检查计算是否正确，如正确无误，则到野外检查或重测。

(2)导线边坐标方位角的推算。

导线边的坐标方位角，按式(4-8)依据起始边的方位角和改正后的内角值顺次推算其余各导线边的坐标方位角。对于闭合导线，推算工作应最后回到起始边，以进行检核。如果最末一边(推算回到的起始边)坐标方位角的推算值同该边已知方位角相等，则说明角度改正和方位角推算都是正确的。

(3)坐标增量的计算。

如图 4-13 所示，设导线边的起点为 $A(x_A, y_A)$，终点为 $B(x_B, y_B)$，则其纵、横坐标之差 x_B-x_A、y_B-y_A 分别称为终点 B 对起点 A 的纵、横坐标增量，用 Δx_{AB}、Δy_{AB} 表示，即

$$\left.\begin{aligned}\Delta x_{AB}&=x_B-x_A\\ \Delta y_{AB}&=y_B-y_A\end{aligned}\right\} \tag{4-12}$$

显然，纵、横坐标增量为有向线段 AB 在纵、横坐标轴上的投影。

在已知导线边长度 S_{AB} 和坐标方位角 α_{AB} 时，就可利用式(4-12)推算出坐标增量。坐标增量的符号由线段的坐标方位角决定，其规律见表 4-1。

表 4-1 坐标增量的符号

导线的方向		坐标增量符号	
坐标方位角	象限	Δx	Δy
0°～90°	Ⅰ	+	+
90°～180°	Ⅱ	−	+
180°～270°	Ⅲ	−	−
270°～360°	Ⅳ	+	−

(4)坐标增量闭合差的计算与调整。

由几何学可知,闭合多边形在纵、横坐标轴上投影的总和均为0。因此,闭合导线各边纵、横坐标增量的总和应为0。实际上,由于测量误差的存在,坐标增量的总和并不等于0,而为某一数值,这就是纵、横坐标增量闭合差,分别用 f_x 和 f_y 表示,即

$$\left.\begin{aligned} f_x &= \sum_{i=1}^{n} \Delta x_i \\ f_y &= \sum_{i=1}^{n} \Delta y_i \end{aligned}\right\} \tag{4-13}$$

坐标增量闭合差的存在,使得闭合导线不闭合,如图4-15所示,其裂口 $1-1'$ 的距离称为导线全长闭合差,也称绝对闭合差,用 f_S 表示。由图4-15可知

$$f_S = \sqrt{f_x^2 + f_y^2} \tag{4-14}$$

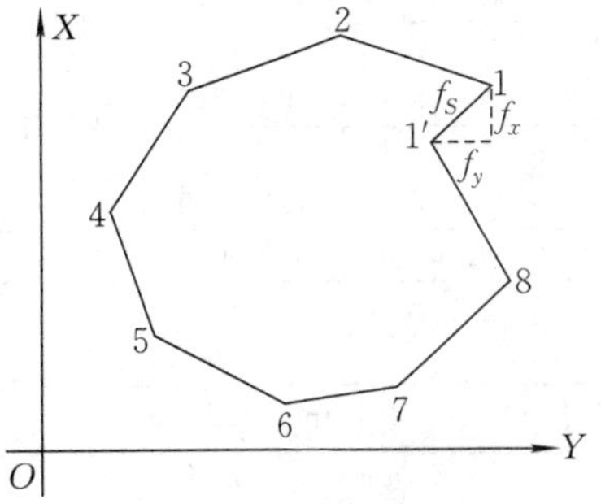

图 4-15

导线的精度通常用相对闭合差来表示,所谓相对闭合差就是绝对闭合差与导线全长之比,若用 P 表示导线全长,则有

$$P = \sum_{i=1}^{n} S_i$$

将 f_S 除以导线全长 P 即为导线全长相对闭合差,通常用分子为1的分数表示,若以 K 表示此分数值,则

$$K = \frac{f_S}{P} = \frac{1}{P/f_S} \tag{4-15}$$

图根控制各级导线测量的导线全长相对闭合差容许值须符合相应测量规范的规定。若导线全长相对闭合差满足精度要求,则将 f_x 和 f_y 反号,并按与边长成正比的原则分配到各坐标增量中,即

$$\left.\begin{aligned} V_{\Delta x_i} &= -f_x \cdot \frac{S_1}{P} \\ V_{\Delta y_i} &= -f_y \cdot \frac{S_1}{P} \end{aligned}\right\} \tag{4-16}$$

经过改正的坐标增量的总和应等于0,这也是一项检核。

(5)计算各导线点的坐标。

根据已知起始点的坐标和改正后的坐标增量,即可按坐标正算式(4-1)推算其余各导线点的坐标,计算应回到起始点上。具体算式为

$$\left.\begin{aligned} & x_2 = x_1 + \Delta x_1 y_2 = y_1 + \Delta y_1 \\ & x_3 = x_2 + \Delta x_2 y_3 = y_2 + \Delta y_2 \\ & \vdots \\ & x_n = x_{n-1} + \Delta x_{n-1} y_n = y_{n-1} + \Delta y_{n-1} \\ & x_1 = x_n + \Delta x_n y_1 = y_n + \Delta y_n \end{aligned}\right\}$$

当计算回到原来的起始点时,计算的坐标应与原始坐标一致,这也是一项检核计算。闭合导线计算实例见表4-2。

表 4-2 闭合导线坐标计算

测站	左角观测值/(° ′ ″)	改正后左角/(° ′ ″)	坐标方位角/(° ′ ″)	边长/m	坐标增量/m		改正后坐标增量/m		导线点坐标/m	
					ΔX	ΔY	ΔX	ΔY	X	Y
1	2	3	4	5	6	7	8	9	10	11
1									3 943.53	4 012.32
			170 24 00	201.60	−0.06 −198.78	−0.04 +33.62	−198.84	+33.58		
2	−10 108 27 10	108 27 00							3 744.69	4 045.90
			98 51 00	263.40	−0.7 −40.52	−0.05 +260.26	−40.59	+260.21		
3	−10 84 10 10	84 10 00							3 704.10	4 306.11
			3 01 00	241.00	−0.07 +240.67	−0.05 +12.68	+240.60	+12.63		
4	−10 135 49 10	135 49 00							3 944.70	4 318.74
			318 50 00	200.40	−0.06 +150.86	−0.04 −131.91	+150.00	−131.95		
5	−10 90 07 10	90 07 00							4 095.50	4 186.79
			228 57 00	231.30	−0.07 −151.90	−0.04 −174.43	−151.97	−174.47		
1	−10 121 27 10	121 27 00							3 943.53	4 012.32
Σ	540 00 50	540 00 00		1 137.70	−0.33	−0.22	0	0		

$f_\beta == \sum_\beta -(5-2)\times 180° = 50''$	$f_X = +0.33\ \text{m}$	$K = \frac{f}{F} = \frac{0.40}{1\,137.70} = \frac{1}{2\,844} < \frac{1}{2\,000}$
$F_\beta = \pm 40''\sqrt{5} = \pm 89''$	$f_Y = +0.22\ \text{m}$	
$\lvert f_\beta \rvert < \lvert F_\beta \rvert$	$f_S = \sqrt{f_X^2 + f_Y^2} = 0.41\ \text{m}$	

2)附合导线的平差计算

(1)角度闭合差的计算和调整。

附合导线除角度闭合差与坐标增量闭合差的计算与闭合导线不同外,其余计算与闭合导线是一样的。如图 4-16 所示,附合导线 P_1、P_2、…、P_{n+1} 的两端直接连接在高级点 A、B 上,A、B 各指向另外一个高级点 M 和 N,在 A、B 两高级控制点上分别观测了连接角 β_1 和 β_{n+1},由于高级控制点 A、B、M、N 均为已知点,故其坐标及其间的坐标方位角 α_0、α_{n+1} 亦均为已知。为了计算附合导线的角度闭合差,则自 α_0 起依次按导线转折角 β 推算出导线各边的坐标方位角为

$$\left.\begin{aligned} \alpha_1 &= \alpha_0 - 180° + \beta_1 \\ \alpha_2 &= \alpha_1 - 180° + \beta_2 \\ &\vdots \\ \alpha_{n+1} &= \alpha_n - 180° + \beta_{n+1} \end{aligned}\right\}$$

将以上各式求和,得

$$\alpha'_{n+1} = \alpha_0 + \sum_{i=1}^{n+1}\beta_i + (n+1)\cdot 180° \tag{4-17}$$

式中,α'_{n+1} 是从 α_0 依次用导线转折角观测值推算得到的 BN 边的坐标方位角;$\sum_{i=1}^{n+1}\beta_i$ 为转折角观测值之和,$n+1$ 为角数。从理论上说,α'_{n+1} 应等于 α_{n+1},但由于转折角观测值中存在不可避免的误差,故 α'_{n+1} 并不等于 α_{n+1},二者之差就是附合导线的角度闭合差,称为方位角闭合差,用 f_β 表示,即

$$f_\beta = a'_{n+1} - a_{n+1} \tag{4-18}$$

将式(4-17)代入式(4-18),得

$$f_\beta = \sum_{i=1}^{n+1}\beta_i - (a_{n+1} - a_0) + (n+1)\cdot 180° \tag{4-19}$$

式(4-19)减去 360°的相应倍数后的数值就是附合导线角度闭合差 f_β。算出 f_β 后就要判定其

是否在容许范围内,不同级别导线的角度闭合差的容许值在相应规范中有具体规定。附合导线角度闭合差容许值的计算与闭合导线角度闭合差容许值的计算相同。设测角的极限中误差为 $2m$,根据误差传播定律,其容许误差 $F_\beta = 2\,m\sqrt{n+1}$。若角度闭合差在容许范围内,即 $f_\beta < F_\beta$,将 f_β 反号,平均分配到各转折角观测值中。仍以 V_β 表示闭合导线角度闭合差的改正数,则

$$V_\beta = -\frac{f_\beta}{n+1} \tag{4-20}$$

式中,$n+1$ 为附合导线转折角个数(测站数)。

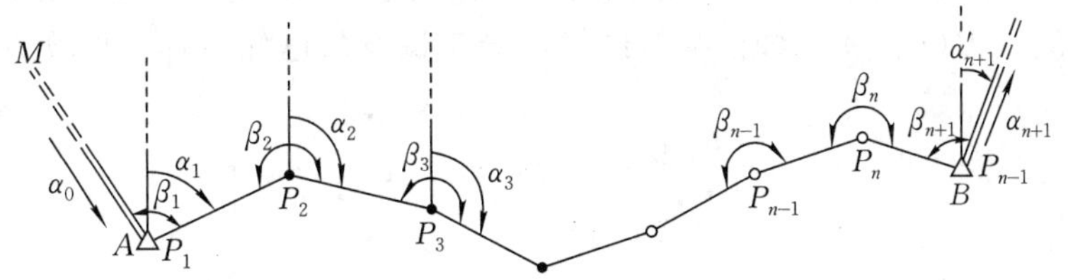

图 4-16

若在计算角度闭合差前已将角度观测值凑整到 0.1′或 10″,改正值 V 亦应凑整到 0.1′或 10″。如果闭合差不能平均分配,可只分配到一些短边的邻角上或对其多分配一些。每个转折角加上改正数 V_β,就得到改正后的角值。

(2)坐标方位角的推算。

根据起始边的已知坐标方位角 α_0 和改正后的角值,按式(4-8) 依次推算各导线边的坐标方位角直至终边。如推算得终边方位角等于终边的已知方位角 α_{n+1},就说明计算无误。

(3)坐标增量计算。

根据各导线边的边长和方位角,用式(4-2)即可计算导线点之间的坐标增量,即

$$\left.\begin{aligned} &\Delta x_{1,2} = S_1\cos\alpha_{1,2}\,\Delta y_{1,2} = S_1\sin\alpha_{1,2} \\ &\Delta x_{2,3} = S_2\cos\alpha_{2,3}\,\Delta y_{2,3} = S_2\sin\alpha_{2,3} \\ &\quad\vdots \\ &\Delta x_{n,n+1} = S_n\cos\alpha_{n,n+1}\,\Delta y_{n,n+1} = S_n\sin\alpha_{n,n+1} \end{aligned}\right\}$$

(4)坐标增量闭合差的计算与调整。

由于量距和测角误差的存在,按上述公式计算的纵、横坐标增量的总和 $\sum_{i=1}^{n}\Delta x$ 及 $\sum_{i=1}^{n}\Delta y$ 并不等于导线终点 B 对于导线始点 A 的纵、横坐标增量$(x_B - x_A)$及$(y_B - y_A)$,二者之差就是附合导线纵、横坐标增量闭合差,分别用 f_x、f_y 表示(图 4-17),以公式表示则为

$$\left.\begin{aligned} f_x &= \sum_{i=1}^{n}\Delta x - (x_B - x_A) \\ f_y &= \sum_{i=1}^{n}\Delta y - (y_B - y_A) \end{aligned}\right\} \tag{4-21}$$

附合导线全长闭合差 f_S 及全长相对闭合差 K 仍分别按式(4-14)和式(4-15)计算,精度要求亦与同级闭合导线相同。若满足精度要求,仍按边长成正比的原则,将 f_x 和 f_y 反号分配到各坐标增量中,即 $V_{\Delta x_i}$、$V_{\Delta y_i}$ 亦按式(4-16)计算。改正后的坐标增量之总和,应等于高级点 A

与 B 的坐标增量。

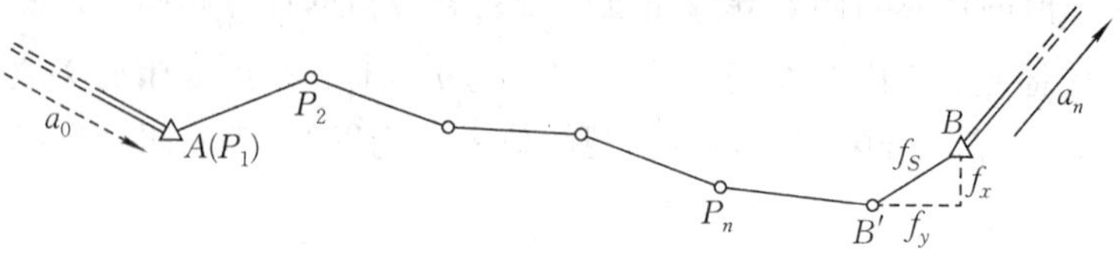

图 4-17

(5)计算各导线点的坐标。

根据式(4-1),从已知点 A 开始,用改正后的坐标增量依次推算各导线点的坐标,直至计算到另一已知高级点 $B(P_{n+1})$,这时,推算结果应等于该点的已知坐标。推算方法与闭合导线相同,即

$$\left.\begin{array}{l} x_2 = x_A + \Delta x_{1,2}\, y_2 = y_A + \Delta y_{1,2} \\ x_3 = x_2 + \Delta x_2\, y_{2,3} = y_2 + \Delta y_{2,3} \\ \vdots \\ x_B = x_n + \Delta x_{n,n+1}\, y_B = y_n + \Delta y_{n,n+1} \end{array}\right\}$$

附合导线计算实例见表 4-3。

表 4-3 附合导线坐标计算

测站	左角观测值 /(° ′ ″)	改正后左角 /(° ′ ″)	坐标方位角 /(° ′ ″)	边长 /m	坐标增量/m		改正后坐标增量/m		导线点坐标/m	
					ΔX	ΔY	ΔX	ΔY	X	Y
1	2	3	4	5	6	7	8	9	10	11
Ⅰ19										
			317 52 06							
Ⅱ91	+2 92 30 06	92 30 08							4 028.53	4 066.77
			230 22 14	133.84	−0.02 −85.37	−0.05 −103.00	−85.39	−103.13		
1	+2 156 30 18	156 30 20							3 943.14	3 903.64
			206 52 34	154.71	−0.03 −138.00	−0.07 −69.94	−138.03	−70.01		
2	+2 175 30 24	175 30 26							3 805.11	3 833.63
			202 23 00	80.74	−0.02 −74.66	−0.03 −30.75	−74.68	−30.78		
3	+2 180 43 54	180 43 56							3 730.43	3 802.85
			203 03 56	148.93	−0.03 −136.97	−0.06 −58.47	−137.00	−58.53		
4	+2 278 43 12	278 43 14							3 593.43	3 744.32
			301 50 10	147.16	−0.03 +77.63	−0.06 −125.02	+77.60	−125.08		
Ⅱ89	+2 212 52 30	212 52 32							3 671.03	3 619.24
			334 42 42							
Ⅱ88										
Σ	1096 50 24	1096 50 36		665.38	−357.37	−387.26	−357.50	−387.53		
$f_\beta == \sum_\beta - 6\times180° - 16°50'36'' = -12''$				$f_X = +0.13$ m			$K = \frac{f_S}{F} = \frac{0.30}{668.38} = \frac{1}{2\,218} < \frac{1}{2\,000}$			
$F_\beta = \pm40''\sqrt{6} = \pm1'38''$				$f_Y = +0.27$ m						
$\lvert f_\beta \rvert < \lvert F_\beta \rvert$				$f_S = \sqrt{f_X^2 + f_Y^2} = 0.30$ m						

4. 单结点导线网的近似平差计算

一个结点的导线网平差是先求出结点坐标的最或然值,而后将结点作为已知点,分别对几条导线进行闭合差的计算和调整(平差)。因导线有角度和纵、横坐标 3 种闭合差,故须对其分别进行平差。下面是这种导线网的平差方法。

如图 4-18 所示，设 A、B、C 是高级控制点，其坐标值是已知的；AA'、BB'、CC' 是已知边，其坐标方位角为已知，D 为结点，其平差计算的程序如下。

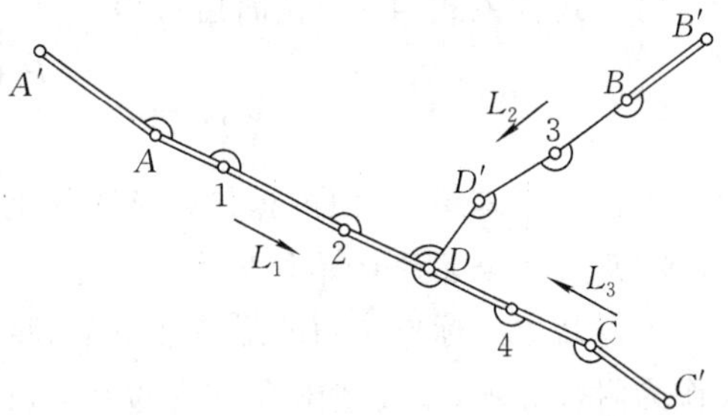

图 4-18

1)计算结边方位角最或然值

由结点 D 到任意路线选择一条导线边作为结边，但最好是选在边数最多的一条导线上，如选择图 4-18 中第二条路线 L_2 上的 DD' 边作为结边。分别沿导线 L_1、L_2、L_3，由已知坐标方位角和转折角观测值，推算结边的坐标方位角 α_1、α_2、α_3，即

$$\left.\begin{aligned}\alpha_1 &= \alpha_{A'A} + n_1 \cdot 180 + \sum_{i=1}^{n_1} 1\beta \\ \alpha_2 &= \alpha_{B'B} + n_2 \cdot 180 + \sum_{i=1}^{n_2} 2\beta \\ \alpha_3 &= \alpha_{C'C} + n_3 \cdot 180 + \sum_{i=1}^{n_3} 3\beta\end{aligned}\right\}$$

式中，n_1、n_2、n_3 分别为第一、第二、第三条导线用于传递坐标方位角的转折角数，$\sum_{i=1}^{n_1} 1\beta$、$\sum_{i=1}^{n_2} 2\beta$、$\sum_{i=1}^{n_3} 3\beta$ 为各条导线左转折角之和，$\alpha_{A'A}$、$\alpha_{B'B}$、$\alpha_{C'C}$ 为已知坐标方位角。

由于各条导线上参加推算方位角的转折角数不同，则由不同路线推算出的结边 DD' 的方位角 α_1、α_2、α_3 是不同精度的，即它们所带的权不同，故应按带权平均值公式来计算结边 DD' 的坐标方位角的最或然值。

设 α_1 的权为 P_1，则

$$P_1 = C/n_1$$

设 α_2 的权为 P_2，则

$$P_2 = C/n_2$$

设 α_3 的权为 P_3，则

$$P_3 = C/n_3$$

式中，C 为任意常数。按带权平均值公式，结边 DD' 的坐标方位角的最或然值 $\alpha_{DD'}$ 为

$$\alpha_{DD'} = \frac{P_1\alpha_1 + P_2\alpha_2 + P_3\alpha_3}{P_1 + P_2 + P_3} \tag{4-22}$$

为了计算方便，可取 α_0 为 $\alpha_{DD'}$ 的近似值，d_α 为沿各路线算得的坐标方位角减去 α_0 的差数（如 $d_{\alpha_1} = \alpha_1 - \alpha_0$），则

$$\left.\begin{aligned}\alpha_1 &= \alpha_0 + d_{\alpha_1} \\ \alpha_2 &= \alpha_0 + d_{\alpha_2} \\ \alpha_3 &= \alpha_0 + d_{\alpha_3}\end{aligned}\right\}$$

将上式代入式(4-22)化简后可得

$$\alpha_{DD'}=\alpha_0+\frac{P_1d_{\alpha_1}+P_2d_{\alpha_2}+P_3d_{\alpha_3}}{P_1+P_2+P_3} \tag{4-23}$$

求得 α 平差值后，便可算得各条路线的方位角闭合差。

2)角度闭合差的计算与改正

求得结边坐标方位角的最或然值后，将3个已知方向 AA'、BB'、CC' 到结边 DD' 间的导线作为附合导线，按前述附合导线的方法，计算其角度闭合差并改正各转折角观测值。

3)推算各导线边的坐标方位角

根据结边坐标方位角和改正后的转折角，按式(4-8)推算各导线的坐标方位角。

4)计算各导线边的坐标增量和 D 点的坐标

用各导线边的边长和坐标方位角计算各边的坐标增量，并分别按路线取总和，然后沿每条路线由已知点 A、B、C 的坐标推算结点 D 的坐标，这样可得 D 点的3个坐标值，设为(x_1,y_1)、(x_2,y_2)、(x_3,y_3)。

5)计算结点 D 的坐标最或然值

用上述求方位角平差值同样的方法可求出结点 D 的坐标最或然值。设结点3个坐标的权分别为 P_1、P_2、P_3，因结点坐标的权与推算路线的长度成反比，故

$$\left.\begin{aligned}P_1&=\frac{C}{[S]_1}\\P_2&=\frac{C}{[S]_2}\\P_3&=\frac{C}{[S]_3}\end{aligned}\right\}$$

式中，C 为任意常数，[ ]是表示总和的符号，$[S]_1$、$[S]_2$、$[S]_3$ 分别为各条导线 L_1、L_2、L_3 线路的总长。依带权平均值公式可得结点坐标的最或然值公式为

$$\left.\begin{aligned}x_D&=\frac{P_1x_1+P_2x_2+P_3x_3}{P_1+P_2+P_3}\\y_D&=\frac{P_1y_1+P_2y_2+P_3y_3}{P_1+P_2+P_3}\end{aligned}\right\} \tag{4-24}$$

或

$$\left.\begin{aligned}x_D&=x_{D_0}+\frac{P_1d_{x_1}+P_2d_{x_2}+P_3d_{x_3}}{P_1+P_2+P_3}\\y_D&=y_{D_0}+\frac{P_1d_{y_1}+P_2d_{y_2}+P_3d_{y_3}}{P_1+P_2+P_3}\end{aligned}\right\} \tag{4-25}$$

式中，x_{D_0}、y_{D_0} 为 D 点坐标的近似值；d_{x_i}、d_{y_i} 为沿线路 L_i 推算得到的 D 点坐标与其近似值之差，如 $d_{x_1}=x_1-x_{D_0}$、$d_{y_1}=y_1-y_{D_0}$。

6)推算各导线点的坐标

算出结点坐标最或然值后，将 L_1、L_2、L_3 作为附合导线进行坐标增量闭合差的计算和分配，最后算得各导线点的坐标。

4.4　碎部测量

4.4.1　碎部点的选取

碎部测量从碎部点的选取开始。选择碎部点必须遵循两个原则：①碎部点必须是地形特征点，以保证地物、地貌测绘的真实性与精确性；②碎部点的图上密度应当适当（点距约 2 cm），以保证地形图的清晰性和易读性。所谓地形特征点就是地形线的拐点（转折点），地形线是山脊线、山谷线、坡缘线、坡麓线、凸坡线、凹坡线等地貌结构线与面状地物轮廓线、线状地物定位线（如道路的边线或中线，河流的岸线等）的总称。这些地形线的交会点、转向点、变坡点以及点状地物定位点等总称为地形特征点。地面上的地形特征点的分布是不均匀的。因此，在密度大的地形复杂地区，要舍弃次要的地形特征点，选取主要的地形特征点作为碎部点；在地形特征点密度小、地形单一的长直线段或长匀坡段上应加密碎部点。

碎部点选择的实质是对地物、地貌进行制图综合，所以，地形测量时应充分应用地形图知识，科学地选取碎部点。图 4-19 和图 4-20 分别是地物、地貌碎部点选取的示意图。

图 4-19

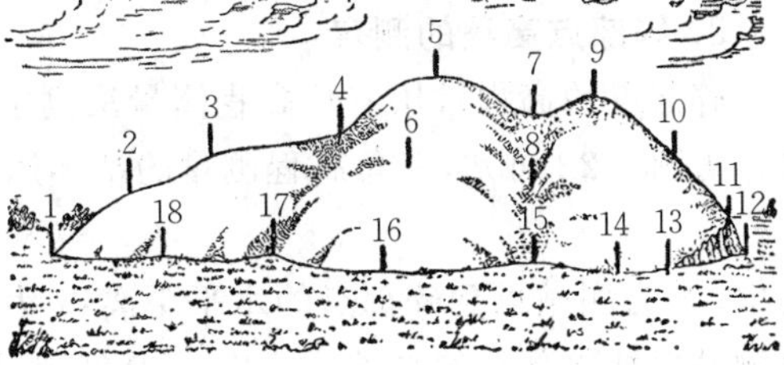

图 4-20

4.4.2　碎部点平面位置和高程的测定

1. 极坐标法测定碎部点的平面位置

极坐标法是在某个图根控制点上安置经纬仪或全站仪（安置仪器的控制点称为测站点），以另一控制点作为零方向，观测已知方向与待定方向（测站点至碎部点方向）的水平角，测量测站点至碎部点的水平距离，应用坐标正算公式求得碎部点的坐标。如图 4-21 所示，A、B 是已知控制点，1,2,3,…,N 为碎部点。为了用极坐标法测定各碎部点的坐标，在 B 点设站，以 BA 方向作为碎部点水平角观测的零方向，观测 BA 到 $B1$,$B2$,$B3$,…,BN 的水平角 $\angle AB1$,$\angle AB2$,$\angle AB3$,…,$\angle ABN$。测量 B 点至1,2,3,…,N 的水平距离 S_1,S_2,S_3,…,S_N，根据已知点 B 的坐标，已知方向的坐标方位角 α_{BA} 及测得的水平角和水平距离，便可按下列步骤解算各碎部点的坐标。

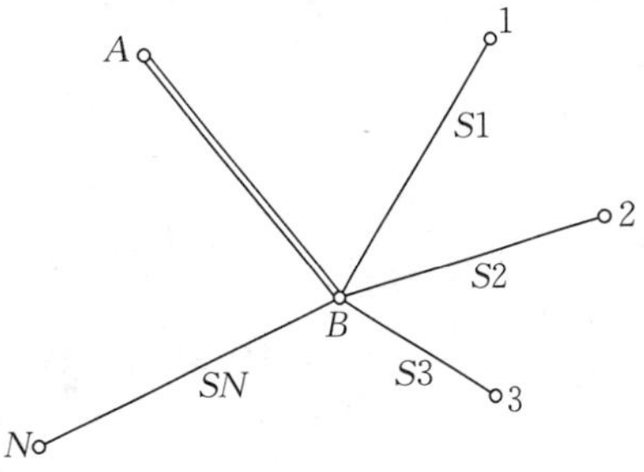

图 4-21

1）计算碎部点方向的坐标方位角

根据已知控制点 B、A 的坐标按式（4-4）计算 BA 方向的坐标方位角 α_{BA}，再用 α_{BA} 和观测

1,2,3,…,N 各碎部点的水平角,按式(4-4)计算待定方向(即碎部点方向)$B_1,B_2,\cdots,B_N$ 的坐标方位角 $\alpha_{B1},\alpha_{B2},\cdots,\alpha_{BN}$,则有

$$\left.\begin{aligned}\alpha_{B1}&=\alpha_{BA}+\angle AB1\pm 180^\circ\\ \alpha_{B2}&=\alpha_{BA}+\angle AB2\pm 180^\circ\\ &\vdots\\ \alpha_{BN}&=\alpha_{BA}+\angle ABN\pm 180^\circ\end{aligned}\right\}$$

2)计算极距的坐标增量

极距即测站点至碎部点的距离,其坐标增量按式(4-2)则有

$$\left.\begin{aligned}\Delta x_1&=S_1\cdot\cos\alpha_{B1}\Delta y_1=S_1\cdot\sin\alpha_{B1}\\ \Delta x_2&=S_2\cdot\cos\alpha_{B2}\Delta y_2=S_2\cdot\sin\alpha_{B2}\\ &\vdots\\ \Delta x_N&=S_N\cdot\cos\alpha_{BN}\Delta y_N=S_N\cdot\sin\alpha_{BN}\end{aligned}\right\}$$

3)计算碎部点的坐标

按式(4-1)和式(4-3)则有

$$\left.\begin{aligned}x_i&=x_B+\Delta x_i=x_B+S_i\cdot\cos\alpha_{Bi}\\ y_i&=y_B+\Delta y_i=y_B+S_i\cdot\cos\alpha_{Bi}\end{aligned}\right\}$$

极坐标法方法灵活,是解析法测量碎部点平面位置的主要方法。

2. 碎部点高程的测定

碎部点的高程常用三角高程测量法测定。

由图 4-22 可知,三角高程测量的基本原理为

$$h_{AB}=S\cdot\tan\alpha+i-t$$

式中,S 为测站点到碎部点的水平距离,α 为照准觇标高 t 的竖角,i 为仪器高,t 为觇标高,h_{AB} 为测站点到碎部点的高差。式中,α 有仰角、俯角,故 h 有正有负,设 i 为碎部点点号,B 点的高程已知为 H_B,碎部点的高程为 H_i,则

$$H_i=H_B\pm h_{AB}$$

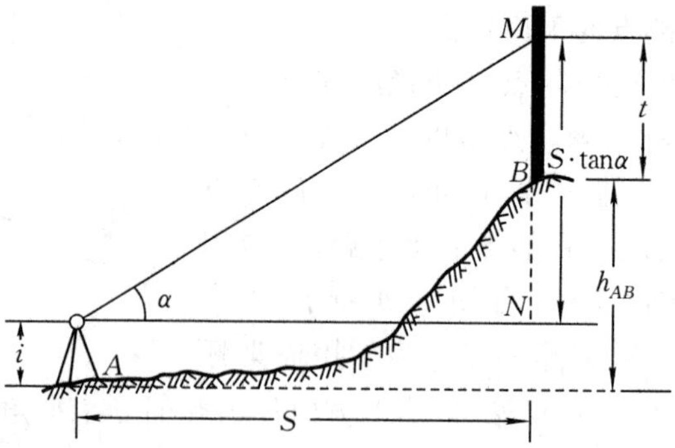

图 4-22

4.4.3 碎部测图的方法

根据已建立的测图控制网点,便可在图根控制点上设站施测其周围的碎部点的平面位置

和高程，按规定的比例尺和相应的地形图图式测绘大比例尺地形图。碎部测图的方法有如下两个。

1. 传统碎部测图法

传统碎部测图法可分为：大平板仪测图法、经纬仪测图法、经纬仪配合小平板仪测图法、小平板仪配合经纬仪测图法等。这 4 种碎部测图方法都能满足大比例尺图测图的精度要求。

2. 地面数字化测图方法

利用全站仪，在野外直接对地面的地物、地貌实施数字化地形数据采集，并利用计算机绘制大比例尺地形图的测图技术，称为地面数字化测图。

地面数字化测图方法与传统测图法比较，具有成图精度高、周期短、劳动强度小、测绘成果便于现代化管理等优点，现已成为地面大比例尺地形图测绘的先进技术手段。

第5章 全站仪及其使用

5.1 全站仪的功能

全站仪是全站型电子速测仪的简称，它集电子经纬仪、光电测距仪和微处理器于一体。全站仪的发展经历了从组合式即光电测距仪与光学经纬仪组合或光电测距仪与电子经纬仪组合，到整体式即将光电测距仪的光波发射、接收系统的光轴和经纬仪的视准轴组合为同轴的整体式全站仪。全站仪可以同时测量角度和距离，并在此基础上扩展功能，因此全站仪得到了广泛应用。

全站仪可以同时完成水平角、垂直角和距离测量，加之仪器内部有固化的测量应用程序，因而可以现场完成多种测量工作，提高了野外测量的效率和质量。

5.1.1 基本测量

1. 角度测量

全站仪具有电子经纬仪的测角系统，除一般的水平角和垂直角测量外，还具有以下附加功能：

水平角设置：将某方向水平读数设置为零或任意值；任意方向值的锁定（照准部旋转时方向值不变）；右/左角切换（照准部顺/逆时针旋转时角值增大）；角度重复测量模式（多次测量取平均值）。

垂直角显示变换：可以用竖直角、倾斜角和坡度等方式显示垂直角。

角度单位变换：可以度或度分秒等方式显示角度。

自动改正视准轴误差、横轴误差和指标差：预先测定视准轴误差、横轴误差和指标差并储存在仪器中，在水平方向和竖直角观测时，对半测回观测水平方向和竖直角读数自动进行改正。

整轴倾斜的自动补偿：使用电子水准器，可以测定出仪器在各个方向的倾斜量，从而自动改正竖轴倾斜对水平方向和竖直角的影响。

2. 距离测量

全站仪具有光电测距仪的测距系统，除了能测量仪器至反射棱镜的距离（斜距）外，还可根据全站仪的类型、反射棱镜数目和气象条件，改变其最大测程，以满足不同的测量目的和作业要求。

1）测距模式的变换

（1）按具体情况，可设置为高精度测量或快速测量模式。

（2）可选取距离测量的最小分辨率，通常有1 cm、1 mm、0.1 mm几种。

（3）可选取测距次数，主要有单次测量（显示一次测量结果）；连续测量（可进行不间断测量，按停止键测量停止）；指定测量次数；多次测量取平均值（根据所设定的测量次数，测量完成后显示平均值)。

2)设置测距精度

包括:精密测量(测量精度高,需要数秒测量时间);简易测量(测量精度低,可快速测量);跟踪测量(自动跟踪反射棱镜进行测量,测量精度低)。

3)各种改正功能

在测距前设置相关参数,对距离测量结果可自动进行棱镜常数改正、气象(温度和气压)改正和大气折射率误差等改正。

4)斜距归算功能

由测量的垂直角(竖直角)和斜距可计算出仪器至棱镜的平距和垂距,并立即显示出来。如果没有输入仪器高和棱镜高,垂距为仪器中心和棱镜中心的高差,如果输入则是测站点与目标点的高差。

3. 坐标测量和放样

对仪器进行必要的参数设定后,全站仪可直接测定点的三维坐标,在地形测量或施工放样时可提高作业效率。

1)设站

在已知点上安置仪器,输入测站点、定向点和检查点的三维坐标,并输入仪器高,启动设站定向程序,照准定向点进行定向(此时仪器会将该方向的水平度盘读数与方位角对应起来)。照准检查点,输入棱镜高,如果测定的坐标和高程与检查点符合,表示设站正确,接着可进行后续坐标测量和放样。

设站可采用自由设站方法。在待定点上安置仪器,输入观测已知点(3～4 个)的三维坐标、棱镜高和仪器高,然后启动自由设站程序,观测已知点的水平方向、竖直角和距离进行自由设站,得到设站点的平面坐标和高程,同时也进行了定向。检查各已知方向的点位偏差符合要求后,可进行后续坐标测量和放样。

2)坐标测量和放样

坐标测量按极坐标方法。在设站后即可得到仪器中心的坐标和高程,同时也确定了水平方向的方位角。观测目标点的水平方向、竖直角和距离,输入棱镜高,即可得到目标点的三维坐标,如图 5-1 所示。

图 5-1 中,设测站点 A 的三维坐标为(X_A,Y_A,H_A),目标点 P 的观测值为一体水平角 β、竖直角 z 和斜距 D,则目标点 P 的三维坐标为

$$\left.\begin{aligned}\alpha_{AP} &= \alpha_{AO} + \beta - 360^\circ \\ X_P &= X_A + D \times \sin z \times \cos\alpha_{AP} \\ Y_P &= Y_A + D \times \sin z \times \sin\alpha_{AP} \\ H_P &= H_A + D \times \cos z + i - v\end{aligned}\right\}$$

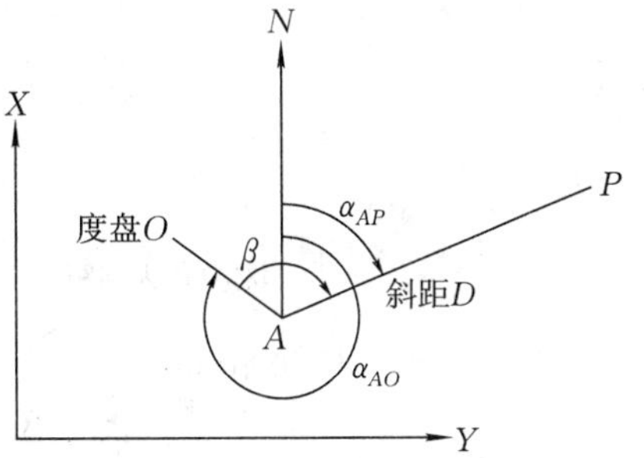

图 5-1

式中,i 为仪器高,v 为棱镜高。

坐标放样时需预先将放样点的坐标、高程输入仪器,在已知点上或待定点上设站后,接着可进行目标点的放样。照准在目标点附近所立的反射棱镜,进行坐标测量,按仪器上显示的测量点到目标点的距离和方向,经多次测量可得到目标点的正确位置。

5.1.2 应用程序

全站仪内部配置有微处理器、存储器和输入输出接口，可以运行复杂的应用程序，因而具有对测量数据进行存储和进一步处理的功能。全站仪上较为常见的应用程序有以下几种。

1. 自由设站

自由设站是在待定点设站，测量待定测站点到各个已知点的方向、竖直角和距离，解算出待定测站点的坐标和高程，然后进行后续的坐标测量或放样。

2. 对边测量

对边测量是在不移动仪器的情况下，测量两棱镜站点间斜距、平距、高差、方位和坡度的功能。

如图 5-2 所示，在测站点上依次测量各反射棱镜的距离 S_1、S_2 和水平角 θ，以及高差 h_{A1}、h_{A2}，则可求得 P_1 至 P_2 间的距离 C 和高差 h_{12} 为

$$\left.\begin{aligned} C &= \sqrt{(S_1^2 + S_2^2 - 2S_1 \times S_2 \times \cos\theta)} \\ h_{12} &= h_{A2} - h_{A1} \end{aligned}\right\}$$

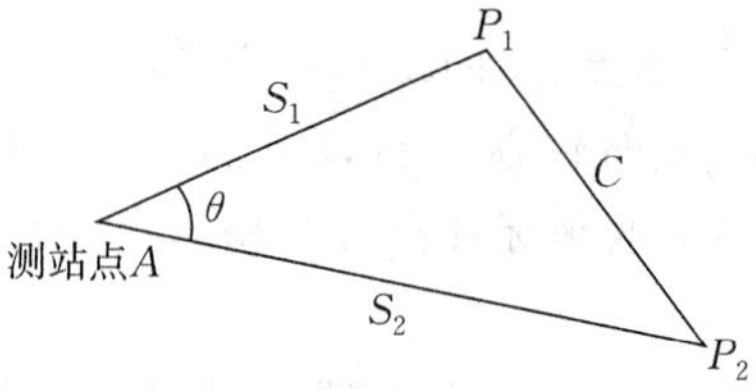

图 5-2

3. 悬高测量

架空的电线和管道等因远离地面无法设置反射棱镜，可采用悬高测量，就能测量其高度。如图 5-3 所示，将反射棱镜设在测量目标正下方，输入反射棱镜高 h_1，然后照准反射棱镜进行竖直角和距离测量，再转动望远镜照准目标，便能显示地面至目标的高度。

目标高度由下式计算，即

$$\left.\begin{aligned} H_1 &= h_1 + h_2 \\ h_2 &= D \times \sin z_1 (\cot z_2 - \cot z_1) \end{aligned}\right\}$$

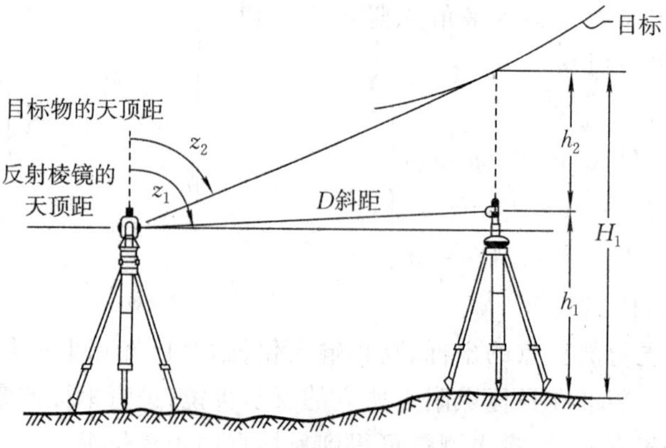

图 5-3

4. 面积测量

通过顺序测定地块边界点坐标，按照任意多边形面积的计算方法，可确定地块面积。

5.1.3　辅助功能

1. 休眠和自动关机功能

当仪器长时间不工作时，为了节电，仪器可自动进入休眠状态，需要操作时可按功能键唤醒，使仪器恢复到先前状态。也可设置仪器在一定时间内无操作时自动关机，以免电池耗尽。

2. 显示内容个性化

可根据用户的需要，设置显示的内容和页面。

3. 电子水准器

由仪器内部的倾斜传感器检测竖轴的倾斜状态，以数字和图形形式显示，指导测量员高精度置平仪器。

4. 照明系统

在夜晚或黑暗环境下观测时，仪器可对显示屏、操作面板和十字丝进行照明。

5. 导向光引导

在进行放样作业时，利用仪器发射的持续和闪烁可见光，引导持镜员快速找到方位。

6. 数据管理功能

测量数据可存储到仪器内存、扩展存储卡，还可由数据输出端口实时输出到其他记录设备中。

5.2　全站仪组成和基本操作

5.2.1　全站仪组成

1. 基本组成

全站仪是由电子测角、电子测距、电子计算和数据存储单元等组成的三维坐标测量系统，测量结果能自动显示，并能与外转设备交换数据，可以实现测量和处理过程的电子化和自动化。

2. 部件结构

以徕卡 TS 系列为例，其组成主要有电子测角系统、电子测距系统、数据存储系统和自动补偿设备等，见图 5-4。

主要部件描述如下。

1)同轴望远镜

目前的全站仪采用望远镜光轴（视准轴）和测距光轴完全同轴的光学系统，如图 5-5 所示。在望远物镜与调焦透镜设置分光棱镜系统，通过该系统实现望远镜的多功能，即可瞄准目标，使之成像于十字丝分划板，进行角度测量。同时其测距部分的外光路系统又能使测距部分的光敏二极管发射的调制红外光在经物镜向反光棱镜后，经同一路径反射回来，再经分光棱镜作用使回光被光电二极管接收。为测距需要在仪器内部另设一内光路系统，通过分光棱镜系统中的光导纤维将由光敏二极管发射的调制红外光也传送给光电二极管接收,进而由内、外光路调制光的相位差间接计算光的传播时间,计算实测距离。

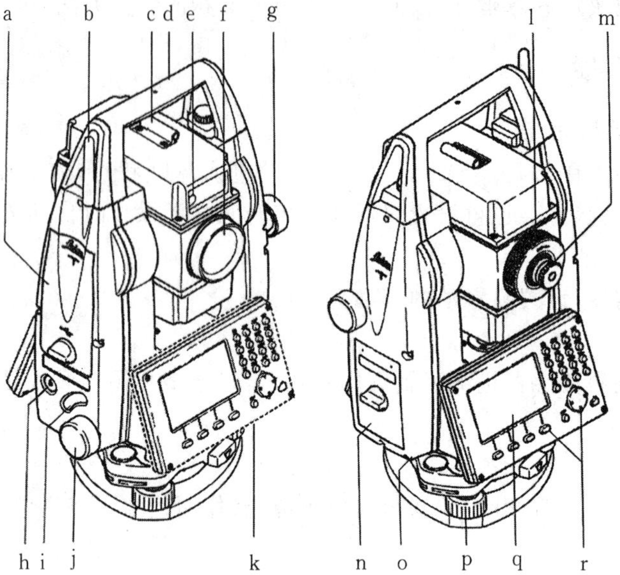

图 5-4

a—USB 存储卡和 USB 电缆接口槽;b—蓝牙天线;c—粗瞄器;d—装有螺钉的可分离式提把;e—电子导向光(EGL);f—电磁波测距模块(EDM)的物镜和激光束出口;g—竖直微动螺旋;h—开关键;i—触发键;j—水平微动螺旋;k—第二面键盘;l—物镜调焦螺旋;m—目镜调焦螺旋;n—电池盖;o—RS232 串口;p—脚螺旋;q—显示屏幕;r—键盘。

同轴性使得望远镜一次瞄准即可实现同时测定水平角、垂直角和斜距等基本测量要素。

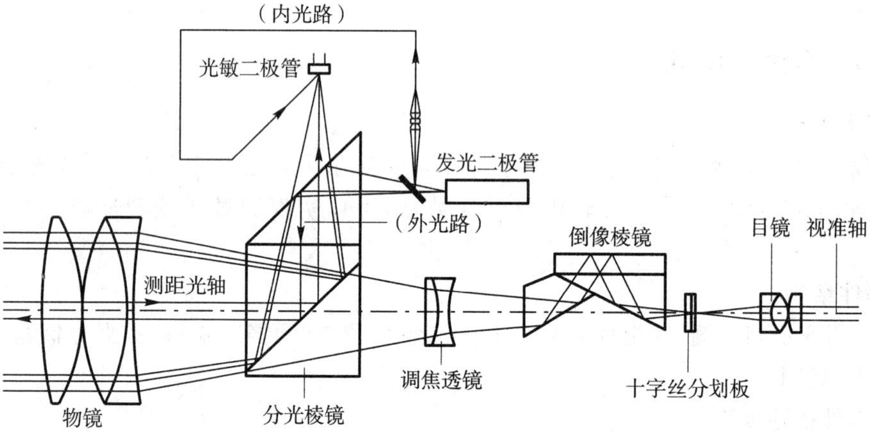

图 5-5

2)键盘

键盘是全站仪在测量时输入操作指令或数据的硬件,全站型仪器的键盘和显示屏均为双面式,便于正、倒镜作业时操作。

3)通信接口

全站仪可以通过通信接口和通信电缆将内存中储存的数据输入计算机,或将计算机中的数据和信息经通信电缆传输给全站仪,实现双向信息传输。

5.2.2　仪器安置

1. 架设三脚架

架设三脚架时应注意保证其上端水平。轻微的倾斜可以通过基座脚螺旋来调节，较大的倾斜需要通过脚架来调节。松开脚架腿上的螺丝，调整到需要的长度，然后拧紧螺丝，脚架操作注意螺丝勿拧过松或过紧。

2. 安置步骤

安置步骤(图 5-6)如下。

(1)顾及观测姿势的舒适性，调节三脚架腿到合适的高度。将脚架置于地面标志点上方，将脚架中心对准标志中心。

(2)旋紧连接螺旋，将基座及仪器固定到脚架上。

(3)打开仪器，激光对中器会自动激活，整平/对中界面会出现。

(4)移动脚架腿，并转动基座脚螺旋，使激光点对准地面点。

(5)伸缩脚架腿，整平圆水准器。

(6)根据电子水准器的指示，转动基座脚螺旋，以精确整平仪器。具体操作参见整平部分内容。

(7)移动三脚架头上的基座，将仪器精确对准地面点，然后旋紧中心连接螺旋。

(8)重复步骤(6)步和步骤(7)，直至达到所要求的精度。

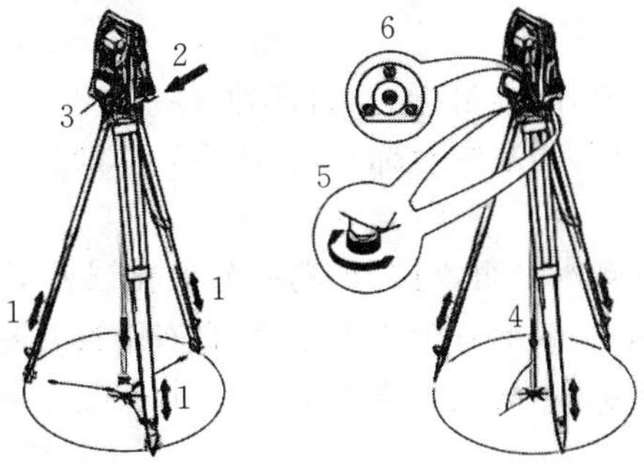

图 5-6

1—架腿；2—三脚架头；3—开机键；4—激光对中点；5—基座脚螺旋；6—圆水准器。

3. 整平

利用基座的脚螺旋和电子水准器，可以精确地整平仪器，如图 5-7 所示。

(1)将仪器转动至两脚螺旋连线的平行方向(仪器横轴平行于两脚螺旋的连线)。

(2)转动这两个脚螺旋使该轴向的电子水准器气泡居中(箭头会显示需要调整的方向，当气泡居中后箭头会被两个复选标志代替)。

(3)转动第三个脚螺旋，使第二个轴向(垂直于第一个轴向)的电子水准器气泡居中。当气泡居中后箭头会被一个复选标志代替，当电子水准器气泡居中且 3 个复选标志都显示时，表明仪器已完全被整平。

5.2.3　角度测量

全站仪设站完成后，自动进入常规测量界面，自动显示水平角度、竖直角度的读数。水平角观测采用测回法或方向观测法进行观测和记录，竖直角观测采用中丝法或三丝法进行观测和记录。

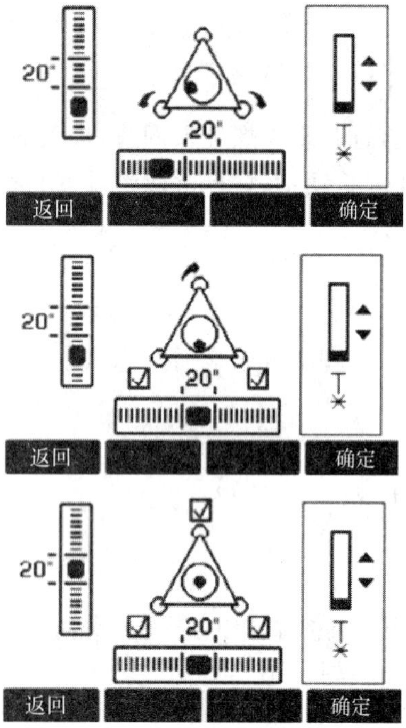

图 5-7

1. 水平角观测

在角度观测中，为了消除仪器的某些误差，需要用盘左和盘右两个位置来进行观测。盘左又称正镜，就是观测者对着望远镜的目镜时，竖盘在望远镜的左边；盘右又称倒镜，是指观测者对着望远镜的目镜时，竖盘在望远镜的右边。

常用的水平角观测方法有测回法和方向观测法两种。测回法仅适用于观测两个方向形成的单角，当一个测站上需要观测的方向数在两个以上时，要用方向观测法观测水平方向所需要的水平角，可以由有关的两个方向观测值相减得到。

1）测回法

如图 5-8 所示，在测站点 B，需要测出 BA、BC 两方相间的水平角 β，在 B 点安置全站仪后，按下列照准顺序进行观测。

（1）盘左位置瞄准左目标 C，得读数 $c_{左}$。

（2）松开照准部制动螺旋，顺时针方向转动照准部，瞄准右目标 A，得读数 $a_{左}$，则盘左位置所得半测回角值为

$$\beta_{左}=a_{左}-c_{左}$$

（3）倒转望远镜成盘右位置，瞄准目标 A，得读数 $a_{右}$。

（4）逆时针方向转动照准部，瞄准左目标 C，得读数 $c_{右}$，则盘右半测回角值为

$$\beta_{右}=a_{右}-c_{右}$$

用盘左、盘右两个位置观测水平角，可以抵消部分仪器误差对测角的影响，同时可作为观测过程中有无错误的检核。盘左瞄准目标称为正镜，盘右瞄准目标称为倒镜。

采用 6″全站仪，如果 $\beta_{左}$ 与 $\beta_{右}$ 的差数不大于 40″，则取盘左、盘右的平均值作为一测回观测结果，即

$$\beta=\frac{1}{2}(\beta_{左}+\beta_{右})$$

2）方向观测法

设在图 5-9 所示的测站 O 上，观测 O 到 A、B、C、D 各方向之间的水平角，用方向观测法的操作步骤如下：

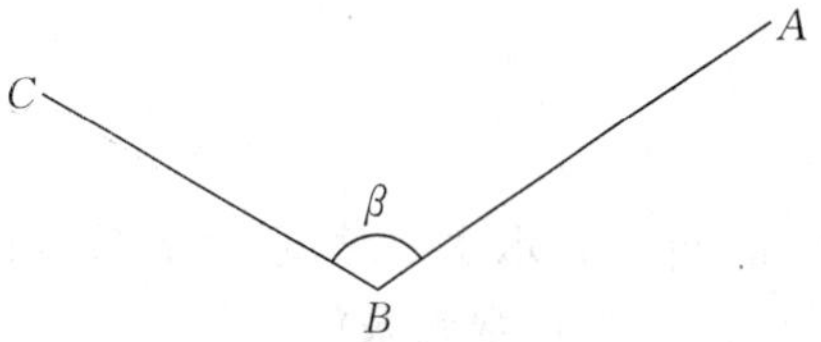

图 5-8 测回法

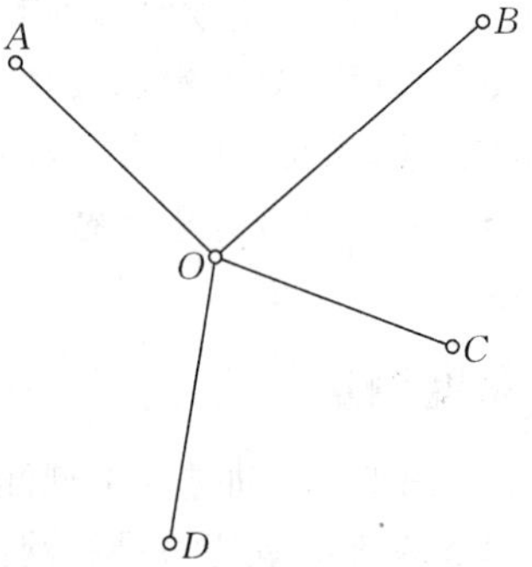

图 5-9 方向观测法

(1)盘左观测。将度盘配置在 0°00′或稍大的读数处(其目的是便于计算),先观测所选定的起始方向(又称零方向)A,再按顺时针方向依次观测 B、C、D 各方向。每观测一个方向均读取水平度盘读数,并记入观测手簿。如果方向数超过 3 个,最后还要回到起始方向 A,读数并记录。这一步骤称为“归零”,其目的是检查水平度盘的位置在观测过程中是否发生变动。上述工作叫作盘左半测回或上半测回。

(2)盘右观测。倒转望远镜,用盘右位置按逆时针方向依次照准 A、D、C、B、A,读数并记录。此为盘右半测回或下半测回。

上、下半测回合起来为一测回,表 5-1 为测回法的方向观测手簿的记录和计算示例。

表 5-1　测回法水平角观测手簿

作业日期	2014 年 5 月 10 日	测站	观测方向略图	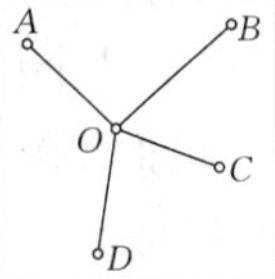	天气	晴朗
开始时刻	10 时 30 分				仪器	J6
结束时刻	10 时 50 分				观测者	吴天

站点	读数				半测回方向	一测回方向	各测回方向	附注
	盘左		盘右					
1	2	3	4	5	6	7	8	9
第一测回	(° ′)	(″) 12	(° ′)	(″) 18	(° ′ ″)	(° ′ ″)	(° ′ ″)	
A	0 01	06	180 01	18	0 00 00	0 00 00	0 00 00	
B	91 54	06	271 54	00	91 52 54	91 52 48	91 52 45	
					42			
C	153 32	48	333 32	48	153 31 36	153 31 33	153 31 33	
					30			
D	214 06	12	34 06	06	214 05 00	214 04 54	214 05 00	
					04 48			
A	0 01	18	180 01	18				
第二测回		24		30				
A	90 01	18	270 01	24	0 00 00			
B	181 54	00	01 54	18	91 52 36			
					48			
C	243 32	54	63 33	06	153 31 30			
D	304 06	36	124 06	30	214 05 12	214 05 06		
					05 00			
A	90 01	30	270 01	36				

由于半测回中零方向有前、后两次读数,两次读数之差称为半测回归零差。若不超过限差规定,则取平均值记于相应栏目中。如第一测回盘左的 12″是 06″和 18″的平均数。

为了便于以后的计算和比较,要将起始方向值改化成 0°00′00″,在第 6 列记载的半测回方向值中，是将原来的方向值减去起始方向 A 的两次读数的平均值(12″)而算得的。

取同一方向两个半测回归零后方向的平均值，即得测回平均方向值。若观测了多个测回，还需计算各测回同一方向归零后方向值之差，称为各测回方向差。该差值若在规定限差内，取各测回同一方向方向值的平均值为该方向的各测回平均方向值。

2. 竖直角观测

竖直角观测是用十字丝横丝横切目标于某位置，竖直角观测法有中丝法和三丝法两种。

1)中丝法

测竖角时仅用十字丝的中丝照准目标。观测步骤如下。

(1)在测站上安置仪器，对中、整平。

(2)盘左位置瞄准目标，使十字丝的中丝切目标于某一位置。如为标尺，则读出中丝在尺上的读数；若照准的是规标上某个位置，则应量取该中丝所截位置至地面点的高度，这就是目标高。

(3)转动竖盘指标水准管微动螺旋，使竖盘指标水准管气泡居中，读取竖盘读数 L。

(4)盘右位置照准目标同一部位，同步骤(2)、步骤(3)，读取竖盘读数 R。

2)三丝法

侧竖角时，盘左及盘右一律按上、中、下丝的次序照准目标进行读数，这种测法称三丝法。三丝法可减弱竖盘分划误差的影响。

由于上、下丝与中丝间所夹视角大约为 17′，所以由上、下丝观测值算得的指标差分别约为－17′和＋17′。记录观测数据时，盘左按上、中、下三丝读数次序自上至下记录，盘右则按下、中、上丝次序即自下而上记录。各按三丝所测得的 L 和 R 分别计算出相应的竖角，最后取平均值为该竖角的角值。

对同一台仪器，竖盘指标差在同一段时间内的变化应该很少，故可视为定值。当用仪器向各个方向以盘左盘右位置观测竖角后，则同一测回观测结果的指标差应该相等。但仪器误差、观测误差和外界条件的影响，会使计算出的指标差发生变化。通常规范规定了指标差变化的容许范围，如 J6 经纬仪指标差变化容许值为 25″。如果超限，则应重测。

5.2.4 距离测量

测距时，将全站仪和反射镜分别安置在测线两端，并仔细对中。然后照准反射镜，开始测距。为防止出现粗差并减少照准误差的影响，可进行若干个测回的观测。这里一测回的含义是指照准目标 1 次，读数 2～4 次。一测回内读数次数可根据仪器读数出现的离散程度和大气透明度作适当增减。根据不同精度要求和测量规范的规定确定测回数。往、返测回数各占总测回数的一半，在精度要求不高时，可只作单向观测。

将测距读数值记入手簿中，接着读取竖盘读数，记入手簿的相应栏内。由温度计读取大气温度值，由气压计读取气压值。观测完毕可按气温和气压进行气象改正，按测线的竖角值进行倾斜校正，最后求得测线的水平距离。目前，大部分仪器可自动进行气象改正和倾斜改正。

测距时应避免各种不利因素影响测距精度，如避开发热物体(散热塔、烟囱等)的上空及附近，安置全站仪的测站应避免受电磁场干扰，距离高压线应大于 5 m，测距时的视线背景部分不应有反光物体等。要严格防止阳光直射全站仪的照准头，以免损坏仪器。

电磁波测距(electromagnetic distance measurement，EDM)有 3 种模式：免棱镜测量、棱镜测量与反射片测量。

1. **免棱镜测量**

启动免棱镜测量时，EDM 会对光路上的物体进行测距。如果此时在光路上有临时障碍物（如通过的汽车），EDM 所测量的距离是到最近障碍物的距离。要确保电磁波不被靠近光路的高反射率的物体反射，避免在进行无棱镜测量时干扰电磁波；不要使用两台仪器同时测量一个目标。

2. **棱镜测量**

设置成棱镜模式。使用棱镜模式测量要避免照射强反射目标，比如玻璃。当测距进行时，如有行人、汽车、动物和摆动的树枝等通过测距光路，会有部分光束反射回仪器，从而导致距离结果的不正确。当测程在 300 m 以上或 0～30 m，有物体穿过光束的情况下，测量会受到严重影响。

3. **反射片测量**

电磁波也可用于对反射膜片测距。为保证测量精度，要求电磁波束垂直于反射片，且需经过精确调整，同时，确保加常数正确。

5.2.5　其他测量

除了测量角度和距离外，全站仪还有其他测量程序。进入主菜单，主要程序见表 5-2，在此不做具体介绍。

表 5-2

功能	说明
测量	测量程序可立即开始测量
程序	选择并启动应用程序
管理	管理作业、数据、编码表、格式文件、系统内存和 USB 存储卡文件
传输	输出和输入数据
配置	更改电磁波测距（EDM）配置、通信参数和一般仪器设置
工具	进入与仪器相关的工具，如检查和调校、自定义启动设置、PIN 码设置、许可码和系统信息

5.2.6　数据存储与传输

所有仪器都配有内存。所有作业数据都存入到内存数据库中，数据可以从串口通过电缆传输到计算机或其他设备来进行后处理。数据也可以通过 USB 存储卡、蓝牙以及文件传送协议（FTP）等方式传输到计算机或其他设备。

第6章 地面数字化地形测图

6.1 地面数字测图概述

6.1.1 地面数字化测图的概念

1. 数字化测图是地形测量技术的革命性进步

地形测量是指测量地球表面局部区域内各种地貌、地物在确定参照系统中的位置和几何形状，以一定的比例尺缩小，按特定的符号绘制成平面图形的工作。传统的大比例尺地形测量方法是测量地貌、地物特征点到测站的距离及其相对某一参考方向的角度，使用量角器、比例尺等绘图工具在绘图纸上定点，以规定的地图符号手工绘制地形图。传统的测图方法，因为直接在绘图纸上绘图，被称为白纸测图或模拟法测图。模拟法测图作业时，观测员要反复进行照准、读数等操作过程，而绘图员则一方面要根据观测员的报数，紧张地完成量角、按比例尺将实际距离换算成图面距离、图面定点等工作，另一方面还要观察测点位置及相邻特征点间的关系，按地形图符号将测点连接绘图。因此，模拟法测图不仅劳动强度大、作业效率低，而且由于读数、记数、量角、距离换算、展点和绘图等众多环节出错概率大，地形图成果质量难以保证。此外，以图纸为载体的地形图，由于受图面负载能力局限，测绘工作只能按一种比例尺作业，数据利用率低，并且受人眼分辨能力的局限，即使采用高精度测量仪器测量，图上点位误差也不会小于图面0.1 mm所代表的实际距离。加之还存在成图周期长、不便于更新维护、图纸伸缩变形、不能用于计算机处理等固有缺陷。因此，白纸测图已经难以适应数字化时代经济建设对测绘的要求。

20世纪70年代起，随着电磁波测距和计算机技术在测绘领域的广泛应用，产生了全站仪及计算机辅助制图系统，两者结合逐步形成一套从野外数据采集到内业制图实现了全过程数字化的大比例尺地形测图方法，即所谓野外数字测图技术，简称为数字化测图。数字化测图实质上是一种全解析计算机辅助测图的方法，它使得地形测量成果不再仅仅是绘制在纸上的地形图，而是以计算机存储介质为载体的，可供计算机传输、处理和多用户共享的数字地形信息。数字地形信息以其便于存储与传输、精度与比例尺无关、不存在变形及损耗，能方便和及时地进行局部修测更新、便于保持地形图现势性的巨大优势，极大地拓展了地形测量资料的应用范围，使其能在经济建设各部门发挥出更大的作用。所以，数字化测图技术的出现，标志着大比例尺测图技术理论与实践的革命性进步。

2. 数字化测图的基本原理

数字化测图的基本原理是采集地面上的地貌、地物要素的三维坐标以及描述其性质与相互关系的信息，然后录入计算机，借助计算机绘图系统处理，显示、输出与传统地形图表现形式相同的地形图。其中，将地貌、地物要素转换为数字信息这一过程称为数据采集。计算机绘图是用专业的数字化地形图成图软件，通过人机交互的方式将采集的数据编辑成地形图，或录入计算机能识别的信息，绘图系统自动将野外采集的数据绘制成地形图。由于计算机软件通过计算、展点、识别、连接、加注记和符号等步骤处理采集的数据，绘出所测地形图的过程，通常是在数据采集完成后进行的，要使计算机软件能识别所采集的数据，并据此绘出传统意义上的地形图，野外测绘时除点位的三维坐标外，还必须采集点位的连接信息和描述其性质的属性信息。点位的三维坐标是定位信息，也称点位信息，使用数字化测绘设备采集并自动计算存储在设备内存中，各个点之间以点号区别；连接信息是指测点的关联关系，它包括相邻连接点号和连接线型等，绘图系统据此才能将相关的点连接成一个地貌、地物符号。点位信息和连接信息合称为图形信息，又称为几何信息，据此可以绘制房屋、道路、河流、地类界、等高线、陡坎等地形图元素。

属性信息又称为非几何信息，包括定性信息和定量信息。属性的定性信息用来描述地形图图形要素的分类，或对地形图图形要素进行标名，一般用拟定的符号和文字表示，如植被类型、地名、河流名等。属性的定量信息是说明地形图要素的性质、特征或强度的，如面积、楼层、人口、产量和流速等，一般用数字表示。

连接信息与属性信息只能靠测量人员实地观察确定。没有准确、完整的连接与属性信息，点位信息作为孤立的点，是没有意义的。所以，对于大比例尺数字化测图而言，观察、记录连接与属性信息，是非常细致、复杂的工作，需要测量人员具有良好的地形表现能力和专业素质。

3. 数字地形信息的表述

作为面向使用者的数字地形信息，其输出形式仍是可视的传统地形图。其与纸质地形图的本质区别是，数字地形图是以数字形式储存在计算机存储介质中的，将其"还原"显示为人们熟悉的点、线、面元素构成的地形图，必须要借助于一种"解读系统"，即专业的数字化成图系统。因此，数字地形信息要经过计算机绘图系统处理，并借助于显示屏幕或绘图仪，才能输出为传统形式的地形图。和纸质地形图一样，在数字地形图中点是最基本的图形要素。这是因为，线由一组有序的点连接而成，而面则是以线为其边界。地形图采用不同的地貌、地物符号和注记来区分地形图上点、线、面代表的具体内容，其中独立地物可以由定位点及其符号表示；线状、面状地貌、地物以不同的线划符号或注记表示；连续起伏的地形表面可由等高线表示，并用高程注记值表示等高线代表的具体高程值等。计算机绘图系统显示出的一切都与传统地形图基本一样，所不同的是，显示屏或绘图仪输出的仅仅是数字地形图信息的一种表现形式，而不像传统的纸质地形图，所看到的即是它的全部。

4. 数字地形图的数据格式

数字地形图图形要素按照数据获取和成图方法的不同，可区分为矢量数据和栅格数据两种数据格式。矢量数据采用定位信息（x, y）的有序集合，描述点、线、面等3种基本类型的图形元素，并结合属性信息实现地形元素的表述；栅格数据是将整个绘图区划分成一系列大小一致的栅格，形成栅格数据矩阵，按照地理实体是否通过或包含某个栅格，使其以不同的灰度值表示，从而形成不同的图像。一般情况下同样大小的区域，栅格格式的地形图数据量比矢量数据量大得多。由野外直接采集，通过摄影测量解析测图仪获得或手扶跟踪数字化仪采集的数据是矢量数据；由扫描仪和遥感方法获得的数据是栅格数据。矢量数据结构是人们最熟悉的图形数据结构，各类数字图的工程应用基本上都使用矢量格式数字图，而栅格格式的数字图存在不能编辑修改、不便于工程量算、放大输出时图形不美观等问题。所以，对于栅格格式的地形图，常常要将其转换为矢量数据格式的数字图，这项工作称为矢量化。

矢量化数字图采用的具体数据格式因绘图系统而异，但鉴于目前规划设计单位普遍使用基于 AutoCAD 的计算机辅助设计软件，所以目前矢量化地形图数据格式一般是 CAD 格式或与 CAD 格式兼容。

6.1.2 数字测图的优势

大比例尺数字测图较之传统的平板仪或经纬仪白纸测图方法，具有显著的经济和技术优势。

1. 测图劳动强度低、效率高

传统测图方式是手工作业，外业测量人工读数、记录、计算、绘图，劳动强度大，作业效率低。数字测图时，观测员若采用全站仪观测，只需照准目标按确定键，数据记录、解算、存储即自动完成，作业轻松快捷；绘图员可跟随棱镜记录定位点的几何信息及属性信息，简单而不易出错。属性信息作为编码录入，计算机自动成图，优势更加明显。内业工作方面，测量数据自动传输、展绘，计算机编辑成图，较之传统的手工绘图，劳动强度显著降低而作业效率更高。综合起来，在内外业两方面，数字化测图作业效率提高、劳动强度降低。

2. 成果能满足数字化、信息化时代的需求

以矢量格式保存的数字地形图，包含的信息量大，并具有编辑、修改、储存、处理，传输方便和多用户共享的优势，不仅可以方便快捷地通过计算机应用系统实现提取点位坐标、两点距离、方位，计算地块面积、土（石）方量等信息供工程设计使用，同时也是地理信息系统(geographic information system，GIS)建库必备的基础资源，满足了信息化时代对数字地理信息的需求。

3. 点位精度高，精度与比例尺无关

传统的白纸测图，定位点平面位置的精度受定点测量误差、测点展绘误差两方面因素影响，并且随着测点到测站距离的加大，误差增长迅速。而在数字测图中，测距、测角精度很高，测点精度与测点距离关系不大，计算机自动展点完全没有误差，因而精度远高于传统方法。此外，虽然数字化测图也分比例尺，也要借助于绘图仪输出传统形式的纸质图，但是各种几何元素的量算并非在纸面上进行，而是在计算机系统中进行。因此，点位精度不受图纸变形和人的感官辨识能力的影响，从这个意义上讲，精度与测图比例尺无关。

4. 成果便于保存与更新

数字测图的成果是以数据文件的形式存入计算机存储介质的，因而便于保存、复制和传输，不像纸质地形图会因为纸张变形而影响精度。当地形、地物发生变化时，只需局部修测数据编辑处理，很快便可以更新，其速度快、费用低的优势是传统纸质地形图无法比拟的，从而可以确保地形图的可靠性和现势性。

5. 数据利用率高

传统地形图在地形复杂、地物众多的地方，会产生图幅内地貌、地物符号过多而无法容纳的问题，即图形元素超出了负载量。解决的方法是对该测图范围加大图幅幅面(扩大测图比例尺)，或者测绘时省略部分次要地貌、地物(按小比例尺标准测绘)。因为一次地形测绘成果只能实现单一的目的，所以资料利用率较低。数字地形图能在计算机输出设备上无级缩放阅览，并且将不同属性地形图元素分别存放在不同的文件或同一文件的不同单元中，用户可根据不同的用途，选择不同的方式，按属性进行组合显示，使得地形图主题清晰。所以从这个意义上讲，数字地形图的信息存量不再存在负载量的问题，测量工作采集数据时可根据需要进行，不必考虑比例尺因素。

由于数字化测图碎部点精度与比例尺无关，所以，除了可用于各种比例尺地形图、地籍图编辑成图外，还可用于制作各类专题图，如路网图、电网图、管线图等。南方 CASS 软件中共定义有 26 个层，按地貌、地物属性特征划分，房屋、管线、植被、道路、水系、地貌河和境界等均存于不同的层中，不仅可以方便地通过关闭、打开转换层等操作来提取相关信息，形成各类专题地图，还可以按图层统一编辑修改字体，改变文字、符号大小和图层颜色等，使得地形图的修改与编辑更加方便，因而数据利用率高。

6.1.3　地形测绘要求

1. 一般要求

1)地形点密度

地形点间距应按表 6-1 的规定执行。地形线和断裂线应按其地形变化增大采点密度。

表 6-1　地形点间距　单位：m

比例尺	1∶500	1∶1 000	1∶2 000
地形点平均间距	25	50	100

高程注记点分布应符合下列规定。

(1)地形图上高程注记点应分布均匀。

(2)山顶、鞍部、山脊、山脚、谷底、谷口、沟底、沟口、凹地、台地、河川湖池岸旁、水涯线上以及其他地面倾斜变换处，均应测高程注记点。

(3)城市建筑区高程注记点应测设在街道中心线、街道交叉中心、建筑物墙基脚和相应的地面、管道检查井口、桥面、广场、较大的庭院内或空地上以及地面倾斜变换处。

(4)基本等高距为 0.5 m 时，高程注记点应注至厘米；基本等高距大于 0.5 m 时，可注至分米。

2)碎部点测距长度

碎部点测距最大长度一般应按表 6-2 的规定执行。如遇特殊情况，在保证碎部点精度的前提下，碎部点测距长度可适当加长。

表 6-2　碎部点测距长度　单位：m

比例尺	1∶500	1∶1 000	1∶2 000
最大测距长度	200	350	500

2. 测绘内容及取舍

地形图应表示测量控制点、居民地和垣栅、工矿建(构)筑物及其他设施、交通及附属设施、管线及附属设施、水系及附属设施、境界、地貌和土质、植被等各项地物、地貌要素，以及地理名称注记等。

地物、地貌各要素的表示方法和取舍原则除应按现行国家标准图式执行外，还应符合下列规定。

1)控制点的测绘

各级测量控制点是测绘地形图的主要依据，在图上按图式规定符号精确表示。

2)居民地和垣栅的测绘

居民地的各类建筑物、构筑物及主要附属设施应准确测绘实地外围轮廓和如实反映建筑结构特征。房屋以墙基外角为准,正确测绘出轮廓线,并注记建筑材料和性质分类,注记楼房层数。1∶500、1∶1 000测图房屋,应逐个表示,临时性建筑物可舍去。建筑物、构筑物轮廓凸凹在图上小于0.4 mm时,可用直线连接。

依比例尺表示垣栅,准确测出基部轮廓并配置相应的符号,围墙、栏杆、栅栏等可根据其永久性、规整性、重要性等综合考虑取舍。对不依比例尺的垣栅,测绘出定位点、线并配置相应的符号。

3)工矿建(构)筑物及其他设施的测绘

工矿建(构)筑物及其他设施包括矿山工业、农业、文教、卫生、体育设施和公共设施等,地形图上应正确表示其位置、形状和性质特征。对依比例尺表示的,应准确测出轮廓,配置相应的符号,并加注文字说明;对不依比例尺表示的,应准确测定定位点、定位线的位置,用不依比例符号表示,并加注文字说明。

凡具有判定方位、确定位置、指示目标作用的设施,应测注高程点,以及烟囱、打谷场、水文站、岗亭、纪念碑、钟楼、寺庙和地下建筑物的出入口等。

4)交通及附属设施的测绘

图上应准确反映陆地道路的类别和等级,附属设施的结构和关系,正确处理道路的相关关系及与其他要素的关系。

公路与其他双线道路在图上均应按实地宽度依比例尺表示,公路应在图上每隔15～20 cm注出公路等级代码。车站及附属建筑物、隧道、桥涵、路堑、路堤和里程碑等均需表示。在道路稠密地区,次要的人行道可适当取舍。铁路轨顶(曲线要取内轨顶)、公路中心及交叉处、桥面等应测取高程注记点,隧道、涵洞应测注底面高程。

公路、街道按其铺面材料分为水泥、沥青、砾石、碎石和土路等,应分别以砼、沥、砾、碴和土等注记于图中路面上。

路堤、路堑应按实地宽度绘出边界,并应在其坡顶、坡脚适当测记高程。

道路通过居民地不宜中断,按真实位置绘出。

城区道路以路沿线测出街道边沿线,无路沿线的按自然形成的边线表示。街道中的安全岛、绿化带及街心花园应绘出。

道路、街道的中心处、交叉处、转折处(图上每隔10～15 cm)及路面坡度变化处(在图上每隔10～15 cm),应测注高程点。

5)管线及附属设施的测绘

正确测绘管线的实地定位点和走向特征,正确表示管线类别。

永久性电力线、通信线均应准确表示,电杆、电线架、铁塔位置均应实测。多种线路在同一杆线上,只表示主要的。电力线应区分高压线(输电线)和低压线(配电线)。城市建筑区内电力线、通信线可不连线,但应在杆架处绘出连线方向。

地面和架空的管线均应表示,分别用相应符号表示,并注记其类别。地下管线根据用途需要决定表示与否,检修井应测绘表示。管道附属设施均应实测位置。

6)水系及附属设施的测绘

江、河、湖、海、水库、运河、池塘、沟渠、泉、井及附属设施等均应测绘,有名称的加注名称。海岸线以平均大潮、高潮所形成实际痕迹线为准,河流、湖泊、池塘、水库和塘等水涯线一般按测图时的水位为准，当水涯线在图上投影距离小于1 mm时，以陡崖线符号表示。河流在图上宽度小于0.5 mm、沟渠宽度小于1 mm的，用单线表示。表示固定水流方向及潮流向。水深和等深线按用图需要表示。水渠应测注渠顶边和渠底高程；池塘应测注塘顶边及塘底高程；时令河应测注河床高程；堤、坝应测注顶部及坡脚高程；河流交叉处、泉、井等要测注高程；瀑布、跌水测注比高。

7）境界的测绘

正确表示境界的类别、等级、准确位置以及与其他要素的关系。县级以上行政区划界应表示，乡、镇和乡级以上国营农林牧场以及自然保护区线按用图需要表示。两级以上境界重合时，只绘高级境界符号，但需同时注出各级名称。

8）地貌和土质的测绘

自然形态的地貌宜用等高线表示，崩塌残蚀地貌、坡、坎和其他特殊地貌应用相应符号或用等高线配合符号表示。各种天然形成和人工修筑的坡、坎，其坡度在70°以上时，表示为陡坎；在70°以下时，表示为斜坡。斜坡在图上投影宽度小于2 mm时，宜表示为陡坎并测注比高；当比高小于1/2等高距时，可不表示。梯田坎坡顶及坡脚在图上投影大于2 mm时实测坡脚，小于2 mm时测注比高；当比高小于1/2等高距时，可不表示。梯田坎较密时，若两坎间距在图上小于10 mm时，可适当取舍。断崖应沿其边沿以相应的符号测绘于图上。冲沟和雨裂视其宽度按图式在图上分别以单线、双线或陡壁冲沟符号绘出。居民地可不绘等高线，但高程注记点应能显示坡度变化特征。

各种土质按图式规定的相应符号表示。应注意区分沼泽地、沙地、岩石地、露岩地、龟裂地和盐碱地。

9）植被的测绘

地形图上应正确反映出植被的类别特征和分布范围。对耕地、园地应实测范围，配置相应的符号。在同一地段内生长多种植物时，图上配置符号（包括土质）不超过3种。耕地需区分稻田、旱地、菜地及水生经济作物地。以树种和作物名称区分园地类别并配置相应的符号，有方位和纪念意义的独立树要表示。田埂宽度在图上大于1 mm的，用双线表示；小于1 mm的，用单线表示。田角、田埂、耕地、园地、林地和草地均需测注高程。

10）独立地物的测绘

独立地物是判定方位、指示目标和确定位置的重要依据，必须准确测定位置。凡地物轮廓图上大于符号尺寸的，均以比例符号表示，加绘符号；小于符号尺寸的，用非比例符号表示，并测注高程，有的独立地物应加注其性质。

11）注记

地形图上对各种名称、说明注记和数字注记应准确注出。图上所有居民地、道路、城市、工矿企业、山岭、河流、湖泊河和交通等地理名称均应进行调查核实，正确注记。注记使用的字体、字级、字向和字序形式按图式执行。

6.2　野外采集地形数据的方法

地形数据采集主要是获得地物特征点和地貌特征点的空间位置和属性信息。大比例尺数字测图地形数据采集按碎部点测量方法，分为全站仪测量方法和全球导航卫星系统实时动态定位(GNSS-RTK)测量方法。目前主要采用全站仪测量方法,在高等级控制点、图根点或加密测站点上架设全站仪,经过设站和定向后,观测碎部点上放置的棱镜,得到水平方向、竖直角(或天顶距)和距离等观测值,记录在电子手簿或全站仪内存;或者是程序计算碎部点的坐标和高程,记入电子手簿或全站仪内存。

地形数据采集除获得碎部点的空间信息外,还需要有与绘图有关的其他信息,如碎部点的地形要素名称、碎部点连接线型等,以便于应用计算机进行图形绘制。为了便于计算机识别,碎部点的地形要素名称、碎部点连接线型信息也都用数字代码或英文字母代码来表示,这些代码称为图形信息码。根据赋予图形信息码的方式不同,地形数据采集的工作程序分为以下两种:一种是在观测碎部点时,绘制工作草图,在工作草图上记录地形要素名称、碎部点连接关系,然后在室内将碎部点显示在计算机屏幕上,根据工作草图,采用人机交互方式连接碎部点,输入图形信息码并生成图形;另一种是采用笔记本电脑或掌上电脑等设备作为地形数据采集工具,在观测碎部点之后,对照实际地形输入图形信息码并生成图形。

大比例尺数字测图地形数据采集除硬件设备外,需要有数字测图软件支持。不同的数字测图软件在数据采集方法、数据记录格式、图形文件格式和图形编辑功能等方面会有一些差别。

6.2.1 地形数据采集模式

1. 编码法

编码法是在测站上将通过全站仪或 GNSS-RTK 测得碎部点的三维坐标及编码信息记录到仪器的内存或电子手簿中,室内连接装有成图软件的计算机编辑成图。这种方法对硬件要求不高,但要求作业员熟记各种复杂的地物编码(或简码),当地物比较凌乱或者地形较复杂时,用这种方法作业速度慢且容易输错编码,因而这种方法只适用于地形较简单、地物较规整的场合。

2. 草图法

草图法是在测站上用仪器内存或电子手簿记录碎部点坐标,绘图员现场绘制碎部点的连接信息草图,在室内利用数字成图软件,根据碎部点坐标和草图进行计算机编辑成图。这种方法弥补了编码法的不足,观测效率较高,外业观测时间较短,硬件配置要求低,但内业工作量大。

3. 电子平板法

电子平板法是将装有数字成图软件的笔记本电脑或掌上电脑(统称电子平板),通过电缆线(或蓝牙)与仪器连接,所测的碎部点直接在屏幕上显示,如同传统测图,绘图员可在电子平板屏幕上绘图。电子平板法的优点是现场成图,效果直观,但一般的笔记本电脑或掌上电脑在野外屏幕不易看清,实际作业中使用受到限制。

6.2.2 数据记录内容和格式

大比例尺数字地形图测绘数据采集的内容包括:

(1)一般数据,如测区代号、施测日期、小组编号等。

(2)仪器数据,如仪器类型、仪器误差、测距仪加常数、乘常数等。

(3)测站数据,如测站点号、定向点点号、仪器高、觇标高等。

(4)方向观测数据,如方向点号、舰标高、水平方向、天顶距和斜距的观测值等。

(5)碎部点观测数据,如点号、连接点号、连接线型、地形要素分类码,水平方向、天顶距和斜距的观测值,以及觇标高(或者是计算的 x、y 坐标和高程) 等。

(6)控制点数据,如点号,类别, x、y 坐标和高程等。

为区分各种数据的记录内容,用不同的记录类别码放在每条记录的开头来表示。各种数据需要规定他们的字长,根据数据的字长和数据之间的关系,确定一条记录的长度。每条记录具有相同的长度和相同的数据段,按记录类别码可以确定一条记录中各数据段的内容,对于不同的数据段可以用零填充。

图 6-1 是一种数据记录格式,分为 8 个字段。A1 表示记录类别,后面的记录按记录类别表示相应的内容。例如,一条碎部点记录,A2 表示点号,A3 表示连接点号,A4 表示线型和线序,A5 表示地形要素代码,A6、A7、A8 分别表示碎部点的 x、y 坐标和高程。

A1	A2	A3	A4	A5	A6	A7	A8

图 6-1

6.2.3　地形图要素分类和代码

按照图式,地形图要素分为 8 个大类:测量控制点、水系、居民地及设施、交通、管线、境界、地貌、植被与土质。按照《基础地理信息要素分类与代码》(CB/T 13923—2006),地形图要素分类代码由 6 位数字码组成,如图 6-2 所示,例如图根点分类代码为 110103,普通建成房屋分类代码为 310301,围墙分类代码为 380201,地铁分类代码为 430101。

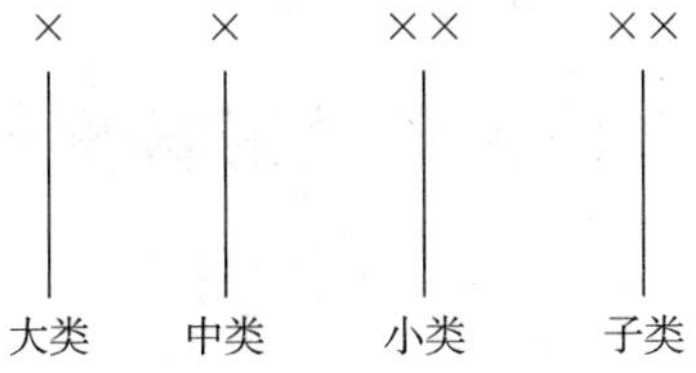

图 6-2

6.2.4　连接线代码

除独立地物外,线状地物和面状地物符号是由两个或更多的点连接起来构成。对于同一种地物符号,连接线的形状可能不同。例如,房屋的轮廓线多数为直线段的连线,但也有圆弧段。因此在点与点连接时,需要有连接线的编码。连接线分为直线、圆弧、曲线,可以分别用 1、2、3 表示,称为连接线型码。为了使一个地物上的点与点记录按顺序自动连接起来,形成一个图块,需要给出连线的顺序码,例如用 0 表示开始,1 表示中间,2 表示结束。

6.2.5　图形信息码

图形信息码是大比例尺数字地形图数据采集的一项重要内容,如果只有碎部点的坐标和高程,计算机处理时无法识辨碎部点是哪一种地形要素,以及碎部点之间的连接关系。因此,要将测量的碎部点生成数字地形图,就必须给碎部点记录输入图形信息码。

1. 输入方式

输入图形信息码是在数据采集过程中完成的。根据草图将有关的图形信息码输入到相应的点记录中，这种方式可减少野外观测时间，在野外不需要有显示图形功能的记录器，但这种方式不直观，在地形要素复杂的情况下易出错。用笔记本电脑或掌上电脑可在现场输入图形信息码和显示图形，及时发现数据采集中的错误。

2. 公共点记录的增加

在连接线状地物、面状地物轮廓边界线时，遇到同一点有 3 个或多于 3 个连接方向(这种点为结点)，或者是同一个点属于不同的地形要素时，在这种情况下就需要增加公共点记录。每个公共点记录只输入点号和图形信息码，公共点记录的点号和原点号相同，图形信息码按实际输入，其他各项记录为零，但实际的值和原点号记录相应的记录项相同。

3. 图块各点连接方向

除控制点以及无方位的独立符号表示的地物外，应将所测地物点连接成图块。根据测图系统绘制地形图符号的要求，图块上各点应按规定的方向顺序连接，如某一测图系统对图块各点连接方向作如下规定。

(1)有方位的独立地物，如窑洞、矿井中的斜井和平峒等，在对应于地物符号中心的两侧对称各测一点，所绘地物符号位于连线的右侧。

(2)对于围墙、陡坎、栏杆等线状地物，连接各轮廓点，短线符号绘在连接方向的右侧。而对于双线道路、河流等，两侧应分别连接，并使另一侧位于连接方向的右侧。

(3)对于房屋、池塘、地类界等闭合的面状符号，按顺时针方向连接各轮廓点。

(4)对于一些特殊图块，必须按系统规定的顺序连接，如台阶、双线桥、依比例的地下出入口等图块。

6.3 野外采集地形数据的过程

6.3.1 概　述

图根控制测量完成后，开始碎部点的采集。碎部点数据采集可采用全站仪进行，也可以采用 GNSS-RTK 进行。全站仪数据采集方法如下。

1. 碎部点数据采集的准备工作

数字测图开始前，应做好下列准备工作。

(1)已知控制点的录入。全站仪在测图前最好在室内就将控制点成果录入到全站仪内存中，从而提高工作效率。

(2)仪器参数设置及内存文件整理。仪器在使用前要对仪器中影响测量成果的内部参数进行检查、设置，包括温度、气压、棱镜常数和测距模式等；检查仪器内存中的文件，如果内存不足，可删掉已传输完毕的无用文件。

2. 碎部点数据采集工作步骤

(1)安置仪器。在测站上进行对中、整平后，量取仪器高，仪器高量至毫米。打开电源开关键，转动望远镜，使全站仪进入观测状态，再按功能键，进入主菜单。

(2)输入数据采集文件名。在数据采集菜单输入数据采集文件名。文件名可直接输入，如以工程名称命名或以日期命名等，也可以从全站仪内存调用。若需调用坐标数据文件中的坐标作为测站点或后视点用，则预先应从数据采集菜单选择一个坐标数据文件。

（3）输入测站数据。测站数据的设定有两种方法。一是调用内存中的坐标数据（作业前输入或调用测量数据）；二是直接由键盘输入坐标数据。

（4）输入后视点数据。后视定向数据一般有 3 种方法。一是调用内存中的坐标数据；二是直接输入控制点坐标；三是直接键入定向边的方位角。

（5）定向。当测站点和后视点设置完后，照准后视点，按【测量】键，这时定向方位角设置完毕。

（6）碎部点测量。在数据采集菜单下开始碎部点采集。输入点号后，再输入编码和棱镜高（棱镜高量至毫米）。照准目标，按【测存】键，数据被存储。进入下一点，点号自动增加，如果不输入编码采用无码作业或镜高不变，可选同前键。

3. 仪器设置及定向检查

（1）仪器对中误差不大于 5 mm。

（2）测量其他控制点作为检核，算得检核点平面位置误差不大于 $0.2\times M\times 10^{-3}$ m（M 为比例尺分母）。

（3）检查其他控制点的高程，其较差不应大于 1/6 等高距。

（4）每站数据采集结束时应重新检测标定方向，检测结果如超出前两项所规定的限差，其检测前所测的碎部点成果须重新计算。

以上是地形数据采集的前期工作，接下来的观测与测图模式有关，本章以电子平板法为例详细介绍，其他方法简要介绍。

6.3.2　电子平板法

以南方 CASS 电子平板法为例介绍地形数据采集流程。南方 CASS 电子平板测绘系统是在 AutoCAD 的基础上开发而成的，其数据采集与图形处理在同一环境下完成，实时处理所测数据，具有现场直接生成地形图"即测即显，所见所得"的特点，其主要作业过程如下。

（1）外业工作前准备，将控制点坐标输入便携机，并保存该坐标文件。

（2）在野外设置测站，安置全站仪，并将全站仪与便携机连接，设置通信参数，进行数据通信。

（3）测站准备，启动"电子平板"，确认后，输入测站点点号、定向点点号、定向起始值、检查点号、仪器高和数据通信的参数等。

（4）开始各测站的边测边绘，如图 6-3 所示。

（5）经过内业编辑修改和图幅整饰，即可进行图形输出。

1. 准备工作

在测区内进行电子平板测图前，应做好必要的准备工作，具体包括仪器设备准备和图根控制测量等。电子平板作业所需的仪器设备见图 6-3，主要包括：

（1）安装好南方 CASS 软件的便携计算机一台。

（2）全站仪一套（主机、三脚架、棱镜和对中杆若干）。

（3）数据传输电缆一条。

（4）对讲机若干。

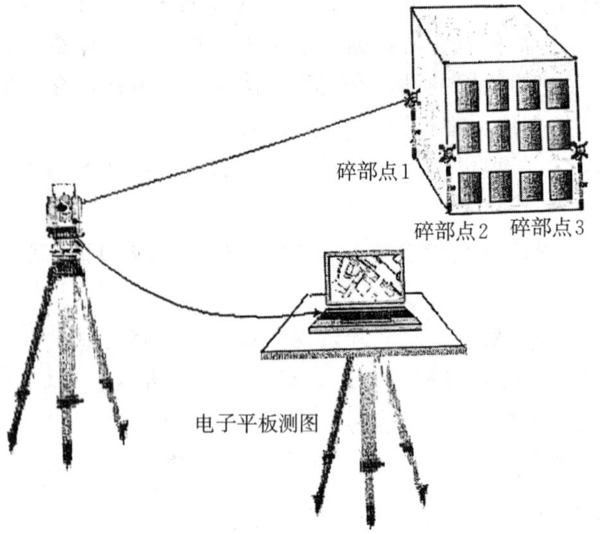

图 6-3

图根控制测量相关内容见 4.3 节。

2. 电子平板测图过程

根据电子平板的特点，一个作业小组的人员一般配置为：测站观测员 1 名、计算机操作员 1 名、跑尺员 1～2 名，共计 3～4 人。根据测量作业熟练程度等实际情况，为了加快数据采集的速度，跑尺员可适当增加；若人员不足时，测站上可只留 1 人，同时进行观测和计算机操作。电子平板作业的方法概述如下。

1)录入测区的已知坐标

当完成测区的各种等级控制测量，并得到测区的控制点成果后，要把成果(控制点坐标)输入全站仪和计算机中，以便野外进行测图时调用。将控制点坐标手工输入计算机：在南方 CASS 系统中单击【编辑】主菜单下的【编辑文本文件】选项。

键盘输入控制点坐标数据的文件名及其完整的存储路径，并按回车键打开。假设文件名为“D:\控制点.dat”。系统便出现记事本的文本编辑器并读入该文件内容，按照“点名，编码，Y 坐标，X 坐标，高程”的格式输入控制点的坐标。

需要注意的是：①控制点点号可以为点名；②编码可输可不输，即便编码为空，其后的逗号也不能省略；③每个点的 Y 坐标、X 坐标和高程的单位是米；④文件中间不能有空行；⑤输完最后一点后要按回车键结束，并且只能按一次，否则系统会提示出错。

输完控制点的坐标，保存后，选择记事本菜单【文件】的下拉菜单【退出】。将控制点坐标输入全站仪有两种方法，一种方法是手工输入，另一种方法是通过南方 CASS 软件的坐标发送来完成。第一种方法简单、易操作，且随时随地可以输入，但是易发生输入错误。特别是当数据量大时，可采用第二种方法。以下为第二种方法的操作说明。

进行数据通信操作之前，首先要用通信电缆将计算机与全站仪连接，然后打开南方 CASS，选择【数据】下拉菜单的【坐标发送】的【微机】→【徕卡】菜单(根据不同的全站仪单击相应的菜单)。选择要发送的控制点坐标数据文件填入“文件名”栏里，打开后，命令区提示。按照要求设置全站仪的通信参数后按回车键，当全站仪准备好接收数据后按回车键，然后在计算机上按回车键，控制点坐标数据就传到全站仪上。

2)测站安置

完成测区的控制点坐标输入等准备工作后，便可以开始野外测图。

(1)安置仪器。

先在控制点上安置好全站仪，对中、整平。然后用与所使用全站仪相对应的数据传输电缆将全站仪和便携机连接，并设置全站仪上的通信参数。

便携机开机后，进入南方 CASS 系统。选取【文件】主菜单下的【参数配置】选项，选择【电子平板】页，选定所使用的全站仪类型。系统默认仪器型号是"手工输入观测值"。根据所使用的全站仪，点选后，单击【确定】按钮。这项设置只需进行一次，之后只要不更换全站仪，迁站后无须重新设置。

(2)定显示区。

定显示区的作用是根据输入的控制点坐标数据文件的数据大小定义屏幕显示区的大小。

选择【绘图处理】主菜单下的【定显示区】选项，选择控制点的坐标数据文件名后，系统就确定了显示区的大小。

(3)设置测站并输入信息

单击右侧屏幕菜单区的【电子平板】选项，选择测区的控制点坐标数据文件名，如"D:\控制点.dat"。若已经在屏幕上展绘出了控制点，则可以直接单击【拾取】按钮，再在屏幕上捕捉作为测站、定向点的控制点；若屏幕上没有展绘控制点，则手工输入测站点点号，定位到控制点。

在测站设置对话框中设置检查点。检查点用来检查该测站相互关系，系统将根据测站点和检查点的坐标反算出测站点与检查点的方向值(该方向值等于由测站点瞄向检查点的水平角读数)。这样，便可以检查出坐标数据是否输错、测站点是否给错或定向点是否给错，单击【检查】按钮，弹出检查信息。检查无误，即可以进行下一步绘图。全站仪进行定向，瞄准检查点如图 6-4 所示。

3)实施测图

在电子平板测图的过程中，主要是利用系统屏幕的右侧菜单功能进行测图。如要测绘一条道路、一座水塔等，需要用鼠标选取相应图层的图标，也可以同时利用系统的编辑功能，如进行文字注记、移动、拷贝和删除等操作；可以同时利用系统的辅助绘图工具，如画复合线、画圆、操作回退和查询等操作；若图面上已经存在某实体，则可用【图形复制】功能绘制相同的实体。

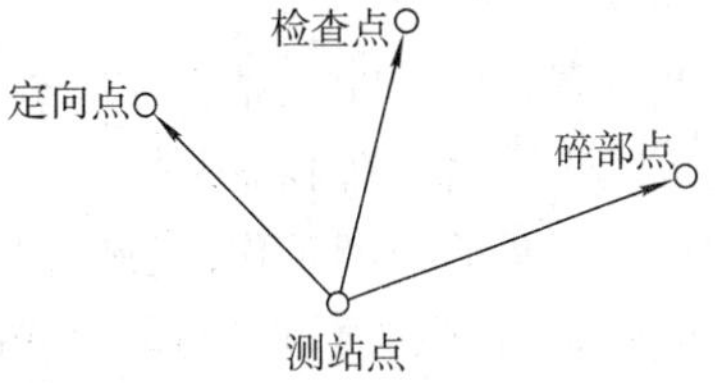

图 6-4

南方 CASS 系统中所有地形符号都是根据最新国家标准地形图图式、规范编制的，并按照一定的规律分成各种图层，如所有表示控制点的符号都放在控制点层(导线点、三角点、卫星定位点等)，所有表示房屋的符号都放在居民地层(房屋、楼梯、围墙、栅栏和篱笆等)。

4)电子平板测图注意事项

在野外采用电子平板的作业模式测图时，除了做好充分的准备，组员之间协调配合及按照正确的方法进行施测之外，还应注意以下一些问题。

(1)当测量三点房时，应注意立尺的顺序，必须按顺时针或逆时针立尺；当测量陡坎时，应根据陡坎毛刺的方向在坎顶立尺。如果毛刺在立尺前进方向的左侧，量取坎高；如果方向与实际相反，可用【地物编辑】主菜单下的【线型换向】功能进行换向。

(2)跑镜员在野外立尺时，尽可能将同一地物编码的地物连续立尺，以减少在计算机处来回切换。

(3)测图过程中，为防止意外应该每隔 20 分钟或 40 分钟存盘，这样即使在中途因特殊情况出现死机，也不致前功尽弃。

(4)如果选择【手工输入观测值】选项，系统将提示“输入边长”“输入角度”，这时，应按照提示输入正确值；如果选择全站仪，如南方全站仪，系统会自动驱动全站仪进行测量，而且测量的数据会自动传送到计算机。

(5)标高默认值为上一次的值。当测量某些不需参与等高线计算的地物(如房角点)时，应在系统提示输入标高时输入“0”，不可直接按回车键。

(6)测量碎部点的定点方式有全站仪定点和鼠标定点两种，两者可通过屏幕右侧菜单的【方式转换】选项进行相互切换。全站仪定点方式是根据全站仪传送的数据计算出坐标成图；鼠标定点方式是利用鼠标在图形编辑区内直接绘图。

(7)观测数据分为自动传输、手动传输两种方式。自动传输是由程序驱动全站仪自动测距，并自动将观测数据传至计算机，如南方全站仪；手动传输则是在全站仪上手动测距，然后人工干预传输，如徕卡全站仪。

(8)当系统驱动全站仪测距后 20～40 s 仍未完成，将自动中断操作。这时，应检查全站仪是否瞄准目标，并按照正确的方法重新操作一遍，直到测量完成。

(9)如果某地物还没测完就中断了，转而去测另一个地物，可利用【加地物名】功能添加地物名备查，待继续测该地物时利用【测单个点】功能的【输入要连接本点地物名】选项继续连接测量，即多棱镜测量。

(10)选择右侧菜单【找测站点】功能使测站点出现在屏幕的中央。

6.3.3 草图法

草图法就是用全站仪在野外测量地形特征点的定位信息时，绘图员现场绘制碎部点的连接信息草图，在室内利用数字成图软件，根据碎部点坐标和草图进行计算机编辑成图。

草图法的前期工作、设站工作以及跑镜工作和电子平板法类似，不同之处是草图法不能实时成图。回到室内，将碎部点传输到计算机上，并展点到专业绘图软件上，根据草图，选择对应的地物符号，将离散的碎部点连线成图。

绘制工作草图是保证数字测图质量的一项措施。工作草图是图形信息编码碎部点间接坐标计算和人机交互编辑修改的依据，绘制方法与电子平板法相同。

在进行数字测图时，如果测区有相近比例尺的地图，则可利用旧图或影像图适当放大复制，裁成合适的大小(如 A4 幅图)作为工作草图。在这种情况下，作业员可先进行测区调查，对照实地将变化的地物反映在草图上，同时标出控制点的位置，这种工作草图也起到工作计划图的作用。在没有合适的地图可作为工作草图的情况下，应在数据采集时绘制工作草图。工作草图应绘制地物的相关位置、地貌的地性点、点号、丈量距离记录、地理名称和说明注记等。草图可按地物相互关系分块绘制，也可按测站绘制，地物密集处可绘制局部放大图。草图上点号标注应清楚正确，并和电子手簿记录点号一一对应，如图 6-5 所示。

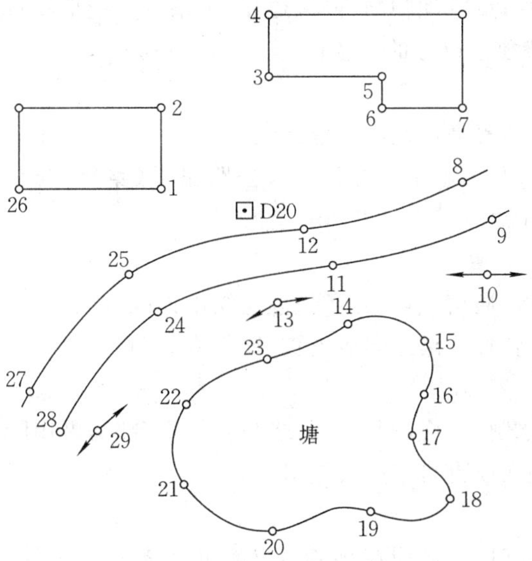

图 6-5

6.3.4　编码法

编码法数据采集与上面两种方法不同的是，每测一个地物点时，都要在全站仪上输入地物的编码，详细的编码原则与方法前面已有介绍。编码法内业成图与上述两种方法不同之处是，南方 CASS 软件可以根据地物编码自动成图。

6.4　大比例尺数字地形图绘制

6.4.1　数据传输

数据通信的作用是电子手簿或计算机与全站仪之间的数据相互传输。对于全站仪数据传输，首先在全站仪上进行数据通信的操作，通过传输线缆连接计算机，然后通过执行绘图系统的数据处理菜单下的【读入全站仪数据】或【电子手簿】命令，按照软件的提示完成。如果格式不匹配，需要进行格式转换。

6.4.2　地形图绘制

1. 绘制地形图

采用碎部点点号定位成图法绘图：①定显示区；②选择测点点号定位成图法；③绘制平面图；④地形图的注记与编辑；⑤绘制等高线；⑥地形图的分幅与整饰。

2. 数字地形图的编辑原则

1）居民地

街区与道路的衔接处应留 0.2 mm 间隔；陡坎和斜坡上的建筑物，应按实际位置绘出，陡坎无法准确绘出时，可移位表示，并留 0.2 mm 间隔。

2）点状地物

两个点状地物相距很近，同时绘出有困难时，可将高大突出的准确表示，另一个移位表示，但应保持相互的位置关系；点状地物与房屋、道路、水系等其他地物重合时，可中断其他地物符号，间隔 0.2 mm，以保持独立符号的完整性。

3）交通

双线道路与房屋、围墙等高出地面的建筑物边线重合时，可用建筑物边线代替道路边线。道路边线与建筑物的接头处，应间隔 0.2 mm；公路路堤（路堑）应分别绘出路边线与堤（堑）线，两者重合时，可将其中之一移动 0.2 mm 绘出。

4）管线

城市建筑区内电力线、通信线可不连线，但应绘出连线方向；同一杆架上架有多种线路时，表示其中主要的线路，但各种线路走向应连贯，线类应分明。

5）水系

河流遇桥梁，水坝、水闸等，应断开；水涯线与陡坎重合时，可用陡坎边线代替水涯线；水涯线与斜坡脚重合时，仍应在坡脚将水涯线绘出。

6）境界

境界以线状地物为界时，应离线状地物 0.2 mm 按图式要求绘出；如以线状地物中心为界，不能在线状地物符号中心绘出时，可沿两侧每隔 3～5 cm 交错绘出 3～4 节符号。但在境界相交或明显拐弯及图廓处，境界符号不应省略，以明确走向和位置。

7）等高线

等高线遇到房屋及其他建筑物、双线道路、路堤、路堑、坑穴、陡坎、斜坡、湖泊、双线河、双线渠以及注记等均应断开；等高线的坡向不能判别时，应加绘示坡线。

8）植被

同一地类范围内的植被，其符号可均匀配置；大面积分布的植被在能表达清楚的情况下，可采用注记说明；地类界与地面上有实物的线状符号重合时，可省略不绘；与地面上无实物的线状符号重合时，地类界移位 0.2 mm 绘出。

9）注记

文字注记要使所表达的地物能明确判读，字头朝北，道路河流名称可随线状弯曲的方向排列，各字底边平行于南、北图廓线；注记文字之间最小间距为 0.5 mm，最大间距不宜超过字大的 8 倍，注记时应避免遮盖主要地物和地形特征部分；高程注记一般注于点的右方，离点间隔 0.5 mm；等高线注记字头应指向山顶和高地，但字头不宜指向图纸的下方，地貌复杂的地方，应注意合理配置，以保持地貌的完整；图廓整饰注记按图式规定执行。

6.4.3 地形图的检查与验收

地形图的检查包括自检、互检和专人检查。在全面检查认为符合要求之后，即可予以验收，并按质量评定等级。数字地形图检查内容及方法如下。

1. 数学基础检查

将图廓点、方里网交点、控制点的坐标按检索条件在屏幕上显示，并与理论值和控制点已知坐标值核对。

2. 平面和高程精度的检查

1）选取检测点的一般规定

数字地形图平面检测点应均匀分布、随机选取明显的地物点。平面和高程检测点数量视地物复杂程度等具体情况确定，每幅图一般选取20～50个点。

2）检测方法

检测点的平面坐标和高程采用外业散点法，按测站点精度施测。用钢尺或测距仪（全站仪）量测地物点间距，量测边数每幅图一般不少于20处。检测中，如发现被检测的地物点和高程点含有粗差，应视情况重测。当一幅图检测结果算得的中误差超过数字测图成果质量要求中位置基准的平面精度和高程精度的规定，则应分析误差分布的情况，再对邻近图幅进行抽查。中误差超限的图幅应重测。

3．属性精度的检查

（1）检查各个层的名称是否正确，是否有漏层。

（2）逐层检查各属性表中的属性项是否正确，有无遗漏。

（3）按地理实体的分类、分级等语义属性检索，在屏幕上将检测要素逐一显示，并以要素分类代码核对来检查属性的错漏，用抽样点检查属性值、代码和注记的正确性。

（4）检查公共边的属性值是否正确。

4．逻辑一致性检查

（1）用相应软件检查各层是否建立拓扑关系及拓扑关系的正确性。

（2）检查各层是否有重复的要素。

（3）检查有向符号、有向线状要素的方向是否正确。

（4）检查多边形闭合情况，标识码是否正确。

（5）检查线状要素的结点匹配情况。

（6）检查各要素的关系表示是否正确，有无地理适应性矛盾，是否能正确反映各要素分布特点和密度特征。

（7）检查水系、道路等要素是否连续。

5．整饰质量检查

（1）检查要素关系是否合理，是否有重叠、压盖现象。

（2）检查高程注记点密度是否满足每100 cm^2 内8～20个的要求。

（3）检查各名称注记是否正确，位置是否合理，指向是否明确，字体、字大是否符合规定。

（4）检查注记是否压盖重要地物或点状符号。

（5）检查图面配置、图廓内外整饰是否符合规定。

6．附件质量检查

（1）检查文档资料填写是否正确、完整。

（2）逐项检查元数据文件是否正确、完整。

7．地形图的输出

地形图可以输出在计算机屏幕上，也可以通过绘图仪打印输出，作为上交成果资料。

第三篇　地形图基本应用

地形图应用的目的是获取地形信息(即地理环境信息)。地形图上的每个符号(包括图上注记)和符号组合所表达的全部内容称为地形图信息。在现代地图制图学中,电子计算机技术被广泛采用,地图不再仅仅表达在传统的介质(绘图纸、聚酯薄膜)上,还可表达在磁盘和光盘等新型介质上,而这些新型介质上的地图是以数字形式存储地形符号,称为数字地图。数字地图有别于传统地图,但其地图构成的含义没有变,因此很多地图学者将存储于计算机中的地图图形数据也称为地图信息。这样似可以说:在地图介质上,地形图数据(地形图符号或地形数据)所表达的全部内容称为地形图信息。地形图上的地形信息(地物信息和地貌信息)是制图者对图幅对应区域地理环境(地物、地貌)进行取舍、概括、简化和符号化后的研究成果,是实地地理环境的抽象。

地形图存储了大量的地理环境信息,包括直接信息和间接信息。在人类的科研和生产实践活动中可利用地形图采集所需的地理环境信息。这说明地形图在作为地形信息存储工具的同时还起到了传递信息的作用,在地形图信息传递过程中,地理环境、制图者、地形图、用图者构成一个相互联系的地形图信息传递系统。该系统可分为两个子系统:地形图制图系统和地形图应用系统。地形图应用系统是由用图者、地形图和用图方法组成,三者之间以信息为纽带组成了一个相互联系的有机整体。用图者是系统的主体,其目的是获取地形图信息;地形图则是存储地形信息的工具;用图方法可为用图者从地形图中采集地形信息提供技术保证。

地形图信息是用地形图符号,通过不同的表示方式,直观形象地表示在地图介质上,用图者在用图过程中,采用不同的技术方法可获得不同的地形图信息。

地形图内容精确、详细、全面,地形信息非常丰富,可为读者认识区域地理环境,研究地理环境可持续发展,提供丰富可靠的地形信息和调查研究利器。因此,研究地形图应用具有重要的理论和实践意义。本篇仅简述地形图应用的几个基本问题:地形图阅读、地形图量算和地形图野外应用。

第 7 章　地形图阅读

7.1　地形图阅读的概念

地形图阅读在地形图应用中占有很重要的地位，地形图应用从地形图阅读开始，又是地形图深入应用的基础。

用图者运用地图、地理、专业知识和实践经验，通过阅读图例，掌握地形图符号的含义，采用一定的技术手段和形式方法，对地形图内容各要素进行详尽的识别，将图上符号（含图上注记）及其隐含的信息，解译成有关地理环境的意念图像，在头脑中形成地形图形象系统，从而获得有关地理环境的质量、数量和分布特征等信息，这就是地形图阅读，简称读图。地形图读图是地形图应用系统中信息传递的开始。

7.2　地形图阅读的形式和方法

采用怎样的读图形式和方法，取决于读图的目的、任务和要求，具体分述如下。

7.2.1　读图的形式

读图的形式可大体上分为区域泛读、沿线详读和专题专读 3 种。

区域泛读的目的是对制图区域地理环境的全貌有一个概括的了解，需要对地形图地理内容进行广泛阅读，采集有关地理环境的概括信息。

沿线详读，是指沿选定的线路详细阅读地形图上有关线路优劣的内容，例如沿选定的公路或渠道等的比较线，详细读取判定线路优劣的各种数据，以便从若干比较线路中择优选择一条最佳路线定线。

专题专读，是指针对某个专题进行的地形图阅读。例如，针对制图区域的“土地利用现状”课题的读图，首先，阅读图上的植被、土质和特殊地貌符号，获取林地、草地、耕地、未利用土地等的类型、分布、图斑面积等土地利用现状的信息；然后，阅读土地利用与地形图其地理要素的关系，分析影响土地利用的因素，研究土地利用存在的问题，提出合理利用和保护土地资源的建议。

7.2.2　读图的方法

无论何种读图形式都是通过一定的读图方法来实施的。读图方法因读图的目的和要求不同而有所不同。读图的目的是获取地形图对应制图区域的地理环境信息，根据地图信息的传递过程，读图的基本方法有：一览性初步概读、分要素具体详读和多要素综合阅读。

地形图阅读从阅读图例开始。图例是读图的钥匙，是地形图符号的诠释和识别符号的工具，也是地形图图形形象化的主要依据。通过阅读图例，可了解地形图符号（含图上注记）的含义、图上有哪些地理内容，以及分布状况如何，使用图者对地形图内容有一个初步印象，即初步形成地形图形象，故称一览性初步概读。此法在区域泛读中经常采用。但是其对地形图内容的详细信息还不了解，故初步读图需要深入。

为了获取所需要的具体地形图信息，初步形成的地形图形象必须进一步具体化，即详尽读出各地理要素的类型、性质、分布、数量、质量等具体信息，使初步形成的地形图形象具体化，即详尽读出图上各地理要素的类型、性质、分布、数量、质量等具体信息，使初步形成的地形图形象具体化，故称为分要素具体详读。具体详读获得的信息只是个别要素的个别信息，而地理事物不是孤立的，故须在对地形图形象具体了解的基础上，联系其他地理要素进行综合读图。

多要素综合读图，就是对地形图制图区域的相关地理事物做综合论述，研究它们之间的相互联系、相互依存、相互制约的辩证关系，以对地形图制图区域的地理环境有一个比较全面和完整的认识，及建立一个完整的地形图形象系统。

7.3　地形图阅读的程序和内容

地形图读图的程序和内容取决于具体的读图目的、读图形式和任务要求，一般读图程序及内容如下。

7.3.1　阅读地形图辅助要素

1. 评价地形图质量

从地形图辅助要素中，阅读地图相关资料，如成图时间、制图单位、成图方法、制图资料等，以判定地形图内容的现势性、可靠性、详尽性和精确性。

2. 阅读图名、图号

北图廓外中央注记有本图幅的图名和图号，由此可知图幅所在制图区域的地理位置和图幅的经纬范围。图幅外图廓中部注记有四邻图号，由此可找到与本图拼接的地形图。

3. 阅读说明文字

阅读地形图的说明文字，如坐标系统、高程系统、基本等高距等，可为量算分析提供科学依据，为地貌阅读提供帮助。

4. 阅读坡度尺

借助坡度尺可在图上量测坡度，阅读地貌，还可为地形图的深入分析服务。

7.3.2　阅读地形图的数学要素

数学要素是制作地形图的数学基础，是地形图精确性的保障，需要阅读的数学要素有地形图的投影、经纬网、方里网、比例尺、三北方向等，其分述如下。

1. 阅读地形图的投影

包括地形图的正射投影和地形图的地图投影，了解投影的特点可帮助读图者建立正确的位置和形状概念，为图上量算提供数学依据。

2. 阅读图上经纬网及其注记

此项阅读可获得地形图上任一区域的经纬范围信息，确定图上（地面上）任一点的地理坐标。

3. 阅读方里网

方里网(公里网)在地形图阅读中有很大作用:①用于量算点的平面直角坐标;②利用方里网估算两点间的水平距离;③用于估算图上面状地物的水平面积。只使用简单量算工具,如绘图三角板、三棱尺、两脚规就能获得比较精确的数值。

4. 阅读地形图的比例尺

比例尺是地形图必需而重要的数学要素。阅读地形图时,充分了解地形图比例尺的定义、比例尺的表现形式、比例尺的大小和作用,以及我国地形图的比例尺系列,对于提高读图速度、质量和效率有很大作用。

5. 阅读三北方向

三北方向是测图和用图的基本方向。读图时可根据三北方向提供的偏角数据,作地形图定向和方位角换算。

7.3.3 阅读地形图的地理要素

地形图的地理要素是地形图读图的中心内容,其阅读的程序和内容分述如下。

1. 阅读地理位置

区域的地理位置对其自然地理环境特点的形成和人文地理特征都有深刻的影响,读图时应先从图上读出区域的数理地理位置(经纬度位置)、自然地理位置(如海陆位置,傍依的山河平原等)、政治地理位置(与邻国、邻区的相关位置)、经济地理位置(如工业交通位置)和行政区划、广袤面积等。

2. 阅读水系

水系是地理环境中起重要作用的成分,水系的阅读是地形图阅读的主要内容,阅读水系时应注意河流的阅读。首先阅读河流岸线、河流性质,然后阅读河宽、水深、流向、流速、河底性质、渡河方法、水系附属物等。在小比例尺地形图上,还可读出河流主支流关系,河流形状特征和平面结构类型。

3. 阅读地貌

阅读地貌的目的是了解区域的地势和地貌的高低起伏和形态。地形图上,地貌是用等高线配合高程注记、示坡线和特殊地貌号表示,因此,地形图地貌阅读的内容可分为三部分:①等高线图形特征阅读;②等高线数量特征阅读;③特殊地貌符号阅读。依据等高线的图形和等高线高程注记的字向或示坡线的指向,可读出地貌的形态类型及其分布。等高线数量特征的阅读包括:①等高线高程的确定;②任一点高程的量算;③依据等高线量算线、面坡度。读图时可根据图上等高线的高程注记,高程点的高程注记和等高距来确定。不能用等高线表示的特殊地貌,如滑坡、崩崖、冲沟、溶斗、土堆、坑穴、梯田等,可依图例中相应符号予以识别。

4. 阅读土质植被

土质、植被阅读的目的是获得地表覆盖层(如沼泽、沙地、戈壁、盐碱地等)的性质,植被类型及其分布和通行、通视状况的信息,为工程施工、农业生产、军事作战和科学研究提供有关资料。

土质、植被在地形图上用面状符号(地类界内加底色,说明符号和说明注记)表示,读图时可依据相应符号详细识别。

5. 阅读居民地

居民地的阅读内容包括：居民地的类型、行政意义、居民人口、分布位置；居民地的平面图形、外部轮廓特征、内部通行状况和主要经济文化地物；居民地与水系、地貌、交通的联系。居民地的类型可按行政意义、经济地位、人口数量、居民职业、建筑规模和建筑物质量等划分。地形图上的居民地一般分为城市、集镇和村庄 3 个类型，读图时依据居民地符号和图上注记加以识别。

6. 阅读交通网

交通网的阅读内容包括港口间的固定航海线（1∶50 万，1∶100 万地形图上）、空中交通线与水上交通线的附属物体，如飞机场、港口、码头、航标等。

陆上交通线（道路）是地形图重点表示的内容。地形图上详尽精确地表示了道路网的类型、等级、质量、数量特征、分布位置、道路网的结构和密度、道路现状、道路附属物及其数量、质量特征、道路与相关要素的关系，读图时可从地形图上获得丰富的道路网信息。

7. 阅读境界

境界的阅读内容主要包括境界的类别、位置、走向、境界与地形线和方位物的关系。地形图境界的表示和境界的阅读关系国家的领土主权和政务处理，因此，无论制图或读图都应特别注意境界的精确位置，以及境界与相关地物的相关关系。

第8章 地形图量算

8.1 量算作业概述

地形图是根据严密的数学法则制成的，在它的图形符号中蕴含了大量的数量信息，有些图形符号还直接提供了物体的数量概念。故通过在地形图上进行模拟量测，可以获得丰富的数据信息。

8.1.1 地形图量算

根据用图的目的和需求，在地形图上进行的量测与计算称为地形图量算，或图上量测。地形图量算是地形图应用上的技术手段，通过图上量算可以获得地面一些事物的数量指标(如空间位置、数量大小等)，建立一些物体的形态概念。这些指标和概念都是正确使用地形图的可靠依据。因此，地形图量算是应用地形图不可缺少的知识和应当掌握的技能，本书介绍的仅仅是实践中经常遇到的一些基本量算问题。

8.1.2 影响图上量算精度的因素

地形图量算的精确程度，受许多因素影响，归纳起来有以下几个方面。

1. 地图投影变形

我国地形图采用的地图投影均为等角投影，理论上这种地形图上存在长度变形与面积变形，但无论何种比例尺地形图的投影变形都是很小的，因此在地图上进行量算作业这种变形可不考虑。

2. 制图综合误差

制图综合影响地形图的图解几何精度。首先，制图综合的表象受线划图形最小尺寸的影响，它直接关系到图上显示地面事物的精度。例如规定某地类在地形图上的最小图斑为1 mm^2，则在1∶10万地形图上显示面状地物的精度可达10 000 m^2，即0.01 km^2；如果规定的最小图斑为2 mm^2，则精度最高为0.02 km^2。可见符号的最小尺寸和地形图的图解几何精度有直接联系。

其次，制图综合对事物形状的概括简化改变了原来的图形结构，这种改变涉及长度、方向和轮廓形状3个指标的变化。例如，简化现状地物(河流、海湖岸线、道路等)图形因删去了图形的小弯曲而必然使其长度缩短。对某地区河流的量测结果表明，由于图形被简化，在1∶50万地形图上的河流长度比在1∶10万地形图上的河流长度缩短约12.1%。方向的改变也是经常出现在制图综合中。图形的概括本来要求保持和原始图形一致，但实际上由于图形简化，必然会引起方向的改变，如河流、海岸、道路等次要小弯曲被删除后导致的局部方向改变。轮廓图形也会由于概括简化而由复杂图形变为简单图形，有时甚至改用非比例的点状符号表示，如小的岛屿经过概括后用点来表示就是一例。而且轮廓图形的概括并不限于删除，有时为了强调某种特征而需将某些小的弯曲予以夸大表示。长度、方向和轮廓图形的改变无疑会对地形图的精度产生影响。

此外，因在制图综合中夸大某些碎部特征或采用了非比例符号，就必然使其大小超过应有范围，从而影响其他地物的表示，为了正确显示各要素之间的关系，必须对其中相对次要的要素作移位处理。移位的大小与符号的尺寸相关，例如位于公路旁的居民地，当它们的符号尺寸都超过实地范围时，居民地符号就要向公路旁位移。设地形图的比例尺为 1∶100 万，图上路宽为 0.4 mm，居民地圈形符号的直径为 1.2 mm，则公路旁居民地符号的位置移动可达 1 mm（相当于实际 1 km）。产生移位的情况很多，例如居民地与河流、境界线的关系，渠道、道路、河流、海岸等并行而使符号发生争位时，都要进行移位处理，所有这些无疑都影响到地形图的几何精度。

制图综合的误差随地形图比例尺的缩小而增大。比例尺大，则综合误差小，量测精度就高；比例尺小，综合程度增大，量测精度则相对降低。

3. 图纸变形

图纸变形即图纸的伸缩，图纸各部分的伸缩是不一致的。一般来说，顺纸纹方向变形较小，垂直于纸纹方向变形较大。温度和湿度不同，图纸的新旧程度不同，变形也不一样，其相对变形可达 1%。若地形图经长期使用或折叠，则图纸伸缩变形更为显著。因图纸伸缩而形成的误差必然影响地形图内容的几何精度。

4. 量测的仪器和方法

此属量测的技术性误差。采用的量测技术方法不同，其结果则不一样。如求两点间的距离，用两点间的已知地理坐标或直角坐标推算出来的距离，与在图上直接进行量测，其值显然不同。前者无须顾及图纸变形的误差，而后者不可避免地要受图纸变形误差的影响。只量测一次与多次量测取平均值，其可靠程度也不相同。即使量测方法一样，但量测所使用的仪器工具不同，其结果亦会有差异。例如，用精密直尺量测距离，与用普通直尺去量测，其精度就不一样；量测面积的精度亦取决于所用仪器的精度及其他多种因素，如用普通定积求积仪、数字求积仪或计算机辅助的数字化仪量测面积，其精度就有显著的差异。带有微型计算机的新型数字求积仪较普通求积仪量测精度高、速度快，尤以计算机辅助数字化仪的量测精度最高，精度可达 1‰～2‰，量算面积、长度较为可靠。

此外，专业人员的技术熟练程度、视力好坏、地形图的现势性等因素，对量算作业的影响也是不言而喻的。

所有这些影响量测作业精度的因素是相互制约，相互影响的。这种误差的存在，必然影响其他误差的积累，而如何消除这些误差，或确定其大小，是一个比较复杂的课题，目前尚无完善的结论，故地形图上的量算值与真值比较也只是一种近似值。在实际作业时必须充分估计到这种问题，研究采用什么仪器、方法和作业程序以及采用何种比例尺地形图，以设法避免或减小这些误差对量测作业的影响。

8.2　地形图上量算点的坐标和线的方向

8.2.1　应用直角坐标网量算点的直角坐标

地形图上的平面直角坐标网主要用于量算点的直角坐标，也可借以计算距离和面积。在地形图上量算点的直角坐标，包括由图上某点求其坐标和由某点的坐标求其图上位置。量算的顺序是先纵坐标值（x），后横坐标值（y），具体量算方法分述如下。

1. 地形图上某点概略坐标的确定

在实践中，常用概略坐标来指示目标点的图上位置。所谓概略坐标就是目标点所在方里网西南角顶点坐标的末两位（个位和十位）千米数值。如图 8-1 所示，已知图上有一目标 116.6 高地，需要确定其概略坐标。确定的方法是：先找出该山头定位点下方横坐标线的末两位纵坐标值 $x = 67$ km，后找出其左方纵坐标线的末两位横坐标值 $y = 46$ km，则该点的概略坐标即为（67，46）。

若需要较明确地指示目标在方格中的位置，可用井字格法确定。此法是将一个方格等分成井字形的 9 个小方格，自左上角的小方格起依顺时针方向用阿拉伯数字 1～9 编号，用该目标的概略坐标和小方格的序号来指示目标。如在图 8-1 中两座公路车行桥的概略坐标分别为（66，479）和（66，475）。

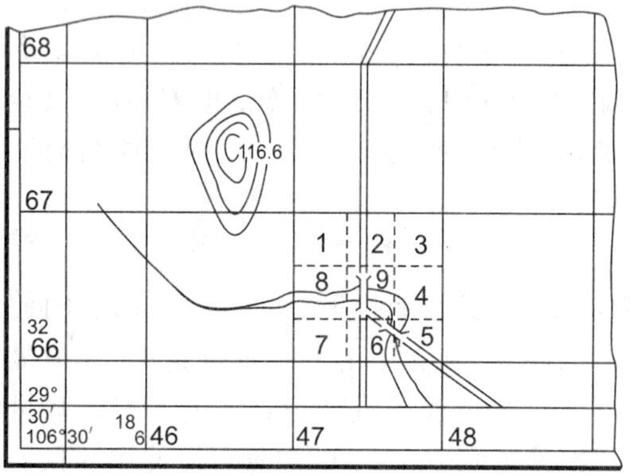

图 8-1

2. 地形图上某点精确坐标的量算

地形图上进行某些工程设计或某些活动时，往往需要精确坐标。所谓精确坐标，就是目标点的概略坐标（千米数）加上该点至所在方里网下边和左边坐标线的垂直距离（米数）。已知地形图上某个目标点（如图 8-2 中的某发射点），要求其精确坐标，最方便的方法是用坐标尺量算，方法如下。

（1）确定目标点（如图 8-2 中发射点）的概略坐标（x_0，y_0），本例为（85，49）。

（2）使坐标尺的纵边与纵坐标线 49 吻合，横边与目标点相切。

（3）由坐标尺的纵边上读出于横坐标线 85 所对应的分划数 $\Delta x = 645$ m，再与其概略坐标 $x_0 = 85$ km 相加，则发射点的纵坐标 $x = x_0 + \Delta x = 85\ 645$ m。

（4）从坐标尺的横边上读出目标点所对应的分划数，$\Delta y = 300$ m，将其与概略坐标 $y_0 = 49$ km 相加，即得发射点的横坐标 $y = y_0 + \Delta y = 49\ 300$ m。

（5）写出目标点的精确坐标，本例为 $x = 85\ 645$ m、$y = 49\ 300$ m。其完全坐标值为 $x = 2\ 785\ 645$ m、$y = 18\ 249\ 300$ m。

3. 由某点的精确坐标求其图上位置

若已知某目标（如三角点）的精确坐标为 $x = 2\ 786\ 075$ m、$y = 18\ 248\ 410$ m，要确定其在图上的位置可用类似上述方法逆向进行，具体做法如下（图 8-2）。

（1）由已知坐标确定概略坐标，本例为（86，48），根据概略坐标找到该目标所在的方里网格。

（2）使坐标尺的纵边与 48 纵坐标线吻合，然后使坐标尺沿该纵坐标线上下移动至 86 横坐标线对准坐标尺纵边上的 75 m 止。

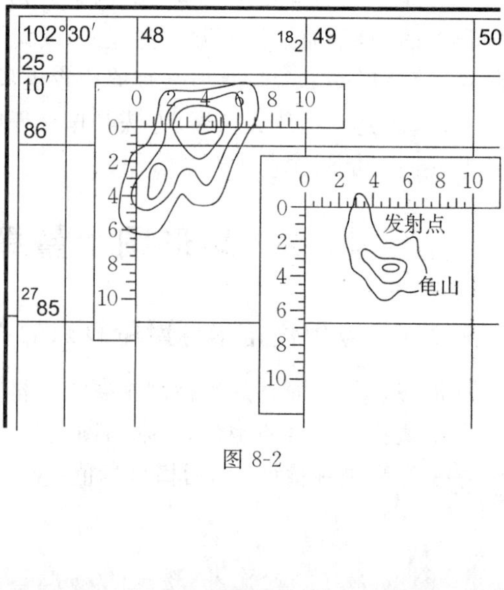

图 8-2

(3)沿坐标尺的横边找到 410 m 分划，依次分划刺点，即为该目标点的图上位置。

8.2.2　应用地理坐标网量算点的地理坐标

地形图上的经纬网就是地理坐标网，确定地理点位置的纬度和经度即为地理坐标。应用地理坐标网量算点的地理坐标，包括已知某点的图上位置求其地理坐标和已知某点的地理坐标求其图上位置，量算的顺序一般是先纬度后经度，方法分述如下。

1. 已知某点图上位置求其地理坐标

在等于和小于 1∶25 万比例尺地形图上，可利用图内经纬网（或其折点）来量算某点的地理坐标。如图 8-3 所示，已知 A 市在 1∶100 万地形图上的位置，求该市的地理坐标 (φ,λ)，可先找到该地所在经纬网格西南角地理坐标 $\varphi_0=25°$，$\lambda_0=121°$；再用两脚规量取 A 市圈形符号中心值下方纬线的垂直距离，保持此张度移两脚规到西（或东）图廓（或邻近经线的纬度分划）上去比量，即得 $\Delta\varphi=02'30''$，则 $\varphi=\varphi_0+\Delta\varphi=25°02'30''$；以同样的方法，从南（或北）图廓（或邻近纬线）上量出 A 市的 $\Delta\lambda=31'00''$，则 $\lambda=\lambda_0+\Delta\lambda=121°31'00''$。于是，$A$ 市的地理坐标为 $\varphi=25°02'30''\mathrm{N}$，$\lambda=121°31'00''\mathrm{E}$。

由于纬度不同，图上不同纬线和南北图廓的长度也不一样。故在量算点的 $\Delta\lambda$ 时，应在邻近该点的纬线或南、北图廓上去量。

在大于等于 1∶10 万比例尺地形图上量算某点 A 的地理坐标(φ,λ)，如图 8-4 所示，可按下述程序进行。

(1)在南、北和东、西分图廓上找出最接近 A 点的对应经、纬度分划，将该点左边和下边的相应分划用直线连绘经、纬线，并读取纬度 $\varphi_0=30°21'$，$\lambda_0=114°01'$。

(2)用两脚规量取 A 点至所连下边纬线与左边经线的垂直距离，用对应分图廓估读或按比例算出 $\Delta\varphi=26''$，$\Delta\lambda=45''$。

(3)将秒数与相应度、分数相加就得 A 点的地理坐标(φ,λ)，即 $\varphi=\varphi_0+\Delta\varphi=30°21'26''\mathrm{N}$，$\lambda=\lambda_0+\Delta\lambda=114°01'45''\mathrm{E}$。

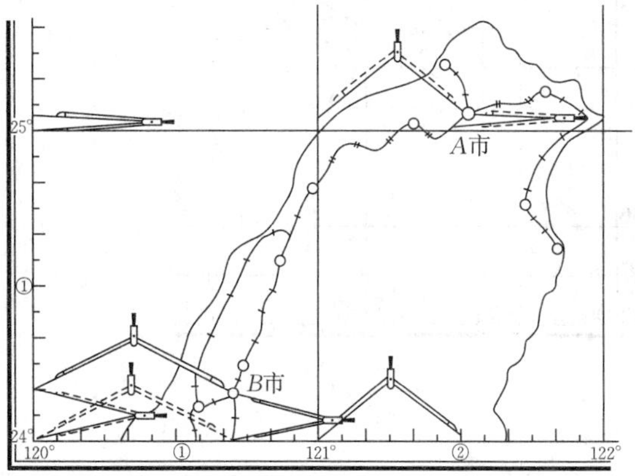

1∶100万

图 8-3

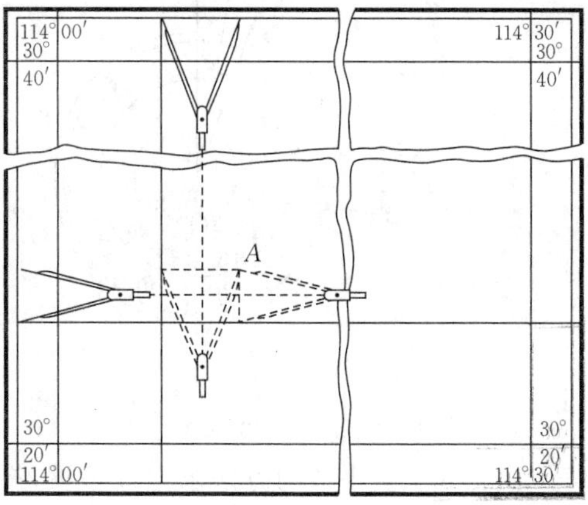

图 8-4

2. 已知某点的地理坐标求其图上位置

已知地面某一点的地理坐标 (φ,λ)，求其在地形图上的位置，只要将上述方法逆转进行即得。如已知某点的地理坐标为 $\varphi=24°09'\mathrm{N}$，$\lambda=120°41'\mathrm{E}$，求该点在图上的位置。可先从图上(如图 8-3)找到 24°纬线和 129°经线的交点,用两脚规在西(或东)图廓(或图内其他合适经线)的纬线分划上找出两处 09′,做出记号;再在南(或北)图廓(或图内其他合适纬线)的经度分划上找出 41′,做出记号;然后使两脚规保持纬度 09′的张度,将下脚尖放在经度 41′标记上,使上下两脚尖的连线垂直于 24°纬线,则上脚尖所指位置就是所求点(本例为 A 市)的图上位置。

在大于等于 1∶10 万比例尺地形图上依点的地理坐标求其图上位置时,可利用分图廓按已知纬度绘出纬线,再按已知经度绘出经线,则经纬线的交点就是所求点在地形图上的位置。如所求的点位较多,可先依分图廓连成地理坐标网,再根据各点的已知地理坐标来确定其在地形图上的位置。

这里需要说明的是,在采用正轴等角圆锥投影的 1∶100 万地形图的经纬网格中,虽然只有经线为直线,纬线为同心圆弧,但因其曲率很小,故在测定地理坐标时,可将弯曲的纬线作为直线进行测量。

8.2.3 依据直角坐标和三北方向量算线段的方向

地形图上线段的方向通常用方位角表示。什么是方位角呢?自线段始端点的指北方向线起算,以顺时针方向到该线段所夹的水平角,就叫方位角。按真北方向线起算的方位角叫真方位角,以 δ 表示;由磁北方向线起算的方位角叫磁方位角,以 c 表示;以纵坐标线北起算的方位角叫坐标方位角,以 r 表示(图 8-5)。地形图上某线段的方位角,可由线段端点的直角坐标算出,也可由三北方向线算出。

1. 由线段端点的直角坐标计算方位角

如图 8-6 所示,欲求地形图上一线段 AB 的方位角,可按以下程序量算。

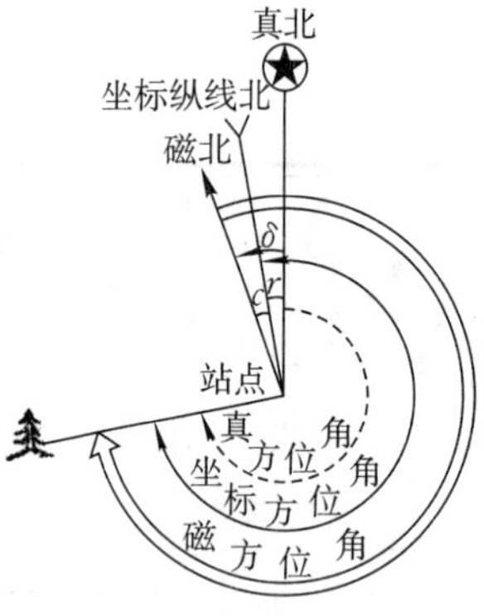

图 8-5

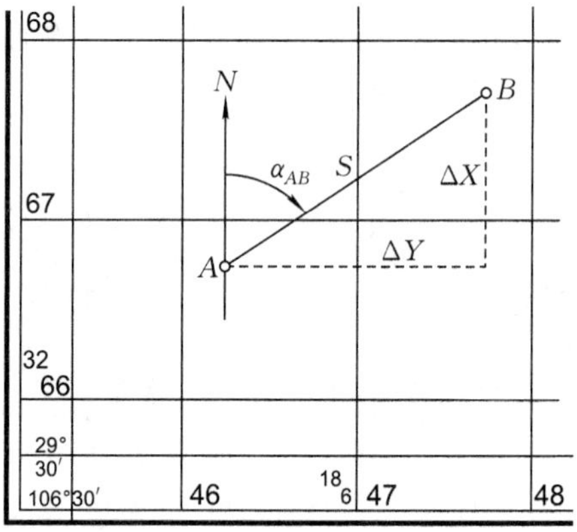

图 8-6

1)求线段端点的直角坐标

应用 8.2.1 小节的方法求出线段两端点 A、B 的直角坐标值(X_A,Y_A)和(X_B,Y_B)。本例 $X_A = 3\ 266\ 769.23$ m,$Y_A = 18\ 646\ 253.85$ m;$X_B = 3\ 267\ 769$ m,$Y_B = 18\ 644\ 769.23$ m。

2)反算坐标方位角

根据线段两端点的坐标计算其方位角和边长,叫作坐标反算。反算坐标方位角 α_{AB} 的公式为

$$\tan\alpha_{AB}=\frac{Y_B-Y_A}{X_B-X_A}=\frac{\Delta Y_{AB}}{\Delta X_{AB}} \tag{8-1}$$

将 A、B 两点的坐标代入式(8-1)得

$\tan\alpha_{AB}=\frac{1\,515.38}{1\,000}=1.515\,38$。按 1.515 8 查三角函数表，即得 AB 的坐标方位角 $\alpha_{AB}=56°34'45''$。

3)方位角换算

若需求出线段的真方位角和磁方位角，可借偏角（在 1∶2.5 万～1∶10 万图上由偏角图上查取）进行方位角换算。根据方位角与偏角之间的关系（图 8-5）由坐标方位角求真方位角的公式为

$$A=\alpha+(\pm\gamma) \tag{8-2}$$

由坐标方位角或真方位角求磁方位角的公式为

$$\left.\begin{aligned}M&=A-(\pm\delta)\\ \text{或}\ M&=\alpha-(\delta-\gamma)=\alpha-(\pm c)\end{aligned}\right\} \tag{8-3}$$

令 $\alpha=57°42'$，$\gamma=-2°04'$，$\delta=-12°20'$，

则依式(8-2)和式(8-3)可算出真方位角与磁方位角分别为

$$A=57°42'-2°04'=55°38'$$
$$M=55°38'+12°20'=67°58'$$

或

$$M=57°42'-(-12°20'+2°04')$$
$$=57°42'+10°16'=67°58'$$

2. 依三北方向线用量角器测量方位角

如图 8-7 所示，欲求地形图上某线段 OM 的真方位角，其步骤如下。

(1)在地形图的南北分图廓或适合的纬线上找出最接近点 O 的相同经度分划，用直线连绘经线。

(2)过点 O 引平行于该经线的线段 ON，得过点 O 的真北方向线。

(3)以量角器的 0°朝北，使其圆心与点 O 重合，0°～180°线与经线重合。

(4)在量角器上读出 OM 与 ON 的夹角 76°45′，就是线段 OM 的真方位角。

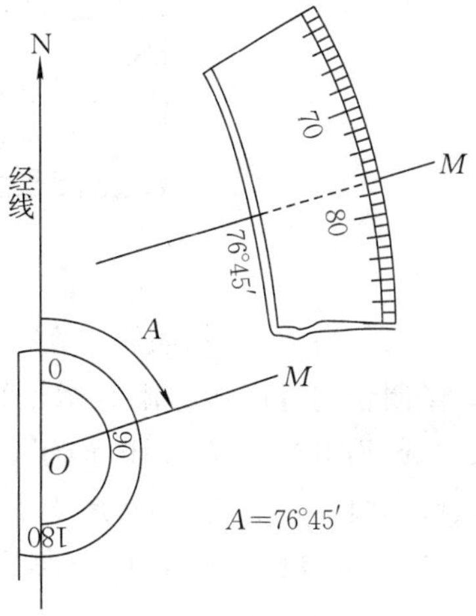

图 8-7

欲求线段 OM 的磁方位角或坐标方位角，则可过点 O 引平行于磁子午线或方里网纵线的线段；再按求真方位角的步骤(3)和步骤(4)进行量测即可求得。反之，若需在图上绘出已知方位角的线段，只要将上述步骤(4)的做法逆转进行即可。

8.3 地形图上量算点的高程和线面坡度

8.3.1 依据图上等高线量算点的高程

根据地形图上的等高线可以解决许多问题，如高程、坡度、流域界线、体积、剖面图、通视范围等。依靠等高线解决这些问题，首先要善于判断斜坡的坡向和等高线的高程。关于判断斜坡坡向在2.7节中已有介绍，下面讨论如何判定等高线的高程，继而研究任意点高程的量算。

1. 判定等高线的高程

由于地形图上一些等高线和高程点注有高程，因此，地形图上任一等高线的高程就可根据上述两种高程注记和等高距与斜坡坡向来判定。

例如，图8-8是1∶5万地形图的一个局部，基本等高距为10 m，图上有3个高程点(包括一个河流水位高程点)，还有一条等高线注记了高程。根据这4个高程和已知等高距，就可判定图上的等高线 *aa* 、等高线 *bb* 、等高线 *cc* 以及其他等高线的高程。

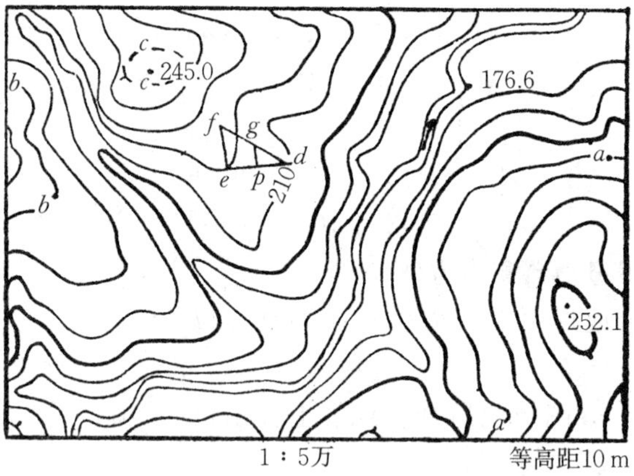

图 8-8

先求等高线 *aa* 的高程。在这条等高线的右方有一高程点，其高程为252.1 m，它的邻近有一条闭合的等高线并附有示坡线。由示坡线可知这里是一个山头，山头定位点的高程为252.1 m，而等高距又是10 m，于是由252.1 m高处下降，遇到的第一条等高线，即那一条附有示坡线的闭合等高线，必然是250 m等高线。在图上这条等高线是加粗的曲线，说明它是计曲线；本图的等高距既然是10 m，则图中计曲线的高程应该是200 m、250 m，这就证实了那条附有示坡线的闭合加粗等高线为250 m是正确的。由这条计曲线向西或向北下坡，每下一条等高线减10 m，到了等高线 *aa*，可知其高程是210 m。这样的判断是否正确，不妨再根据图幅中央那条河流的水位高程176.6 m予以验证。河流总是流经地势较低的地方，其水位高程既然是176.6 m，基本等高距又是10 m，那么河谷两侧的第一条等高线高程必定为180 m；由此向252.1 m高地上坡，每上一条等高线加10 m，数到等高线 *aa* 也是210 m，这证明之前的判断是正确的。

再求等高线 *bb* 的高程。等高线 *bb* 左侧第一条等高线附有示坡线，由此可知等高线 *bb* 的凸部所指为一山脊。沿山脊下到临近河岸的这一条等高线的高程已经判定是 180 m，由此 180 m 等高线起顺山脊上坡，每上一条首曲线加 10 m，数到等高线 *bb*，其高程是 230 m。这样判断是否正确，还可以根据已经注明了高程为 210 m 的那条等高线来加以验证。由 210 m 注记那里顺这条等高线按图索骥，深入沟谷的上游转入该谷西坡到等高线 *bb* 的下方，与等高线 *bb* 相隔一条等高线，*bb* 既高于 210 m，故等高线 *bb* 的高程当然就是 230 m 无疑了。

图中的等高线 *cc*，显然是一条间曲线。从附加在这条闭合间曲线上的示坡线就可判定它所表示的是一个山头，山头定位点的高程为 246.0 m。依基本等高距 10 m，则由山头定位点下坡第一条首曲线的高程应该是 240 m，它与其上坡方向那条附有示坡线的间曲线（半距等高线）的高差是 5 m，因此，这条间曲线的高程必然是 245 m。再由 210 m 等高线向上坡方向数去，按 10 m 一条首曲线，5 m 一条间曲线，数到那条闭合间曲线也是 245 m，证明这个判断是正确的。

已知等高线的高程，便可在地形图上求得任意点的高程。

2. 量算点的高程

点的高程取决于点与等高线的位置关系，所求点与等高线的相对位置关系不外下面 3 种情况。

1）所求点在等高线上

在这种情况下，所求点的高程就是它所在等高线的高程。例如，图 8-8 中的 *a* 点的高程为 210 m，*b* 点的高程为 230 m。

2）所求点在两相邻等高线间

如果一点位于两条相邻等高线之间，该点的高程可由等高线的高程用内插法估读或计算求得。如图 8-8 所示，*p* 点位于 210 m 与 220 m 两条等高线之间，根据这两条等高线的高程可知，*p* 点的高程大于 210 m 而小于 220 m。为求其高程，可过 *p* 点引任一直线与两条等高线交于 *d*、*e*，以 *h* 表示等高距，作直角三角形 $\triangle def$，其直角边 $ef=h$；过 *p* 点作 *de* 的垂线交斜边于 *g*，令 $pg=x$。因为 $\triangle def$ 与 $\triangle dpg$ 相似，所以

$$\frac{de}{dp}=\frac{h}{x}$$

因此

$$x=\frac{dp}{de}\cdot h$$

以 H_d 和 H_p 分别表示 *d* 点和 *p* 点的高程，则

$$H_p=H_d+x=H_d+\frac{dp}{de}\cdot h$$

上式中的 *h* 在地形图上是已知的，本例中 $h=10$ m，从图上量出线段 *dp* 和 *de* 的长度，在图 8-8 上量得 $de=6$ mm，$dp=3.1$ mm，将其纳入上式，则 *p* 点的高程为

$$H_d=210\text{ m}+\frac{3.1}{6}\times 10\text{ m}=210\text{ m}+5.17\text{ m}=215.17\text{ m}$$

由此可知：两条等高线间任一点的高程，等于其临近较低（或较高）一条等高线的高程加上（或减去）该点与对应邻近等高线的高差。

3）所求点被某条等高线包围

倘若所求点位于山顶或凹地上，在同一等高线的包围中，那么该点的高程 $H_{点}$，就等于其

最近首曲线的高程 $H_{首}$ 加上该首曲线到这个点的高差 $\pm\Delta h$，即

$$H_{点}=H_{首}+(\pm\Delta h) \tag{8-4}$$

式中，Δh 的值等于基本等高距 h 的 n 倍($n<1$)。若所求点的临近首曲线内有一条助曲线，则 Δh 大于 $\frac{1}{4}h$ 而小于 $\frac{1}{2}h$；如果首曲线内不是助曲线，而是间曲线，则 Δh 大于 $\frac{1}{2}h$ 而小于 $\frac{3}{4}h$，倘若首曲线内同时绘有间曲线和助曲线，则 Δh 大于 $\frac{3}{4}h$ 而小于 h；如果首曲线内既无间曲线又无助曲线，则 Δh 小于 $\frac{1}{4}h$（如图 8-8 中的 252.1 高地）。图 8-9 是依据等高线确定山顶高程的例子。图中基本等高距为 10 m，在每个例子下面以 0.1 m 的精度注出了山顶高程值的范围，山顶上某点的高程可在此范围内参考山顶的形态(尖、园、平顶)估定。

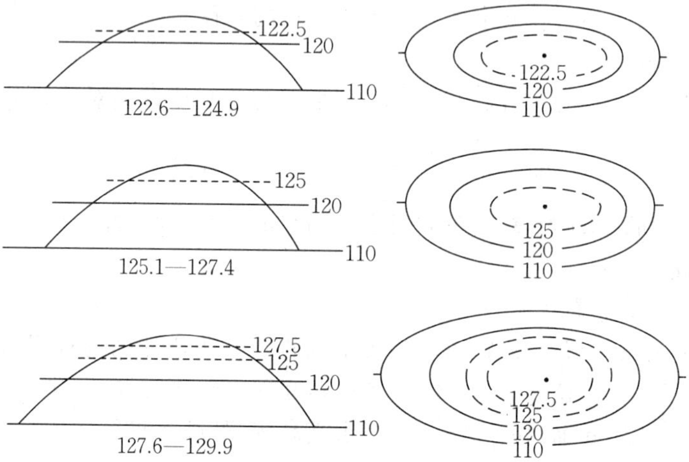

图 8-9

由上述可知，在这种(第 3 种)情况下，点的高程不能精确测定，其所产生的误差最大不超过基本等高距的 $\frac{1}{4}$。

8.3.2 根据地图上等高线量算线面坡度

在地学研究、经济建设和军事行动等实践活动中，常常要利用地形图根据等高线确定地面上线面的坡度。下面介绍在地形图上依据等高线求指定线与面的坡度和作指定坡度线的问题。

1. 量算指定线与面的坡度

在地形图上求某方向线段的坡度，可以应用坡度公式计算或利用坡度尺以图解方法求得。

1)按坡度公式量算坡度

地面某线段对其水平投影的倾斜程度就是该线段的坡度。设线段的坡度为 i，坡度角为 α，其水平投影长度(水平距离)为 D，端点间的高差为 h(单位为 m)，则仿式(2-2)可得线段的坡度 $i=\tan\alpha=h/D$。设线段的图上长度(水平距离)为 d(单位为 mm)，则任意线段的坡度公式为

$$i=\tan\alpha=\frac{h\cdot 1\,000}{d\cdot M} \tag{8-5}$$

按式(8-5)，在地形图上量算出线段的长度及其端点间的高差，便可算出该线段的坡度。例如，在如图 8-10 所示 1∶5 万图上求线段 ab 的坡度，可先求出 a、b 两点的高程 H_a、H_b，由此计算高差 h_{ab}($h_{ab}=H_a-H_b$)，经判定 $H_a=220$ m，$H_b=200$ m，则 $h_{ab}=220\text{ m}-200\text{ m}=20$ m；再从图上量取 a、b 两点间的距离 $d=8$ mm；将 h_{ab} 和 d 代入式(8-5)，则得

$$i_{ab}=\tan\alpha=\frac{20\times 1\,000}{8\times 50\,000}=\frac{20\,000}{400\,000}$$

$$=\frac{1}{20}=0.05=5\%=50‰$$

式中，$\frac{1}{20}$ 是倾斜率，5％是倾斜百分率，50‰是倾斜千分率，即 ab 线之坡度角 α_{ab} 的正切三角函数值。因此，根据 0.050 000 反查正切三角函数则得 ab 线的坡度角 $\alpha_{ab}=2°51'45''$。

为了避免查表换算之繁，可用概略的换算公式作倾斜率(或倾斜百分率、千分率)与坡度角的换算。换算公式可这样导出：以坡度角 1°对应的高差为一个单位，推算出坡度角 1°的倾斜率$=\frac{1}{57.29}$，由此便得

$$\left.\begin{aligned}\text{倾斜率}&=\text{坡度角}\times\frac{1}{57.29}\\ \text{坡度角}&=\text{倾斜率}\times 57.29\end{aligned}\right\} \tag{8-6}$$

按式(8-6)，$\alpha_{ab}=\frac{1}{20}\times 57.29=2°51'52''$。

上述量算是基于方向线为同坡度线，如果方向线上等高线的疏密有显著变化，则应按疏密情况分段量算其坡度。

2)用坡度尺量测坡度

使用坡度尺可在地形图上分别测定 2～6 条相邻首曲线间任意方向线的坡度。图 8-10 是用坡度尺在地形图上测定道路坡度的示例，量测方法如下。

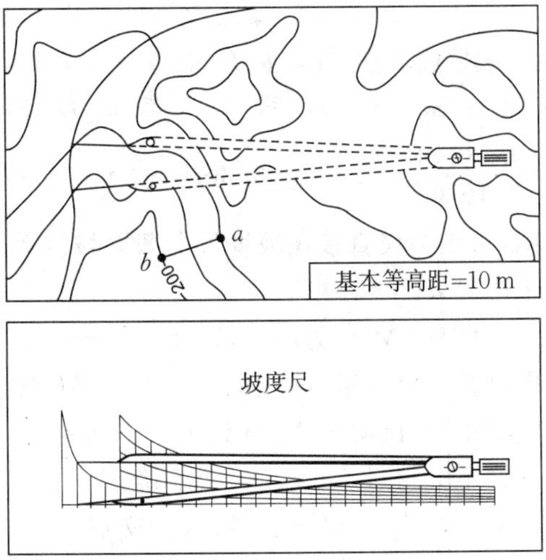

图 8-10

(1)用两脚规沿道路符号量测两相邻首曲线间的距离。

(2)保持两脚规的原有张度，将其一只脚尖置于坡度尺的水平底线上，并使两脚尖的连线与底线垂直。

(3)沿底线平移两脚规，直至另一只脚尖与第一条曲线相遇为止。

(4)按横轴上脚尖所指位置，在底线下方读出那段道路的坡度为 2°，或 3.5％，本例，两个脚尖恰好落在坡度尺的竖线上，所量线段的坡度能够直接从坡度尺上读出，如果脚尖落在两条竖线之间的某个位置上，其坡度可以用目估或内插法确定。

若几条(3～6 条)首曲线间的等高平距大致相等,可以利用坡度尺的第 2 至第 5 条曲线,按上述方法一次量取 3～6 条首曲线间某方向线的坡度。

为确定某地区的地面平均坡度,首先按该区域地形图等高线的疏密情况,将其划分为若干同坡小区;然后在每个小区内绘一条最大坡度线,按前述方法求出各线的坡度作为该小区的坡度;最后取各小区坡度的平均值,即为该地区的平均坡度。

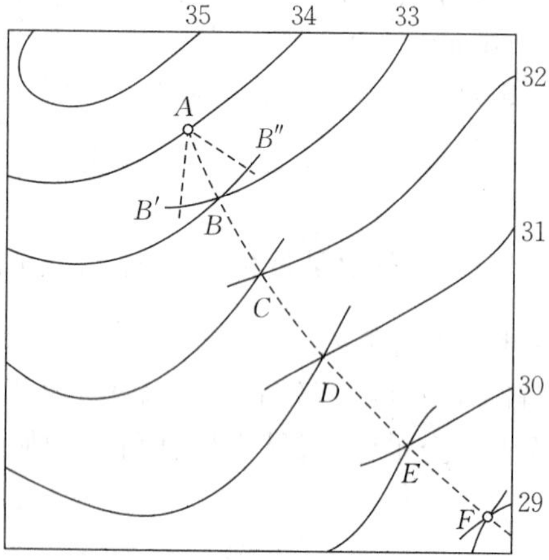

图 8-11

2. 测设规定坡度的线

1)测定最大坡度线

斜坡的最大坡度线(最大倾斜线)在地形图上是两相邻等高线间距离最短而与等高线垂直的公垂线(等高线平行于公垂线是直线,不平行则为曲线),故最大坡度线的坡度 $i_{最大}=\tan\alpha_{最大}=h/d_{最短}\cdot M$。因此,地形图上某点的最大坡度线,可由该点引其相邻等高线的公垂线而得。图 8-11 是由 A 点向 29 m 等高线引一条最大坡度线的例子。具体做法是:以 A 为圆心,调整圆规的张度(半径),使其所画圆弧与邻近的 33 m 等高线相切,求出切点 B,连接 AB 即为 34 m 与 33 m 两条等高线间过 A 点的最大坡度线;依同法逐次测定 C、D、E、F 各点,用圆滑曲线将各点连接起来,即得由 A 向 F 的最大坡度线。

2)设计给定坡度的最短线路

按给定坡度在地形图上做路线设计(如道路、管线等设计)可借助坡度公式或坡度尺来进行。如图 8-12 所示,设地形图的比例尺为 1∶1 万,基本等高距 $h'=5$ m,给定的坡度 $i=7.14\%$,要求在不超过给定坡度的条件下于图上设计一条从 M 到 N 的最短线路。作法如下。

(1)计算两相邻首曲线间坡度为 7.14%时的水平距离 D,根据坡度公式 $i=h/D$,则 $D=h/i=5\text{ m}/(7.14\%)=70.03\text{ m}$,将 D 换算为图上长度 d,则 $d=\dfrac{70.03\times 1\,000}{10\,000}=7.003(\text{mm})$。1∶1 万～1∶10 万地形图,可用圆规直接在坡度尺上截取坡度等于给定值的水平距离 d。

(2)以 M 点为圆心,以 $d=7$ mm 为半径向 N 点方向画弧。经比量,圆规的张度小于 M 点到 220 m 等高线的平距,说明由 M 点到 220 m 等高线上任一点的坡度都不会超过 7.14%。为了确定一条最短线路,选取 MN 方向线与 220 m 等高线的交点 A 为路线通过点。

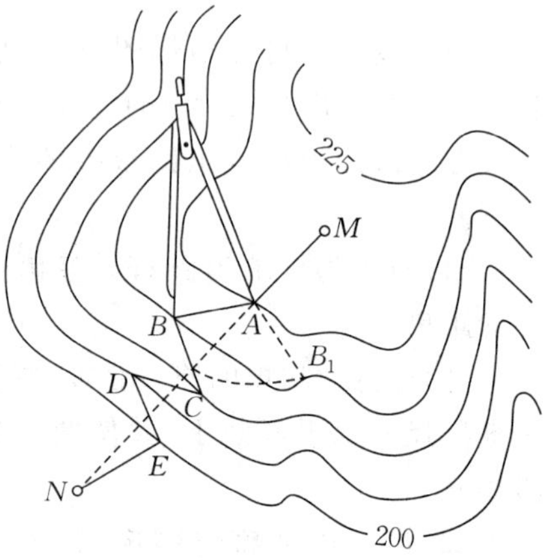

图 8-12

(3)以 A 点为圆心,以 $d=7$ mm 为半径,用圆规向着 N 点方向画圆弧交 215 m 等高线于 B、B_1 两点,则 AB 线与 AB_1 线的坡度均符合设计要求。但 AB 线较 AB_1 线更接近 N 点,故选取 B 点为由 A 点去 N 点的最短路线通过点。

(4)仍以 $d=7$ mm 为半径,用上述同样方法,从 215 m 等高线上的 B 点起,依次在 210 m

等高线上找出 C 点，在 205 m 等高线上找出 D 点，在 200 m 等高线上找出 E 点。E 点以下地势平缓，圆规的张度小于 EN，说明 EN 线的坡度小于给定坡度，故由 E 点至 N 点引一条直线即可满足设计要求。于是，$MABCDEN$ 线就是按给定的坡度设计的最短路线。因这条线上各点的坡度均相等，故这种线称为同坡度线。

当线路的起点 M 不在等高线上，且由起点到最近首曲线间的平距又小于 d 时，可先确定起点与最近首曲线间的高差 h_M；再根据公式 $d_M=\frac{h_M}{i}\times\frac{1}{M}$，按 i 的定值计算平距 d_M；然后以 d_M 为半径，以起点 M 为圆心来确定路线与最近首曲线的交点，本例的起点 M 虽不在等高线上，但 M 点与最近首曲线间的平距大于 d，故无须计算 d_M。

8.4　地形图上量算距离

在地形图上量算两点间的长度，视所量线的曲直可用不同的方法。

8.4.1　线段长度量算

线段长度可用公式法、三棱尺法、普通分规法等进行量算。

1. 公式法

设所量线段为 AB，先用 8.2.2 小节的方法求出线段端点 A、B 的直角坐标 (X_A, Y_A) 和 (X_B, Y_B)；然后按平面解析几何中的距离公式计算线段长度 L_{AB}，即

$$L_{AB}=\sqrt{(X_B-X_A)^2+(Y_B-Y_A)^2} \tag{8-7}$$

此法量距精度较高，尤其适用于量算跨图幅的线段长度。

2. 三棱尺法

用三棱尺（或精密直尺）量出线段的图上长度 l（一般量测两次，较差小于 0.2 mm 时取平均值），$l\times M$（M 为地形图比例尺的分母）即为实地水平距离 L。例如在 1∶5 万比例尺地形图上，量的某线段的长度 $l=3.5$ cm，则相应的实地水平长度

$$L=l\cdot M=3.5\ \text{cm}\times 50\,000=175\,000\ \text{cm}=1.75\ \text{km}$$

为便于计算，可先将比例尺的分母消去两个零（l 以厘米为单位）或 3 个零（l 以毫米为单位），再与 l 相乘，其积就是以米为单位的距离。

3. 普通分规法

用普通分规法在地形图上量算距离的具体做法如下（图 8-13）。

（1）张开分规两脚，使脚尖分别对准图 8-13 上目标点 A、B。

（2）保持两脚尖的张度移分规到直线比例尺上，使一脚尖对准尺身上的适当分划，另一脚尖落在同一尺线的尺头上。

（3）按尺上注记读数，将尺身与尺头上的读数相加，其和（本例为 775 m）即为两点间的实地水平距离。

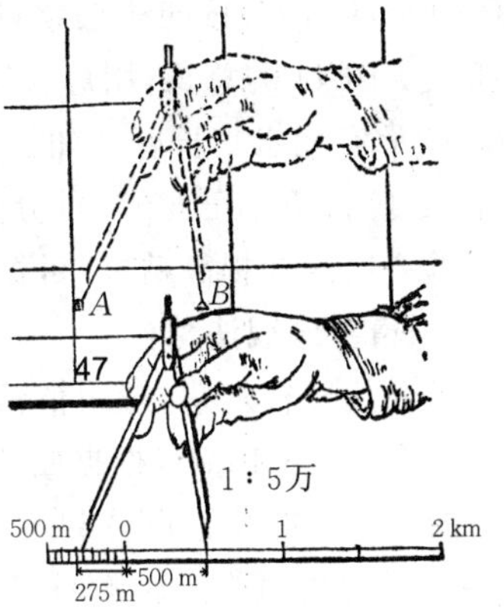

图 8-13

为了提高量距精度，可配用斜分比例尺量测。方法与利

用直线比例尺基本相同，但要注意在利用斜分比例尺量测距离时，必须把分规的两脚尖置于同一水平横线上。具体做法如下。

（1）用分规量取图上两目标点间的距离。

（2）在不改变两脚张度情况下，将其移到斜分比例尺上，让一脚尖放在尺身某垂直分划线上，两脚尖连线与水平横线平行，上下平移分规，当一脚尖正好落在尺头的某条斜线上时止。

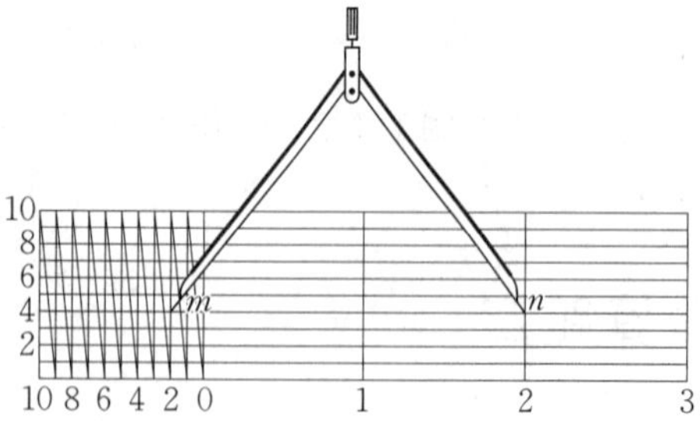

图 8-14

（3）读出分划数，将其依地形图比例尺换算为实地水平距离。

例如，在图 8-14 中，两脚尖所指线段 mn 的分划数为 2.24 个单位，其图上长度为 2.24×2 cm（2 cm 为比例尺基本单位的长度）。若量距用地形图比例尺为 1∶5 万，则实地水平距离为 2.24 cm×2×50 000＝2 240 m；若地形图的比例尺为 1∶2.5 万，则相应于 mn 的实地水平距离为 2.24 cm×2×25 000＝1 120 m。

如果所量距离过长，可以分段量算，然后把各段加起来，就是所要量取的距离。

8.4.2 曲线长度量算

比较复杂而难以作精确量测的是曲线，如道路、境界、河流、海岸线等。量测曲线长度的方法，视曲线弯曲的情况和要求精度不同而异。常用的方法有分规折线法、精密分规法、曲线仪法等。

1. 分规折线法

如果所量曲线比较平滑，要求的精度又不太高，可将曲线分为若干近似直线的线段，以折线当曲线进行量测。量测时，可用普通分规将一些线段累加起来，然后移到直线比例尺上确定长度。如图 8-15 所示，用此法量测折线 $ABCD$，先用分规量取线段 AB，保持两脚尖张度，以脚Ⅰ为轴，旋转脚Ⅱ落到 BC 延长线上止于 M 点；然后使脚Ⅱ在 M 点上不动，抬起脚Ⅰ，扩大至 C 点，此时分规张度 $MC=AB+BC$；按同法继续量测，则分规的最后张度就是折线 $ABCD$ 的总长；用总长度与直线比例尺比量，可得 $ABCD$ 的实地水平长度。如果折线的总长超过两脚规的正常张度（张角小于 60°），可分多次量取，而后将每次量得的长度相加，即为所量曲线的长度。为了检查错误和提高精度，可往返量测，往返量测之差在允许范围内，取平均值作为最后成果。

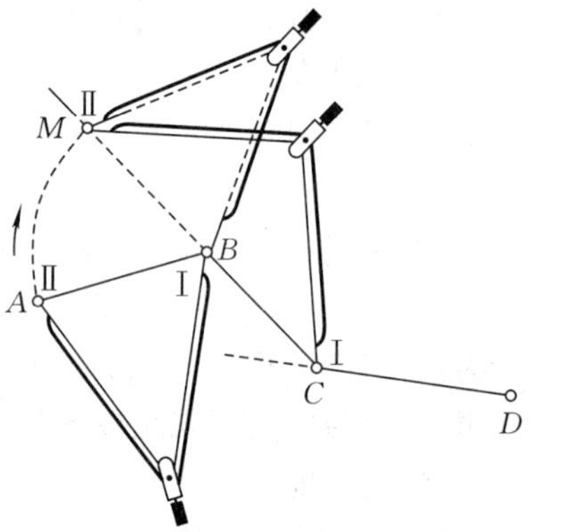

图 8-15

2. 精密分规法

若曲线比较复杂，可用精密分规进行量测。量测时，先用精密分规的微动螺丝将两脚尖的张度调整到 1～4 mm（根据曲线曲率大小确定，曲率大张度小，曲率小张度大），右手拿住分规上端握杆，由曲线起点往终点方向沿曲线在两边交替转动分规，计取分规截取的往测次数 $N_{往}$；再用同法由终点返测回起点，计取分规截取的返测次数 $N_{返}$；往返差在允许范围内取往返次数的平均值设为 $N_{平}$，即 $N_{平}=(N_{往}+N_{返})/2$；最后根据 $N_{平}$ 计算曲线的实地水平长度。设

地形图的比例尺为 $\frac{1}{M}$，图上某曲线的实地水平长度为 L，精密分规的张度为 α，则

$$L = N_{平} \cdot \alpha \cdot M \tag{8-8}$$

为了适应曲线曲率的变化，可用张度不同的两个或 3 个精密分规交替使用，曲率大的曲线部分使用张度小的分规量测，曲率小的曲线部分使用张度大的分规量测，这样既能保持量测的精度一致，又可加快量测的速度。

3. **曲线仪法**

在地形图上量测比较长的曲率不太大的曲线时，可使用曲线仪进行量测。曲线仪(曲线计)的构造如图 8-16 所示，由手柄、字盘和测轮 3 部分组成。字盘中有刻画并附有指针，字盘的刻画分为若干圈，每圈适合于一种注明的比例尺，当字盘下端的测轮循曲线滚动时，指针也随之而在字盘中转动，指出量得的距离。

用曲线仪量测曲线长度时，首先转动测轮使指针归零，读取始读数；然后用手握柄，将测轮对准曲线起点，使柄与纸面垂直，按曲线仪读数增长方向由起点循曲线徐徐滚进至终点，并在相应比例尺的刻画圈上读出终读数(始、终读数均估读至 0.1 分划)，始终两读数之差，即为所量曲线以千米为单位的长度。如果字盘的分划圈上注明比例尺，可先由已知长度的直线，(如直线比例尺、方里线等)作滚进试验，反复滚测 2～4 次，求出曲线仪的分划值，即一个分划代表的厘米数，然后用分划值乘分划数(始、终读数之差)再乘地形图比例尺的分母，即为所量曲线的实地水平距离。

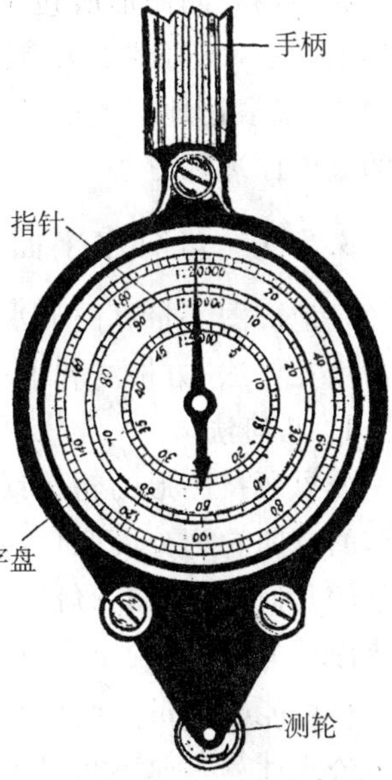

图 8-16

用曲线仪量测曲线长度，应反复量测几次，误差在允许范围内取算数平均值。

曲线仪在使用前须用求分划值的方法进行检验，核查其是否合用或计算误差予以改正。例如，用曲线仪沿 30 cm 长的直线反复量测几次，每次量测的始、终读数之差值等于 30 cm，则表明曲线仪合用；如果几次量测的平均值大于或小于 30 cm (如 29.7 cm)，那么仪器的误差便是 (300－297)/300＝1%，因此曲线计测得的曲线长度，应加上 1%的改正数。

根据实践经验，用曲线仪量测曲线的精度较低(误差约为 $\frac{1}{50}$)，且曲线愈短精度愈低，故不宜用于精度要求较高的曲线量测。

8.4.3　倾斜线长度量算

从地形图上量得的直线或曲线长度，都是两点间的水平距离，而实地则是起伏不平的，因此，实践中有时需知实地两点间的倾斜距离。实地倾斜线的长度 $L_{斜}$，可由两点间的水平距离 $L_{平}$ 及其高差 h，按式(8-9)计算，即

$$L_{斜} = \sqrt{L_{平}^2 + h^2} \tag{8-9}$$

例如，求实地 A、B 两点间倾斜线的长度 $L_{斜}$，可先从地形图上量出这两点间的水平距离 $L_{平}$，

设量得 $L_{平}=201$ m；再求出 A、B 两点的高差 h，设求得 $h=42.7$ m；将其代入式(8-9)，得

$$L_{斜}=\sqrt{201^2+42.7^2}=205.5(\text{m})$$

求实际两点间斜线长度 $L_{斜}$，也可从图上量取水平距离 $L_{平}$ 和坡度角 α，按式(8-10)计算，即

$$L_{斜}=L_{平}\cdot\sec\alpha \tag{8-10}$$

例如，从图上量得 A、B 两点间的实地水平距离 $L_{平}=201$ m，AB 线的坡度角 $\alpha=12°$，按式(8-10)则得

$$L_{斜}=201\times\sec 12°=201\times 1.02234=205.5(\text{m})$$

8.5 地形图上量算面积

由平面封闭图形所包围的平面部分，叫作这个图形的面积。利用地形图量算各种形状图形的面积，既可减少大量野外测量工作，又能达到较高的精度。因此，在生产、科研和教学工作中，大多根据地形图来量算有关图形的面积。本节介绍在地形图上量算水平面积和倾斜面积的基本原理和方法。

8.5.1 量算水平面积的图解法

在地形图上量算图形水平面积的方法很多，一般可以分为图解法和解析法两类。图解法中常用几何法、方格法和平行线法等。

1. 几何法

如果所量图形的轮廓线比较规则，可应用几何法量算。这种方法是将地形图上待量测图形的弯曲轮廓分段取直，使曲线在直线内外围成的面积接近相等，并将整个图形分成若干个简单的几何图形(如三角形、梯形、平行四边形、正方形、矩形等)来量算图形的面积。为了提高量算面积的精度，在允许的情况下，力求将待量测图形划分成若干三角形，并使三角形的底、高之差尽可能小。量算面积时，可依地形图的比例尺量出计算各几何图形面积的元素值，按相应面积公式计算各简单几何图形的实地面积；或先量出各几何图形的图上面积，再依比例尺换算为实地面积，将各子图形面积相加就是整个图形的实地面积。

例如，要量算图 8-17 所示图形的面积，首先根据本图形的形状特征将曲线 BC 取直构成七边形 $ABCDEFG$，作多边形的最长对角线 AD，从多边形的其他各顶点向 AD 作垂线，将多边形 $ABCDEFG$ 分成 4 个直角三角形和 3 个直角梯形；然后依比例尺量算三角形和梯形的底和高的实地水平长度(注在图中相应线上，以米为单位)；最后按相应面积公式计算各几何图形的面积，将所得结果相加就是七边形 $ABCDEFG$ 的面积(表 8-1)。

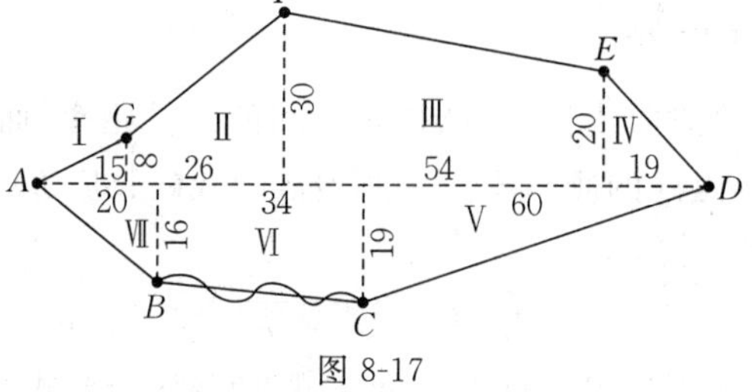

图 8-17

表 8-1　几何法面积计算

量算者：　　　　日期：　　　　检查者：　　　　日期：

图形名称	图形编号	面积算式 $\left(S_{\triangle}=\frac{1}{2}a\cdot h,\ S_{\text{梯}}=\frac{a+b}{2}h\right)$	面积 m²	面积 亩
三角形	Ⅰ	$S_{\mathrm{I}}=\frac{1}{2}a\cdot h=\frac{1}{2}\times 15\times 8$	60	0.090
梯形	Ⅱ	$S_{\mathrm{II}}=\frac{a+b}{2}\cdot h=\frac{8+30}{2}\times 26$	494	0.741
梯形	Ⅲ	$S_{\mathrm{III}}=\frac{a+b}{2}\cdot h=\frac{20+30}{2}\times 54$	1 350	2.025
三角形	Ⅳ	$S_{\mathrm{IV}}=\frac{1}{2}a\cdot h=\frac{1}{2}\times 19\times 20$	190	0.285
三角形	Ⅴ	$S_{\mathrm{V}}=\frac{1}{2}a\cdot h=\frac{1}{2}\times 19\times 60$	570	0.855
梯形	Ⅵ	$S_{\mathrm{VI}}=\frac{a+b}{2}\cdot h=\frac{16+19}{2}\times 34$	595	0.893
三角形	Ⅶ	$S_{\mathrm{VII}}=\frac{1}{2}a\cdot h=\frac{1}{2}\times 16\times 20$	160	0.240
七边形	Σ	$\sum=S_{\mathrm{I}}+S_{\mathrm{II}}+S_{\mathrm{III}}+S_{\mathrm{IV}}+S_{\mathrm{V}}+S_{\mathrm{VI}}+S_{\mathrm{VII}}$	3 419	5.129

为了防止错误和提高精度，每一几何图形应量算两次，两次结果符合精度要求，取平均值作为最后成果。面积量算的精度用面积相对误差来衡量。面积相对误差就是两次量测面积的差数与平均面积之比，以分子为 1 的分数表示。例如，某图形两次量算的面积分别 513.92 mm² 和 513.76 mm²，其差数为 0.16 mm²，平均面积为 513.84 mm²，则量算面积的相对误差为 $\frac{0.16}{513.84}\approx\frac{1}{3\ 200}$。用几何法两次量算面积的容许相对误差见表 8-2。

表 8-2　几何法量算面积的容许相对误差

图上面积/mm²	相对误差	图上面积/mm²	相对误差
<100	$\leqslant\frac{1}{30}$	1 000～3 000	$\leqslant\frac{1}{150}$
100～400	$\leqslant\frac{1}{50}$	3 000～5 000	$\leqslant\frac{1}{200}$
40～1 000	$\leqslant\frac{1}{100}$	>5 000	$\leqslant\frac{1}{250}$

2. 方格法

如果待量图形的轮廓线是复杂的曲线，可以用方格法求其面积。方格法是利用绘有边长为 1 mm 或 2 mm 的正方形格网的透明方格片(图 8-18)来量算面积，量算方法如下。

1)确定格值

方格片上单位方格依地形图比例尺代表的实地水平面积值，叫作这个方格的格值。由式(2-5)知，单位方格的格值等于方格的面积乘以地形图比例尺分母的平方。设单位方格的面

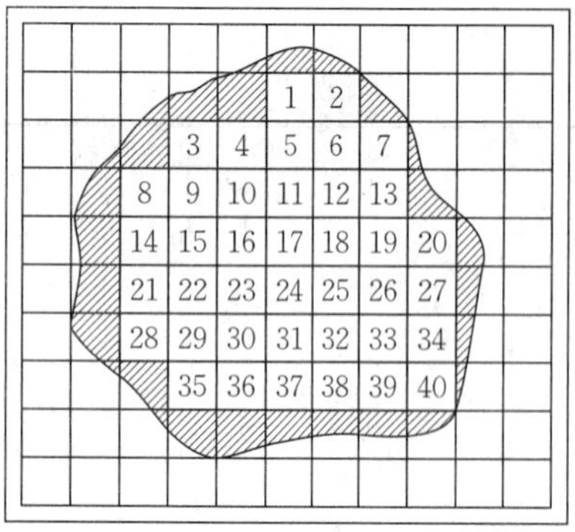

图 8-18

积为 α，地形图比例尺为 $\frac{1}{M}$，则该方格的格值 A 为

$$A = \alpha \cdot M^2 \tag{8-11}$$

由式(8-11)可以看出：当 M 一定时，A 与 α 有函数关系；当 α 一定时，A 与 M 有函数关系。例如，当地形图比例尺为 1∶1 万，单位方格的面积为 1 mm^2 时，则其以平方米为单位的格值 $A = 1 \times 10\,000^2 \times 10^{-6} = (1 \times 10 \times 10^3 \times 10^{-3})^2 = 100(m^2)$。同样，根据式(8-11)，可以确定方格片上不同边长的方格在各种比例尺地形图的格值(表 8-3)。

表 8-3　1∶1 万～1∶10 万地形图上方格格值

方格面积/mm^2	比例尺			
	1∶1 万	1∶2.5 万	1∶5 万	1∶10 万
1	100	625	2 500	10 000
4	400	2 500	10 000	40 000
25	2 500	15 625	62 500	250 000
100	10 000	62 500	250 000	1 000 000

2)量取格值

将透明方格片绘画网格线的一面向下覆盖于图上欲量面积的图斑上，移动方格片，当完整厘米格最大限度地落在图形范围内，破厘米格和毫米格为最少时，固定方格片，数出方格数(图 8-18)。数方格的方法一般是先将图斑范围内的整厘米格和整毫米格数出，再用田字格法或对角线法以 0.1 格的精度估算破毫米格的累积值，并一一记入手簿的Ⅰ栏内(表 8-4)，然后将毫米格数量相加即为图形的毫米格总数，设为 n_1。为了避免粗差，提高精度，应旋转透明方格片变换覆图方向，进行第二次量测，将量取的格数记入手簿Ⅱ栏内，算出毫米格总数 n_2。n_1 与 n_2 符合精度要求时(相对误差小于 1%～2%)取其平均值 $n_平$ 作为计算面积的成果。

表 8-4　方格法面积量测手簿

量算者：　　　日期：　　　　　检查者：　　　　　　日期：

图斑代号和序号		景取格数		毫米格总数		$n_1 - n_2$	$n_平$	备注
		Ⅰ	Ⅱ	n_1	n_2	$n_平$	$(n_1 - n_2)/2$	
		cm^2 mm^2 0.1 mm^2	cm^2 mm^2 0.1 mm^2	mm^2	mm^2	%	mm^2	
21	1	3　95　13.9	3　95　9.1	408.9	404.1	1.2	406.5	
⋮	⋮	⋮	⋮	⋮	⋮	⋮	⋮	
…	…	…	…	…	…	…	…	

3)计算面积

根据图斑的方格总数 $n_平$ 和方格的格值 A，按式(8-12)计算图斑的实地水平面积 S，即

$$S = n_平 \cdot A \tag{8-12}$$

设表 8-4 的成果是在 1∶1 万地形图上量得的，由表 8-3 可以查出 1 mm^2 的方格在 1∶1 万图上的格值 $A = 100\ m^2$，按式(8-12)，则

$$S_{21}=n_{平}\cdot A=406.5\times100=40\ 650\ (m^2)$$

方格法量算面积方法简便易行，适用范围广，量测小图斑和狭长图斑面积的精度比用求积仪量测更高。

3. 平行线法

对于小图斑和方格法中破格部分的面积用平行线法量测较为简捷，其原理是利用绘有 1 mm 或 2 mm 相等间距的平行线透明膜片，将被量图形分割成若干条带，把这些条带近似地视为若干梯形，按梯形面积公式——“梯形面积等于它的中位线和高的乘积”计算面积(平行线间距愈小，条带愈接近梯形，面积量算的精度愈高)。梯形的高 h 就是平行线的间距，梯形的中位线 $l_i=(i=1,2,3,\cdots,n)$ 就是各平行线被图形轮廓线所截的线段，因此各条带的面积为：$S_1=h\cdot l_1$、$S_2=h\cdot l_2$、$S_3=h\cdot l_3$、…，这些梯形面积之和就是待测图斑的面积。设图斑面积为 $S_{\sum}$，则

$$\begin{aligned}S_{\sum}&=S_1+S_2+S_3+\cdots+S_n=h\cdot l_1+h\cdot l_2+h\cdot l_3+\cdots+h\cdot l_n\\&=h(l_1+l_2+l_3+\cdots+l_n)=h\sum_{i=1}^{n}l_i\end{aligned}\tag{8-13}$$

利用平行线透明膜片，从地形图上量取 l_i，按式(8-13)便可算出欲量图形的面积 S。量算的步骤如下。

1)定片位

将平行线透明膜片覆盖在地形图上欲量面积的图斑上，先使图形轮廓线上一点 a 位于两相邻平行线中间，以 a 点为圆心旋转平行线透明膜片，至 a 点对面轮廓线上的某点b 位于另外两相邻平行线中间时，固定膜片位置(图 8-19)。

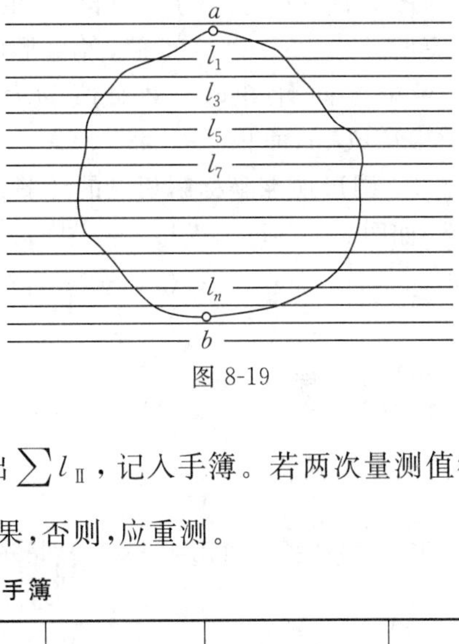

图 8-19

2)量中线

在透明膜片上量取图形轮廓线所截线段 l_i 的长度，将 l_i 求和得 $\sum l_{\mathrm{I}}$ 记入手簿(表 8-5)。为了消除粗差和提高精度，变换膜片方向，同法进行第二次量测，求出 $\sum l_{\mathrm{II}}$，记入手簿。若两次量测值符合精度要求，取其平均值 $\sum l$ 作为中位线总长的最后成果，否则，应重测。

表 8-5　平行线法面积量算手簿

图斑代号	图斑序号	$\sum_{i=1}^{n}l_i$		Ⅰ—Ⅱ	$\sum l$	h	$S_{\sum}$	M^2	S	备注
		$\sum l_{\mathrm{I}}$	$\sum l_{\mathrm{II}}$		(Ⅰ+Ⅱ)/2		$h\sum l$	$M^2\cdot10^{-6}$	$S_{\sum}\cdot M^2\cdot10^{-6}$	
		mm	mm	mm	mm	mm	mm^2	m^2	m^2	
15	1	424.7	424.1	0.6	424.4	1	424.4	100	424 440	
⋮	⋮	⋮	⋮	⋮	⋮	⋮	⋮	⋮	⋮	
…	…	…	…	…	…	…	…	…	…	

3)算面积

按式(8-13)，将中位线总长 $\sum l$ 与平行线间距h 相乘，再乘以地形图比例尺分母 M 的平

方，就是被量测图形的实地水平面积 S，即

$$S=h \cdot \sum l \cdot M^2 \tag{8-14}$$

8.5.2 解析法量算图形面积

为了提高图形面积量算的精度和速度，在应用数字地形图时，将图形轮廓特征点的解析坐标代入相应面积公式，用计算机解算被量测图形的面积，即用解析法量测图形的水平面积。

1. 图形面积量算的原理

解析法是用实测数据，按相应数学公式解算图形面积的方法。具体方法很多，这里以梯形法为例来说明量算图形(图斑)面积的原理。

设被量测图形为一多边形 $ABCDEFG$，各顶点坐标为 $A(x_1, y_1)$，$B(x_2, y_2)$，…，$G(x_n, y_n)$，此例中 $n=7$，则其面积 S 的计算公式应为

$$S=\sum_{i=1}^{n} \frac{1}{2}(x_{i+1}+x_i)(y_{i+1}-y_i) \tag{8-15}$$

由图 8-20 可知，多边形 $ABCDEFG$ 的面积等于多边形 $NABCDEM$ 与多边形 $NAGFEM$ 之差，即

$$S_{ABCDEFG}=S_{NABCDEM}-S_{NAGFEM}$$

图 8-20 中，A、E 点分别是 y 的最小值和 y 的最大值，当沿 $A \to B \to C \to D \to E$ 方向计算时，$(y_{i+1}-y_i)$ 为正值，各梯形面积及面积累加值均为正，即为 $S_{NABCDEM}$；当沿 $E \to F \to G \to A$ 方向计算时，累加值为负值，即为 S_{NAGFEM}。故式(8-15)求出的正是多边形 $ABCDEFG$ 的面积。

2. 图形顶点坐标解析法的计算公式

如图 8-21 所示，设被量测图形为一 N 边多边形，各顶点 P_i 按顺时针编号，其坐标依次为 (x_1, y_1)、(x_2, y_2)、…、(x_n, y_n)。依上述原理，则其面积 S 为

$$S=\sum_{i=1}^{n} \frac{1}{2} x_i (y_{i+1}-y_i) \tag{8-16}$$

或

$$S=\sum_{i=1}^{n} \frac{1}{2} y_i (x_{i-1}-x_{i+1}) \tag{8-17}$$

在式(8-16)和式(8-17)中，i 为被量测图形顶点的序号。

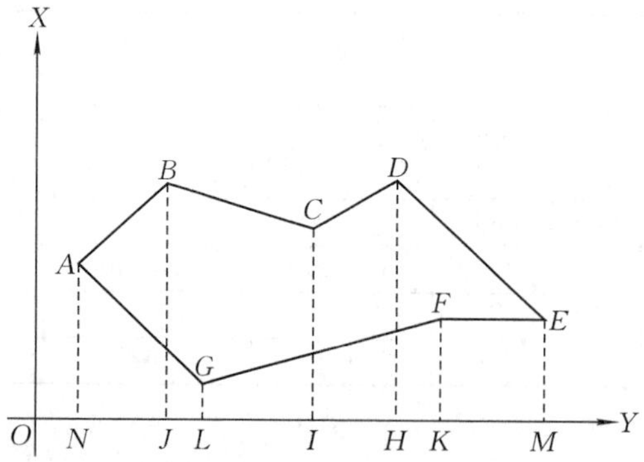

图 8-20

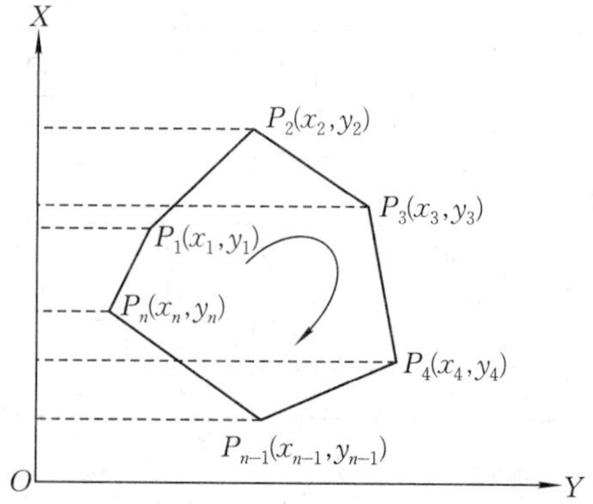

图 8-21

8.5.3　倾斜面积量算

前面阐述了在地形图上量算水平面积的方法，而自然地面通常是倾斜的。如果在实践中需知某区域自然地面的面积，可依据地形图上等高线的疏密，把该地区划分成若干相同坡度区域，分别量算出各区的坡度和水平面积，或量算出全区的平均坡度和水平面积；然后根据倾斜面与水平面之间的关系，计算倾斜面的面积。

如图 8-22 所示，S 为水平面积，$S=a\cdot b$，S_α 为倾斜面积，α 为该斜面的坡度角，$S_\alpha=a\cdot b_\alpha$。

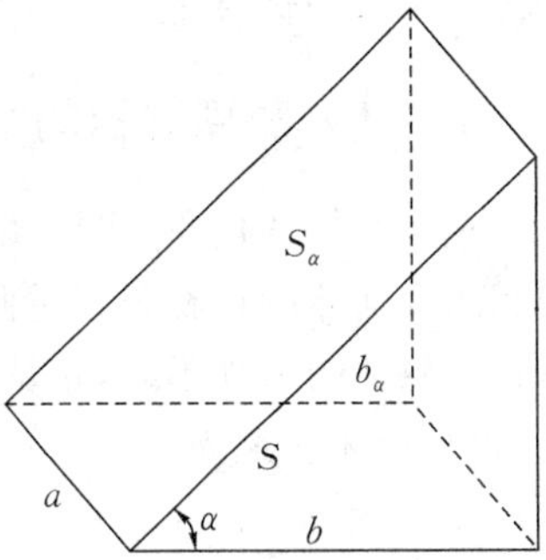

图 8-22

由图 8-22 可知边 b 与 b_α 之间的关系为

$$b_\alpha=\frac{b}{\cos\alpha}$$

故

$$S_\alpha=a\cdot b_\alpha=\frac{a\cdot b}{\cos\alpha}=\frac{S}{\cos\alpha} \tag{8-18}$$

将 $\cos\alpha$ 展开为级数式，并略去高次项，则得

$$\cos\alpha\approx1-\frac{\alpha^2}{2}$$

将其代入式(8-18)，则有

$$S_\alpha\approx\frac{S}{1-\frac{\alpha^2}{2}}\approx S+S\frac{\alpha^2}{2} \tag{8-19}$$

式中，α 以弧度为单位。式(8-18)和式(8-19)对任何坡度的斜面都是适用的。如果斜面的坡度角 $\alpha<20°$，式(8-19) 中的 α 可用倾斜率 i 代之，则倾斜面积可按式(8-20)计算，即

$$S_\alpha\approx S+S\frac{i^2}{2} \tag{8-20}$$

式中，$S\frac{i^2}{2}$ 就是将水平面积化为倾斜面积的改正数，$\frac{i^2}{2}$ 即为倾斜改正率(或叫改正系数)。根据式(8-6) 将 α 换算为 i 值，便可得出倾斜改正率(表 8-6)，从而求得改正数和倾斜面积。

表 8-6　倾斜面积改正率

α^0	i	$i^2/2$	α^0	i	$i^2/2$	α^0	i	$i^2/2$
≤0.8	0.01	1/20 000	6.1～6.5	0.11	1/165	11.8～12.3	0.21	1/45
0.9～1.4	0.02	1/5 000	6.6～7.1	0.12	1/139	12.4～12.8	0.22	1/41
1.5～2.0	0.03	1/2 222	7.2～7.7	0.13	1/118	12.9～13.4	0.03	1/38
2.1～2.5	0.04	1/1 250	7.8～8.3	0.14	1/102	13.5～14.0	0.24	1/35
2.6～3.1	0.05	1/800	8.4～8.8	0.15	1/89	14.1～14.6	0.25	1/32
3.2～3.7	0.06	1/556	8.9～9.4	0.16	1/78	14.7～15.1	0.26	1/30
3.8～4.2	0.07	1/408	9.5～10.0	0.17	1/69	15.2～15.7	0.27	1/27
4.3～4.8	0.08	1/313	10.1～10.5	0.18	1/62	15.8～16.3	0.28	1/26
4.9～5.4	0.09	1/247	10.6～11.1	0.19	1/55	16.4～16.9	0.29	1/24
5.5～6.0	0.10	1/200	11.2～11.7	0.20	1/50	17.0～17.4	0.30	1/22

8.6 地形图上量算体积

物体所占空间的大小称为物体的体积。在实践中常常需要利用地形图来量算物体的体积，如量算山丘、水库、坑塘等丘状、倒丘状体的体积，量算路基、渠道、堤坝等带状土工构筑物的挖填土(石)方和各种土地平整工程中区域土(石)方的挖填量等。因所挖或所填土(石)的体积以立方米为计算单位，故称为土(石)方。

8.6.1 量算体积的基本原理

量算物体的体积，实质就是用若干个水平或垂直的截面将物体分割为柱、锥、台等几何体，按相应几何体的体积公式量测有关元素，计算各形体体积，将各部分体积相加求得整个物体的体积。物体的形体不同，量算的公式和方法也就不一样。计算体积的基本公式如下。

(1)台体公式为

$$V_1 = \frac{1}{3}h(S + S_1 + \sqrt{SS_1}) \tag{8-21}$$

$$V_2 = \frac{1}{2}h(S + S_1) \tag{8-22}$$

式中，V_1、V_2 为台体的体积，S、S_1 分别为台体的上底面积和下底面积，$\sqrt{SS_1}$ 为台体上下两底面积的比例中项，h 为台体的高(两底面间的垂直距离)。

(2)锥体公式为

$$V_{锥} = \frac{1}{3}S \cdot h \tag{8-23}$$

式中，$V_{锥}$ 为锥体体积，S 为锥体底面积，h 为锥体的高。

(3)柱体公式为

$$V_{柱} = S \cdot h \tag{8-24}$$

式中，$V_{柱}$ 柱体的体积，S 为柱体的底面积，h 为柱体的高。

式(8-21)为理论上的严密公式，但计算较麻烦，实践中应用不多；式(8-22)虽不是很精确，但其精度能够满足工作需要，而且计算简便，是计算体积的常用公式。

8.6.2 丘状体体积的量算

在地形图上求水库容积(倒丘状)、山丘体积等这类丘状体的体积问题，可依据台、锥体公式，直接利用地形图上的等高线进行量测与计算。现以求水库库容为例，来说明量算这类物体体积的方法。

图 8-23 所示为某库区的地形图。为了求得这个水库的容积，可设想有若干过库区等高线的水平面将水库分割为 4 个台体和一个锥体，依式(8-22)和式(8-23)量测计算出各个形体的体积，各形体体积之和即为库容。量算的方法如下。

1. 确定水库水位线

水库的水位线，可根据水库溢洪道口底面高程确定。在图 8-23 中，基本等高距为 5 m，水库溢洪道口底面高程为 125 m，则 125 m 等高线即为水库的水位线。若溢洪道口底部高程不恰好在等高线上，可根据其高程用内插法求出水位线。水位线以下蓄水的体积就是水库的库容。

2. 计算高差 h' 与 h''

h' 为水位线高程与较低一条相邻等高线的高程之差（本例 $h'=h$），h'' 等于水库最低一条等高线高程减去库底高程。

3. 量算等高线与坝轴线围成的面积

用求积仪或其他方法量出 125 m、120 m、115 m、110 m 和 105 m 各条等高线与坝轴线 AB 所围成的面积 S_1、S_2、S_3、S_4 和 S_5。

4. 计算库容

利用量得的底面积 S_1，基本等高距 h 和高差 h'、h''，依式(8-22)和式(8-23)，计算相邻二等高面间各层台体与锥体的体积，即

$$\left.\begin{aligned} V_1 &= \frac{1}{2}h(S_1+S_2) \\ V_2 &= \frac{1}{2}h(S_2+S_3) \\ &\vdots \\ V_5 &= \frac{1}{3}\cdot S_5\cdot h'' \end{aligned}\right\}$$

设水库的库容为 V，则

$$V=V_1+V_2+V_3+V_4+V_5=\frac{1}{2}h(S_1+2S_2+2S_3+2S_4+S_5)+\frac{1}{3}S_5\cdot h''$$

设水位线为首曲线，由水位线向下有 n 条首曲线，则计算库容的通式为

$$\begin{aligned} V &= V_1+V_2+\cdots+V_{n-1}+V_n \\ &= \frac{1}{2}h(S_1+S_2)+\frac{1}{2}h(S_2+S_3)+\cdots+\frac{1}{2}h(S_{n-1}+S_n)+\frac{1}{3}S_n\cdot h'' \\ &= \frac{1}{2}h(S_1+2S_2+\cdots+2S_{n-1}+S_n)+\frac{1}{3}S_n\cdot h'' \end{aligned} \tag{8-25}$$

图 8-23

8.6.3 带状土工构筑物土(石)方量算

在地形图上解求路基、渠道、堤坝等带状土工物的开挖或填筑土(石)方这类问题,可采用剖面法量算,方法如下。

1. 作纵剖面线

依地形图上的等高线,沿工程轴线绘制纵剖面图。根据剖面线的起伏情况,按基本一致的坡度划分为若干同坡度路段(图 8-24),各段的长度为 $d_i(i=1,2,3,\cdots,n)$,在图 8-24 中 $n=3$。据线路的设计纵坡计算各段点的设计标高,绘出设计坡度线。

2. 做横断面图沿工程轴线

依地形图上的等高线和设计标高与边坡,过各分段点作垂直于轴线的横断面图,并量算各横断面的面积 $S_0,S_1,S_2,\cdots,S_n$(图 8-25)。

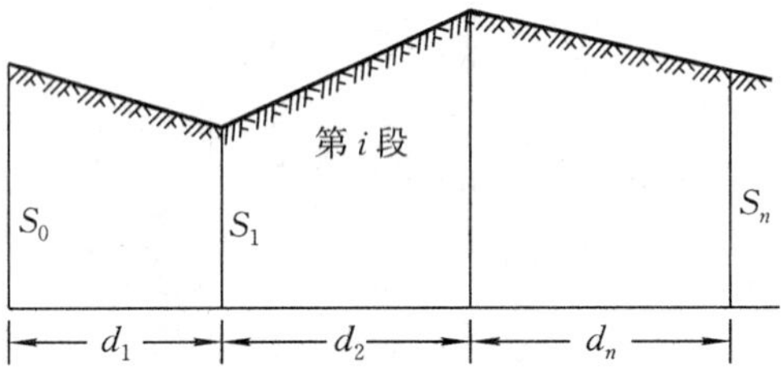

图 8-24

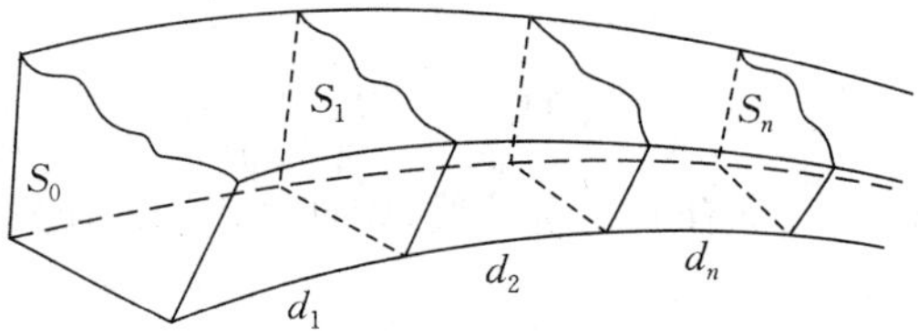

图 8-25

3. 计算土(石)方

将轴线上各段的长度 d_i 视为棱台的高,两端断面当作台体上、下底面,则第 i 段的体积 V_i 为

$$V_i=\frac{1}{2}d_i(S_{i-1}+S_i) \tag{8-26}$$

设带状土工的总体积为 V,则

$$V=\sum_{i=1}^{n}V_i=\frac{1}{2}d_i(S_0+S_1)+\frac{1}{2}d_i(S_1+S_2)+\cdots+\frac{1}{2}d_n(S_{n-1}+S_n) \tag{8-27}$$

8.6.4 区域土(石)方量算

在各种土地平整工程的规划设计中,利用地形图来量算平整土地区域的填挖土(石)方,方格法是最常见的方法之一,这种方法又有方格顶点法和方格中点法两种。土地平整有设计纵坡的和不设计纵坡的,用方格法求其土(石)方的方法基本相同,只是设计高程的计算有别。下面以不设计纵坡的土地平整为例,分别介绍用这两种方法量算区域土(石)方的作业方法。

1. 方格顶点法

这种方法的原理是将欲求体积的区域分割成若干个正四棱柱，分别量算出它们的体积，计算其总和，求得全区域的土（石）方（图 8-26）。具体做法如下。

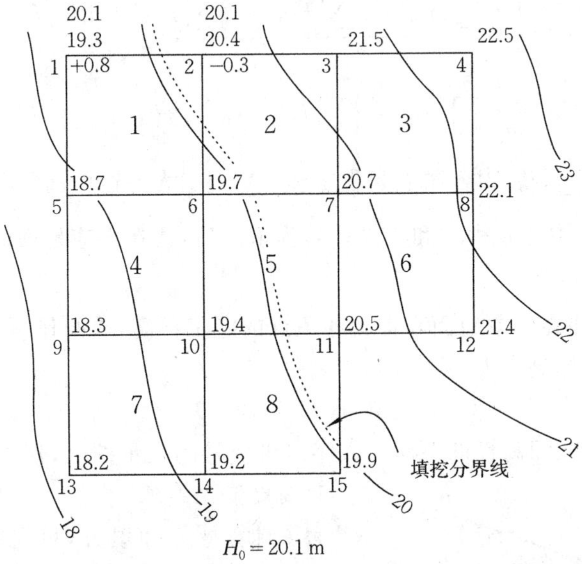

$H_0=20.1\text{ m}$

图 8-26

1）设置方格网

在地形图上待平整土地范围内绘出方格网，方格边的实际长度为 10～100 m，具体长度由地面起伏、地形图比例尺和体积量算的精度要求而定。

2）量算顶点地面高程

根据图上等高线求出各方格顶点的地面高程 H，注在相应顶点的右上方。

3）计算设计高程

为了使挖方与填方的数量大致平衡，取各方格平均高程 H_i 的平均值 H_0 作为土地整平的设计高程。H_i 等于各个方格 4 个顶点地面高程的平均值，在图 8-20 中有

$$\left.\begin{aligned}H_1&=\frac{1}{4}(H_{①}+H_{②}+H_{⑤}+H_{⑥}\\H_2&=\frac{1}{4}(H_{②}+H_{③}+H_{⑥}+H_{⑦}\\&\vdots\\H_8&=\frac{1}{4}(H_{⑩}+H_{⑪}+H_{⑭}+H_{⑮})\end{aligned}\right\}$$

故设计高程 H_0 为

$$\begin{aligned}H_0&=\frac{1}{8}(H_1+H_2+\cdots+H_8)\\&=\frac{1}{8}\left(\frac{H_{①}+H_{②}+H_{⑤}+H_{⑥}}{4}+\frac{H_{②}+H_{③}+H_{⑥}+H_{⑦}}{4}+\cdots+\right.\\&\left.\frac{H_{⑩}+H_{⑪}+H_{⑭}+H_{⑮}}{4}\right)\end{aligned}$$

式中，①、④、⑫、⑬、⑮各点称为角点，②、③、⑤、⑧、⑨、⑭各点称为边点，⑪点称为拐点，⑥、

⑦、⑩各点称为中点。在根据方格顶点地面高程计算设计高程时，角点的高程用1次，边点的高程用2次，拐点的高程用3次，中点的高程用4次。因此，设方格数为n，则求设计高程的通式为

$$H_0=\frac{1}{n}\left(\frac{\sum H_{角}+2\sum H_{边}+3\sum H_{拐}+4\sum H_{中}}{4}\right)$$
$$=\frac{1}{4n}(\sum H_{角}+2\sum H_{边}+3\sum H_{拐}+4\sum H_{中}) \tag{8-28}$$

式中，n为方格总数，$\sum H_{角}$为各角点高程之和，$\sum H_{边}$为各边点高程之和，$\sum H_{拐}$为各拐点高程之和，$\sum H_{中}$为各中点高程之和。设计高程求出后，注在相应地面高程的上方。

4)计算施工标高

各方格顶点的设计高程减地面高程为各顶点的施工标高，或叫作施工量（即填土的高度和挖土的深度）。设施工标高用h_i表示，则

$$h_i=H_0-H_i \tag{8-29}$$

将施工量h_i注在地面高程的下面。数字前带负号的表示挖土，带正号的表示填土。

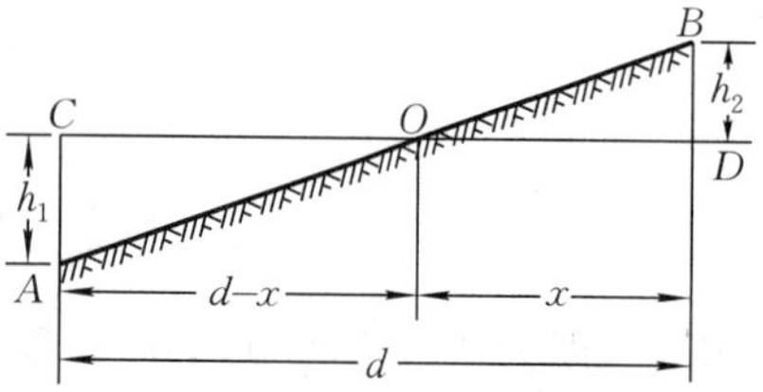

图 8-27

5)确定填挖界限

为了计算挖方和填方，可先在图上确定挖填的分界线。定挖填线须知零点位置。何谓零点？相邻两方格顶点间如果既有挖土又有填土，则从挖到填必有一个既不挖土也不填土的点，这一点的挖填数等于零，称为零点。零点位置可由零点至最近顶点的距离来确定。如图8-27所示，A、B点为方格的相邻两顶点，AB线为地面线，CD线为设计线，A点的填高为h_1，B点的挖深为h_2，O为零点，d为方格边长，x为由O至B的水平距离。则由相似三角形原理可知

$$\frac{x}{d-x}=\frac{h_2}{h_1}$$

则

$$x=\frac{h_2}{h_1+h_2}\cdot d \tag{8-30}$$

按式(8-30)可求得方格边上零点的位置，连接相关零点就得到零线，即填挖的分界线。

6)计算挖填方量

根据零线可知挖、填范围，用方格法和几何法分别求出各方格的挖土或填土的面积，以挖土或填土面积乘以该方格的平均挖深或填高就得到每个方格的挖方或填方量，即挖土和填土的体积。各方格填方（或挖方）之和即为平整土地区域的总挖或总填土（石）方量，设V_i为各个方格的填或挖土（石）方，S_i为各方格的填或挖土面积，h_i为相应平均填高或挖深，则

$$V_i=S_i\cdot H_i \tag{8-31}$$

在零线通过的方格，S_i可视为梯形求出面积，或视为三角形求出面积，或利用正方形与三角形面积之差求得所需的S_i（如图8-28中的1、8两方格），h_i按相应图形（三角形、梯形或五边形）各个顶点施工量取平均值；无零线方格，S_i为正方形面积，h_i为相应正方形各顶点施工

量的平均值。

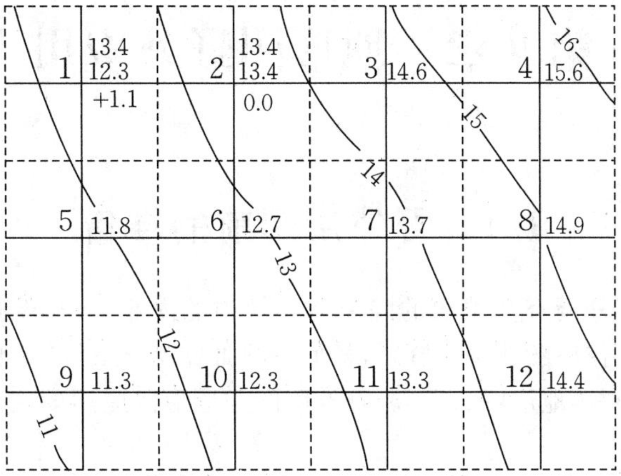

图 8-28

求得 V_i 之后，便可计算出平整土地区域内的总填方或总挖方。设总填方或总填方为 V，则

$$V = \sum V_i \tag{8-32}$$

2. **方格中点法**

对于大面积的土地平整，为了计算简便也可采用方格中点法。应用此法求体积的原理与方格顶点法相同，具体做法如图 8-28 所示。首先在平整土地的范围内按一定间隔绘出方格网（图中虚线）；依等高线求出方格中点的地面高程 H_i，注在图上方格中点的右上方；然后计算设计高程 H_0、施工量 h_i 和挖（填）方 V_i。

H_i 可依据等高线判定，因它是方格中心点的地面高程，故设计高程 H_0 可按式(8-33)计算，即

$$H_0 = \frac{\sum_{i=1}^{n} H_i}{n} \tag{8-33}$$

式中，$\sum_{i=1}^{n} H_i$ 为各方格中点地面高程之和（$i = 1, 2, \cdots, n$），n 为中心点点数。

由 H_0 和 H_i 计算施工量 h_i，有

$$h_i = H_0 - H_i \tag{8-34}$$

用中心点的施工量代表本方格的平均施工量，各方格的挖（填）方为

$$V_i = S \cdot h_i \tag{8-35}$$

式中，V_i 为第 i 方格的挖（填）方，S 为方格的面积，h_i 为该方格中点的施工量。

设平整土地区域内的总挖方为 $V_{挖}$，总填方为 $V_{填}$，则

$$\left.\begin{aligned} V_{挖} &= \sum V_i = S \sum h_i \qquad (h_i < 0) \\ V_{填} &= \sum V_i = S \sum h_i \qquad (h_i > 0) \end{aligned}\right\} \tag{8-36}$$

式中，$V_{挖}$ 为总挖方量，$V_{填}$ 为总填方量，S 为方格面积，h_i 为各中点挖深或填高。

第9章 地形图野外应用

9.1 野外用图前的准备

利用地形图进行野外调查和填图的外业与外业中的内业工作，就是地形图的野外应用。地形图是野外调查的工作底图和基本资料，任何一项野外调查工作（如地理考察，地质调查，土地资源调查等）都必须利用地形图。所以，野外用图是地形图应用的主要内容，是用图者必备的知识和技能。

为保证野外调查顺利进行，在野外用图前，首先要做好以下各项准备工作。

1. 组织准备

根据调查任务量的大小，组织调查专业队（组），队下设作业组，确定队伍分工、技术负责人和作业检查员。

2. 器材准备

调查工作所需的仪器、工具和材料，视调查的任务和精度要求而定。一般包括测绘器具（如小平板仪、量距尺、直尺、三角板、三棱尺、绘图仪和绘图铅笔等），量算工具（如曲线计、求积仪、透明方格片、计算器等），各种野外调查手簿和内业计算手簿，办公用品，生活、交通和劳保用品等。

3. 资料准备

根据调查地区（如县、乡等）的位置范围与调查的目的和任务，确定所需地形图的比例尺和图号，向测绘管理部门索取近期地形图以及与地形图匹配的最新航片。此外，还要收集与调查任务有关的各种资料，例如进行土地利用现状调查，就需收集调查区域的地理环境（如地貌、地质、气候、水文、土壤、植被等）和社会经济（如人口，劳力，用地状况，农、林、牧生产，乡镇企业等）等方面的地图、文字和统计资料。

4. 技术准备

技术准备的程度因调查任务和专业队伍的技术状况而异，一般包括以下内容。

（1）学习有关文件和开展技术培训。调查专业队（组）接到主管部门下达的调查任务书、设计书和作业规范等文件后，应组织调查人员认真学习，开展技术培训，以使全体工作人员明确调查的目的、任务和要求，熟悉调查方法，掌握操作要领，提高技术水平。

（2）整理分析资料和确定技术路线。对收集到的各种资料进行系统的整理分析，供调查使用。在室内阅读地形图和有关资料，了解调查区域概况，明确野外重点调查的地区和内容，确定野外工作的技术路线、主要站点和调研对象。

9.2 定向与定站

9.2.1 地形图的定向

在野外使用地形图，首先要进行地形图定向。地形图定向就是将地形图摆放在这样的位置上：地形图上的东南西北与实地的东南西北方向一致，这时，地形图上任何一条过站点的方向线，若是通过图上某一符号的定位点，则它的延长线也必定通过地面上相应物体的中心点。所以，地形图定向，就是使图上线段与地面上的相应线段平行或重合，这与平板仪测图中测图板定向的道理是一样的。地形图定向常用的方法有以下几种。

1. 借助罗盘仪定向

借助罗盘仪作地形图定向，可依磁子午线标定，也可按坐标子午线与真子午线标定，方法如下。

(1)依磁子午线定向。借助罗盘仪依磁子午线定向的方法是：先以罗盘仪的度盘零分划线朝向北图廓，并使罗盘仪的直边与磁子午线吻切，然后转动地形图使磁针北端对准零分划线，这时，地形图的东西南北方向便与实地的东西南北方向一致(图 9-1)。对等于和大于 1∶1 万地形图，因其图幅范围小，图内偏角变化无实际意义，故可将真子午线和坐标子午线视为磁子午线定向。

(2)依坐标子午线定向。用罗盘仪根据坐标子午线定向时，先以罗盘仪的度盘零分化线朝向北图廓，使罗盘仪的直边与某一坐标子午线吻切，然后转动地形图使磁针北端对准磁坐偏角值，则地形图的方向即与实地的方向一致(图 9-2)。因为磁坐偏角有东偏和西偏之别，所以在转动地形图时要注意转动的方向，其规则是：东偏向西(左)转，西偏向东(右)转。

(3)依真子午线定向。借助罗盘仪依真子午线定向时，先将罗盘仪的度盘零分划线朝向北图廓，使罗盘仪的直边与真子午线(东西内图廓线或图内经线)吻切，然后转动地形图使磁针北端对准该图的磁坐偏角值(磁偏角为东偏时向西转，为西偏时向东转)，这时，地形图的方向也就定好了(图 9-3)。

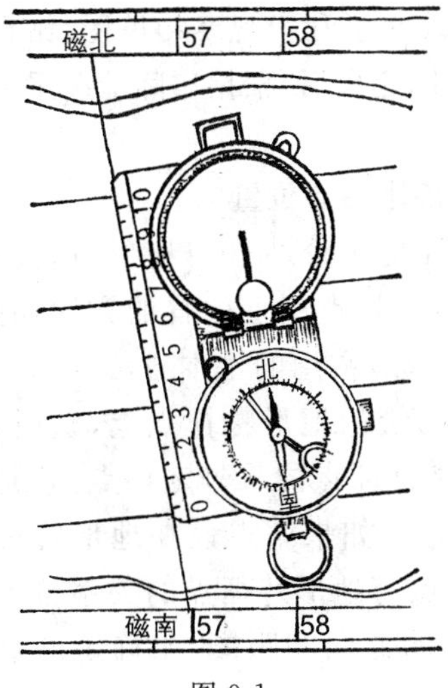

图 9-1

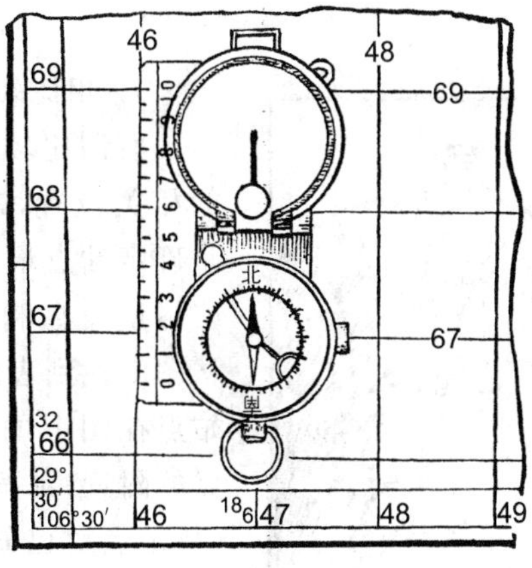

图 9-2

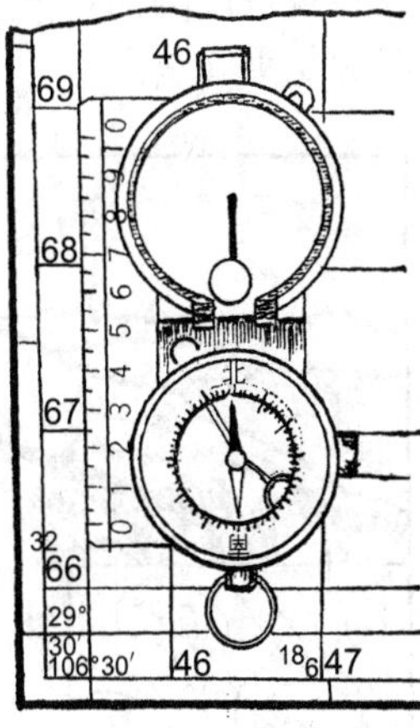

图 9-3

2. 依线状地物定向

当站点位于直线状地物(如道路、渠道等)或直线地性线上时，可依据它们来标定地形图的方向。方法是：先将照准仪(或三棱尺、铅笔)的边缘密切置放在图上线状符号的直线部分上，然后转动地形图，用照准仪的视线或三棱尺、铅笔的棱线瞄准地面相应线状物体，这时，地形图即已定向(图 9-4)。这种方法，与平板仪测图中用已知测线标定测图板的方向是一样的。

3. **按方位物定向**

当用图者能够确定站点在图上的位置时，可根据三角点、独立树、宝塔、独立石、烟囱、道路交点、桥涵等方位物作地形图定向。方法是：先将照准仪（或三棱尺、铅笔）密切置放在图上的站点和远处某一方位物符号的定位点的连线上，然后转动地形图，当照准线通过地面上的相应方位物中心时，地形图即已定好方向（图 9-5）。

图 9-4

图 9-5

地形图经过定向，则图上的东西南北方向就与实地的东西南北方向一致了。

9.2.2 确定站点的图上位置

利用地形图进行野外调查过程中，随时都需要找到调查者在地形图上的位置。调查者安置图板后进行观察填图的地点，叫作测站点或站立点，简称站点。为了利于观察和填图，站点应设在视域广阔的地方。站点在地形图上的位置，一般是在地形图定向后，根据实际情况采用不同方法来确定。

图 9-6

1. **用比较法确定站点位置**

所谓比较法就是比较站点与地形特征点的相关位置，来确定站点图上位置的方法，这是确定站点最简便、最常用的基本方法。站点应尽量设在利于调绘的地形特征点上，这时，从图上找到表示该特征点的符号定位点，就是站点在图上的位置。如果站点设在地形特征点的附近，则按站点与地形特征点的关系位置（待定点对已知点的方向和距离）来确定站点的图上位置（图 9-6）。

2. **用截线法确定站点位置**

运用此法的前提是站点在直线状地形（如道路、堤坝、渠道、陡坎等）上或在过两明显特征点的直线上。这时，在该线状地形侧翼找一个图上和实地都有的目标（如方位物或地形特征点），将照准工具切于图上该物体符号的定位点上，以此定位点为圆心转动照准工具照准实地这个目标，照准线与线状符号的交点即为站点在图上的位置。这种确定站点的方法称为截线法(图 9-7)。

图 9-7

3. 用后方交会法确定站点位置

若在站点上用前述方法均不能作地形图定向或只能借罗盘仪定向,但在站点远方能找到两个以上图上和实地都有的同名目标时,可分别采用罗盘仪后方交会法和透明纸后方交会法确定站点在地形图上的位置。

(1)罗盘仪后方交会法。

借助罗盘仪标定地形图方向,选择图上和实地都有的两个或 3 个同名目标,在图上一个目标的符号定位点上竖插一根细针,使照准尺轻靠细针转动,照准实地同名目标,向后描绘方向线。用同样方法照准其他目标,画方向线,其交点就是站点的图上位置(图 9-8)。

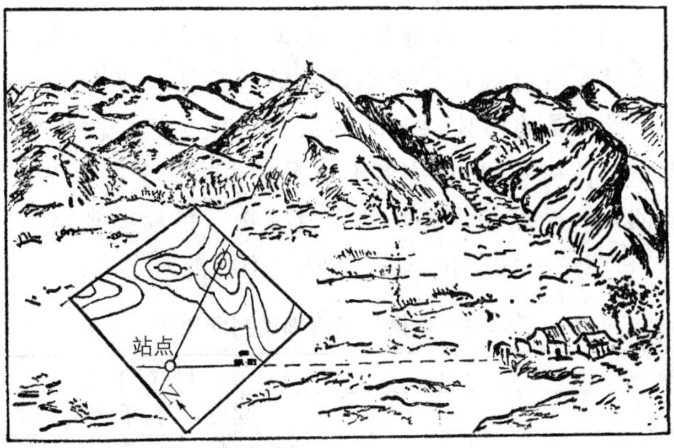

图 9-8

(2)透明纸后方交会法。

先在站点上置平图板,在地形图上固定一张透明纸,将地面站点绘到纸上,选择 3 个同名目标点,用照准尺紧靠纸上站点分别照准地面各目标点描绘方向线;然后松开并移动透明纸使各方向线都分别通过图上同名目标时,将纸上站点刺到图上就是地面站点的图上位置。最后以方向线中最长的方向线标定地形图方向。

用后方交会法定站,相邻方向线的交会角最好是 90°,如条件有限也应使交会角控制在 30°～150°。若出现示误三角形,其内切圆直径应小于 0.4 mm,在允许范围内取其中心作为站点的图上位置。

图 9-9

4．用磁方位角交会法确定站点位置

在隐蔽地区(如丛林中)确定站点在地形图上的位置时,可用磁方位角交会法。这种方法是:先设法登高,从远处找到两个以上图上与实地都有的目标,用罗盘仪测定这些目标的磁方位角;再下到地面登高位置,借助罗盘标定地形图方向,先以罗盘仪的直边切于图上一已知目标符号定位点上,以该点为中心旋转罗盘仪,使磁针北端指向相应磁方位角值,画一方向线;最后以同样方法,描画另外目标的方向线。各方向线的交点,就是站点的图上位置(图 9-9)。采用此法,相邻两方向线的交会角亦应控制在 30°～150°。

9.3 对照读图与调绘填图

9.3.1 对照实地地形读图

确定了地形图的方向和站点的图上位置后,需将地形图与实地地物、地貌对照进行读图。即依照图上站点周围的地理要素,在实地上找到相应的地物与地貌;或者观察地面站点周围的地物地貌,识别其在地形图上的位置和分布。地形图与实地对照读图,一般是由左向右、由近及远、由点而线、由线到面,先对照主要明显的地物地貌,再以它为基础依相关位置对照其他一般的地物地貌。例如,作地物对照,可由近及远,先对照主要道路、河流、居民地和突出建筑物等,再按这些地物的分布情况和相关位置逐点逐片地对照其他地物。如作地貌对照,可根据地貌形态、山脊走向,先对照明显的山顶、鞍部,然后从山顶顺岭脊向山麓、山谷方向进行对照。若因地形复杂,某些要素不能确定时,可用照准工具的直边切于图上站点和所要对照目标的符号定位点上,按视线方向及离站点的距离来判定目标物。目标物到站点的实地距离可用简易测量的方法,如用步测、目测的方法测定,表 9-1 供目测距离时参考。

表 9-1 根据目标清晰度判断距离

距离/m	目标清晰度
100	人脸特征清,手部关节明
150～170	衣服纽扣可见,装备细部能辨
200	房上现瓦片,树叶能看清
250～300	人脸五官辨不清,衣服颜色可以分
400	人脸看不清,头肩还可分
500	人头肩不清,男女可以分
700	行人迈腿分左右,手肘服色分不清
1 000	房廓清楚瓦片乱,门呈方块窗衬消
1 500	行人动作分不清,树干电杆尚可分
2 000	人成小黑点,行动分不清
3 000	房屋模糊门难辨,房上烟囱还可见

注:本表是指正常目力在正常光亮情况下的能见度。

9.3.2　调绘填图

通过对照读图，在对站点周围地理要素有一定认识的基础上着手调绘填图。所谓调绘填图就是将调研对象(调研的对象是由野外调查的任务决定的)用规定的符号和注记填绘在地形图上。例如把新建的电站、铁路、公路、水库、土地利用类型界线等点、线、面状物体填绘到地形图上去。将地面上各种形状的物体填绘到图上，实质是将其水平投影轮廓按其位置缩绘于地形图上，而物体的水平轮廓线就是点的轨迹，因此确定地面图形水平投影在地形图上的位置，就是确定图形特征点的图上位置，这些特征点统称为碎部点。直接利用地形图来调绘，确定碎部点的图上平面位置应尽量采用比较法(见 9.2.2 小节)，当用比较法不能定位时，可视具体情况用下述方法来确定碎部点的图上位置。

1. 极坐标法

以站点为中心，向周围碎部点瞄方向，根据方向和站点至碎部点的距离来确定碎部点图上平面位置的方法，叫作极坐标法。如图 9-10 所示，*M* 为站点，为确定地面 *A*、*B*、*C* 等碎部点的图上位置。先将地形图铺贴在图板上，在站点 *M* 上安置填图板(大、小平板仪或可整平和定向的轻便平板)，确定站点 *M* 的图上位置 *m*。在 *m* 点上垂直插一细针，用照准工具的直边与细针相切，分别照准地面目标 *A*、*B*、*C* 等，测定 *MA*、*MB*、*MC* 的水平距离。按地形图比例尺沿各相应方向线分别截取 *ma*、*mb*、*mc*，图上所得 *a*、*b*、*c* 等点，就是地面碎部点在地形图上的平面位置。

极坐标法适用于通视良好的开阔地区，是野外调查填图中确定目标平面位置的主要方法。

2. 直角坐标法

以对站点的纵横距来确定碎部点图上平面位置的方法，称为直角坐标法。当站点位于直线地物上时，该地物两侧较近目标的位置可用直角坐标法确定。如图 9-11 所示，站点 *M* 位于直线的道路上，以 *M* 点为坐标原点，以道路的直线路段 *MN* 为纵坐标轴 *X*，过 *M* 点垂直于纵轴的直线为横坐标轴 *Y*，这样就建立了站点的平面直角坐标系。从碎部点 *A*、*B*、*C*、*D* 等作纵坐标轴 *MN* 的垂线，测定垂足到站点 *M* 的距离(纵坐标值 *X*)和垂足到碎部点的距离(横坐标值 *Y*)，按地形图的比例尺将 *X*、*Y* 换算为图上长度 *x*、*y*，依相应 *x*、*y* 将各碎部点描绘于地形图上，就是地面碎部点的地图上位置。

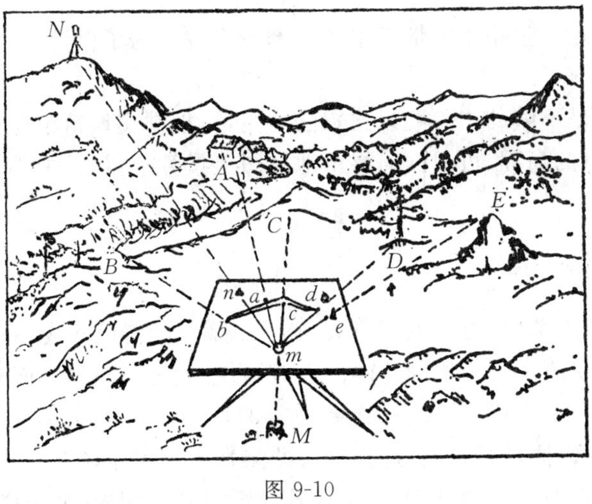

图 9-10

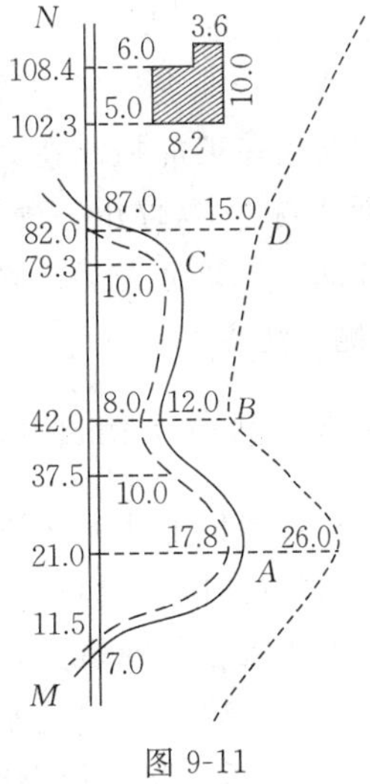

图 9-11

3．距离交会法

用碎部点到两个已知点的距离来确定碎部点图上平面位置的方法，叫作距离交会法。如图 9-12 所示，A、B、C、D 为实地碎部点，M、N 为地面上两个已知点，分别量出点 M 和点 N 到各碎部点的距离 MA、MB、MC、MD 和 NA、NB、NC、ND，将其按地形图的比例尺换算为图上长度 ma、mb、mc、md 和 na、nb、nc、nd。分别以 M、N 点的图上位置 m、n 为圆心，以各相应的图上长度为半径画弧，各对同名弧线（如 ma 与 na，mb 与 nb 等）的交点 a、b、c、d 即为碎部点在地形图上的位置。

在隐蔽地区、碎部点距站点的距离不太长而又便于量距的情况下，可用此法测定碎部点的平面位置。

4．方向交会法

从两个已知站点向碎部点描绘方向线，以同名方向线确定碎部点图上平面位置的方法，就是方向交会法。其作业方法如图 9-13 所示，先在站点 M 上安置图板（定向、整平）并确定站点的图上位置后，在 M 点的图上位置 m 点上竖插一细针，用照准工具切于细针依次照准各碎部点 A、B、C 等，并在图上画方向线 ma、mb、mc；依同法在 N 点上摆站，确定站点的图上位置后瞄准原碎部点，在图上画方向线 na、nb、nc，两条同名方向线的交点即为碎部点的图上位置。

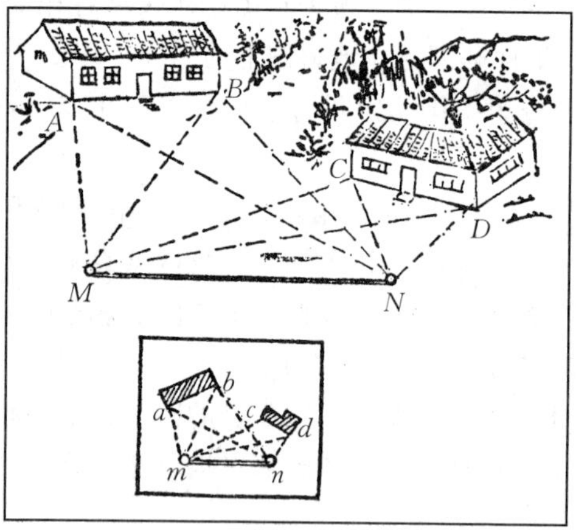

图 9-12

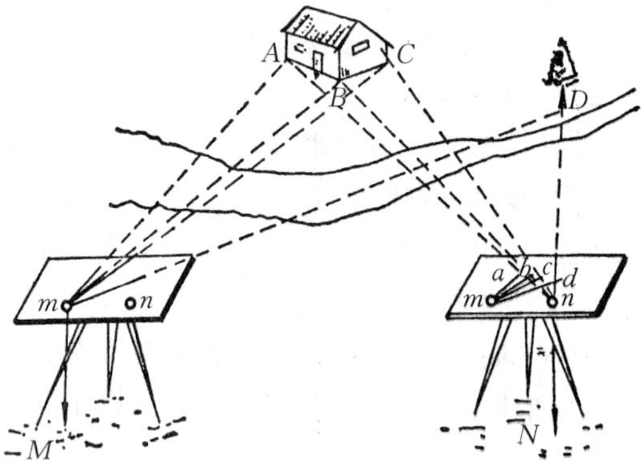

图 9-13

此法适用于通视良好、距离较远而量距不便情况下的碎部点定位。为了保证交会精度，交会点上的交角一般应控制在 30°～150°。

在野外调绘中，仅用一种方法是不够的。一般以比较法为主，再根据实地情况应用其他方法配合填图。如果调查还需碎部点的高程，可根据需要由地形图上量算求得，或采用视距测高法、简易测高法测定。

9.3.3 站点上填图的工作程序

应用地形图依上述方法进行调查填图，可根据精度要求，采用简易填图法（或小平板仪配合经纬仪）进行填图。前者是用简易测量的方法确定碎部点对站点的相应位置（方向和距离），常用于精度要求较低的填图，或配合平板仪填图法作次要地物的填图。平板仪填图法是利用平板仪依平板仪碎部测图的原理和方法进行填图，这种方法的测站工作程序如下。

(1)固定图板。将地形图铺贴在图板上，并用图板夹或胶带纸将其和测板（平板仪的平板）

固定在一起。

(2)安置仪器。在地面站点上整平图板,标定地形图方向,确定站点的图上位置,然后对照实地读图,研究调查对象。

(3)调绘碎部点。用比较法配合其他方法确定碎部点在地形图上的位置,即确定调查对象轮廓特征点的图上位置。在调查过程中要充分应用比较法进行调绘,即比较调查对象与站点周围地理要素的相关位置以确定特征点的图上定位点。然后用规定符号和注记在地形图上绘出调查对象。为了防止工作过程中平板转动或被碰动,在调绘过程中要经常固定方向,检查填图板是否发生方向改变。

(4)检查迁站。测站工作结束时,除检查填图板方向外,应重点查看调绘有无错漏,检查无误后迁移至下一测站点继续进行调绘。

填图调查始终要做到点点清(测一点绘一点,不漏测,勤连绘),站站清(本站的调查成果要在本站按规定符号填绘在地形图上,检查无误方可迁站),日日清(每天的调查资料,填绘内容,应当天完成检查、整理和清绘),幅幅清(每幅地形图填图完毕后,应及时进行图幅的全面检查,填完一幅整饰一幅,相邻图幅及时接边),以期及时发现问题弥补缺陷,提高效率,保证填图的质量。

参考文献

[1] 中华人民共和国国家质量监督检验检疫总局，中国国家标准化管理委员会. GB/T 20257.1—2017 国家基本比例尺地图图式 第1部分：1∶500 1∶1 000 1∶2 000 地形图图式[S]. 北京：中国标准出版社，2017.
[2] 向传璧，韩明生，刘百忠，等. 地图应用学[M]. 北京：高等教育出版社，1992.
[3] 李满春，徐雪仁. 应用地图学纲要[M]. 北京：高等教育出版社，1997.
[4] 潘正风，程效军，成枢，等. 数字地形测量学[M]. 武汉：武汉大学出版社，2015.
[5] 张博，李金生，郭涛，等. 数字化测图[M]. 武汉：武汉大学出版社，2012.